Exercícios de Matemática Básica & Pré-Álgebra Para leigos

Para obter sucesso no estudo da pré-álgebra, compreenda a ordem específica de operações que precisam ser aplicadas. Identifique também alguns princípios básicos como a habilidade de reconhecer e entender as desigualdades matemáticas, valor absoluto e negação.

A ORDEM MATEMÁTICA DAS OPERAÇÕES

As regras que decidem a ordem de avaliação das expressões aritméticas, não importa quão complexas são, chamam-se ordem de operações.

A ordem completa das operações matemáticas são:

- O conteúdo entre parênteses (e outro grupo de símbolos) de dentro para fora
- Potências da esquerda para a direita
- Multiplicação e divisão da esquerda para a direita
- Adição e subtração da esquerda para a direita

DESIGUALDADES MATEMÁTICAS

Quando dois números possuem valores diferentes, uma variedade de símbolos são usados para transformá-los em uma desigualdade. As quatro mais comuns desigualdades aritméticas são:

- Maior que (>) significa que o primeiro número da expressão é maior que o segundo:

    5 > 4   1,000 > 100   2 > –2

- Menor que (<) significa que o primeiro número ou expressão é menor do que o segundo:

    7 < 9   1,776 < 1,777   –5 < 0

- Diferente (≠) significa que dois números ou expressões são diferentes:

    2 ≠ 3   3 ≠ 2   –17 ≠ 17

- Aproximadamente (≈) significa que dois números ou expressões possuem valores próximos:

    999 ≈ 1,000   14.001 ≈ 14   1,000,823 ≈ 1,000,000

Exercícios de Matemática Básica & Pré-Álgebra para leigos

VALOR DAS POSIÇÕES MATEMÁTICAS

Nosso sistema de número (Hindu Arábico) tem dez dígitos familiares, de 0 a 9. Os números mais elevados do que 9 são feitos usando o valor das posições que atribuem a um dígito um valor maior ou menor, dependendo de onde ele aparece em um número. Por exemplo,

3.000 + 600 + 10 + 9 + 0,8 + 0,04 + 0,002 = 3.619,842.

milhar	centena	dezena	unidade	vírgula decimal	decimal	centesimal	milesimal
3	6	1	9	0,	8	4	2

COMPREENDENDO O VALOR ABSOLUTO E A NEGAÇÃO

O valor positivo de um número é seu valor absoluto. Isso lhe diz a distância de um número a partir do zero na reta numérica. Colocar barras (| |) em torno de um número ou expressão dá-lhe seu valor absoluto:

- O valor absoluto de um número positivo é positivo. O valor absoluto de 8 é |8| que é igual a 8.
- O valor absoluto de um número negativo é positivo. O valor absoluto de |–8| é igual a 8.

Colocando o sinal de menos (–), torna-se negativo um número ou expressão.

- A negação de um número positivo o torna negativo. Para tornar negativo o número 3, coloque o sinal de menos nele mudando-o para –3.
- A negação de um número negativo o torna positivo. Para tornar negativo o número –3, adicione o sinal de menos a ele, mudando-o para –(–3), que é igual a 3.

Exercícios de Matemática Básica & Pré-Álgebra

para
leigos

Exercícios de Matemática Básica & Pré-Álgebra

Para leigos

Mark Zegarelli

ALTA BOOKS
GRUPO EDITORIAL
Rio de Janeiro, 2016

Exercícios de Matemática Básica & Pré-Álgebra Para Leigos®
Copyright © 2016 da Starlin Alta Editora e Consultoria Eireli. ISBN: 978-85-508-0002-8

Translated from original Basic Math & Pre-Algebra Workbook For Dummies®, 2nd Edition by Mark Zegarelli. Copyright © 2014 by John Wiley & Sons, Inc. ISBN 978-1-118-82804-5. This translation is published and sold by permission of John Wiley & Sons, Inc., the owner of all rights to publish and sell the same. PORTUGUESE language edition published by Starlin Alta Editora e Consultoria Eireli, Copyright © 2016 by Starlin Alta Editora e Consultoria Eireli.

Todos os direitos estão reservados e protegidos por Lei. Nenhuma parte deste livro, sem autorização prévia por escrito da editora, poderá ser reproduzida ou transmitida. A violação dos Direitos Autorais é crime estabelecido na Lei nº 9.610/98 e com punição de acordo com o artigo 184 do Código Penal.

A editora não se responsabiliza pelo conteúdo da obra, formulada exclusivamente pelo(s) autor(es).

Marcas Registradas: Todos os termos mencionados e reconhecidos como Marca Registrada e/ou Comercial são de responsabilidade de seus proprietários. A editora informa não estar associada a nenhum produto e/ou fornecedor apresentado no livro.

Impresso no Brasil — 1ª Edição, 2016 - Edição revisada conforme o Acordo Ortográfico da Língua Portuguesa de 2009.

Obra disponível para venda corporativa e/ou personalizada. Para mais informações, fale com projetos@altabooks.com.br

Produção Editorial Editora Alta Books	**Gerência Editorial** Anderson Vieira	**Marketing Editorial** Silas Amaro marketing@altabooks.com.br	**Gerência de Captação e Contratação de Obras** J. A. Rugeri autoria@altabooks.com.br	**Vendas Atacado e Varejo** Daniele Fonseca Viviane Paiva comercial@altabooks.com.br
Produtor Editorial Claudia Braga Thiê Alves	**Supervisão de Qualidade Editorial** Sergio de Souza			**Ouvidoria** ouvidoria@altabooks.com.br
Produtor Editorial (Design) Aurélio Corrêa	**Assistente Editorial** Carolina Giannini			

Equipe Editorial	Bianca Teodoro	Christian Danniel	Juliana de Oliveira	Renan Castro

Tradução Alberto Dias Vieira	**Copidesque** Priscila Gurgel	**Revisão Gramatical** Luciano Nascimento	**Revisão Técnica** Paulo Mendes Bacharel em Química e Mestre em Físico-Química pela Universidade Federal de São Carlos (UFSCar)	**Diagramação** Joyce Matos

Erratas e arquivos de apoio: No site da editora relatamos, com a devida correção, qualquer erro encontrado em nossos livros, bem como disponibilizamos arquivos de apoio se aplicáveis à obra em questão.

Acesse o site www.altabooks.com.br e procure pelo título do livro desejado para ter acesso às erratas, aos arquivos de apoio e/ou a outros conteúdos aplicáveis à obra.

Suporte Técnico: A obra é comercializada na forma em que está, sem direito a suporte técnico ou orientação pessoal/exclusiva ao leitor.

Dados Internacionais de Catalogação na Publicação (CIP)
Vagner Rodolfo CRB-8/9410

Z44e Zegarelli, Mark
      Exercícios de matemática básica e pré-álgebra para leigos / Mark Zegarelli ; traduzido por Alberto Vieira. - Rio de Janeiro : Alta Books, 2016.
      304 p. : il. ; 17cm x 24cm. - (Para Leigos)

      Tradução de: Basic Math and Pre-Algebra Workbook For Dummies - 2nd edition
      Inclui índice.
      ISBN: 978-85-508-0002-8

      1. Matemática. 2. Álgebra. I. Vieira, Alberto. II. Título. III. Série.

                                                    CDD 512
                                                    CDU 512

Rua Viúva Cláudio, 291 — Bairro Industrial do Jacaré
CEP: 20.970-031 — Rio de Janeiro (RJ)
Tels.: (21) 3278-8069 / 3278-8419
www.altabooks.com.br — altabooks@altabooks.com.br
www.facebook.com/altabooks — www.instagram.com/altabooks

Sobre o Autor

ark Zegarelli é um professor de matemática e de cursos preparatórios, também é o autor de oito livros da série Para Leigos, incluindo *Matemática Básica & Pré-Algebra Para Leigos* e *Cálculo II Para Leigos*, ambos pela editora Alta Books. Ele tem graduações em Inglês e Matemática, ambas pela Universidade Rutgers, e vive em Long Beach, Nova Jersey e San Francisco, Califórnia.

Dedicatória

Para meu grande amigo Michael Konopko, com profunda admiração, amor e peças de quebra-cabeças de cada um.

Agradecimentos do Autor

Escrever esta segunda edição de *Exercícios de Matemática Básica & Pré-Álgebra Para Leigos* foi uma grande experiência, agradeço ao suporte e orientação de meu editor de aquisições, Lindsay Lefevere; editor de projeto e editor de cópia, Elizabeth Kuball; e editor técnico, Mike McAsey. E, como sempre, obrigado ao meu assistente, Chris Mark, por toda a sua ajuda neste projeto.

Obrigado mais uma vez à grande equipe do Café Borderlands, na rua Valencia, em San Francisco, por criarem um sossegado e amigável local de trabalho.

Sumário Resumido

Introdução 1

Parte 1: Começando com Matemática Básica e Pré-Álgebra 5

CAPÍTULO 1: Nós Temos Teus Números 7

CAPÍTULO 2: Operadores Fáceis: Trabalhando com As Quatro Grandes Operações 27

CAPÍTULO 3: Descendo com Números Negativos 43

CAPÍTULO 4: É Apenas uma Expressão 57

CAPÍTULO 5: Dividindo Atenção: Divisibilidade, Divisores e Múltiplos 81

Parte 2: Dividindo as Coisas: Frações, Decimais e Porcentagens 103

CAPÍTULO 6: Frações São uma Moleza 105

CAPÍTULO 7: Frações e as Quatro Grandes 125

CAPÍTULO 8: Chegando ao Ponto com Decimais 163

CAPÍTULO 9: Jogando com as Porcentagens 189

Parte 3: Um Passo Gigante Adiante: Tópicos Intermediários 203

CAPÍTULO 10: Procurando uma Potência Maior por meio da Notação Científica 205

CAPÍTULO 11: Questões Pesadas sobre Pesos e Medidas 217

CAPÍTULO 12: Modelando com Geometria 233

CAPÍTULO 13: Obtendo Gráfico: Gráficos XY 253

Parte 4: O Fator X: Apresentando Álgebra 267

CAPÍTULO 14: Expressando-se com Expressões Algébricas 269

CAPÍTULO 15: Encontrando o Equilíbrio Certo: Resolvendo Equações Algébricas 293

Parte 5: A Parte dos Dez 313

CAPÍTULO 16: Dez Numerais e Sistemas Numéricos Alternativos 315

CAPÍTULO 17: Dez Curiosos Tipos de Números 325

Índice 333

Sumário

INTRODUÇÃO 1
Sobre Este Livro 1
Penso que.... 2
Ícones Usados neste Livro 3
Além Deste Livro. 3
De Lá para Cá, Daqui para Lá. 4

PARTE 1: COMEÇANDO COM MATEMÁTICA BÁSICA E
PRÉ-ÁLGEBRA 5

CAPÍTULO 1: **Nós Temos Teus Números**. 7
Chegando à Posição com Números e Dígitos. 8
Rolamento: Arredondando Números para Cima e para Baixo . . . 10
Usando a Linha Numérica com as Quatro Grandes 12
O Alinhamento de Coluna: Somando e Subtraindo. 14
Multiplicando Vários Dígitos. 16
Circulando por meio de Divisões Longas. 18
Soluções de Nós Temos Teus Números 22

CAPÍTULO 2: **Operadores Fáceis: Trabalhando com
As Quatro Grandes Operações**. 27
Mudar Coisas com Operações Inversas e a Propriedade
Comutativa 28
Agrupando: Parênteses e a Propriedade Associativa 32
Tornando Desequilibrado: Inequações 34
Multiplicações Especiais: Potências e recíproco. 36
Respostas de Problemas de Operadores Fáceis 39

CAPÍTULO 3: **Descendo com Números Negativos**. 43
Entendendo de Onde Vêm os Números Negativos. 44
Mudança de Sinal: Entendendo o Oposto e o Valor Absoluto. . . . 45
Somando com Números Negativos 47
Subtraindo com Números Negativos 48
Conhecendo Sinais da Multiplicação (e Divisão)
para Números Negativos 49
Respostas de Problemas de Descendo com Números Negativos 52

CAPÍTULO 4: **É Apenas uma Expressão**. 57
Avaliando Expressões com Adição e Subtração. 58
Avaliando Expressões com Multiplicação e Divisão. 59

Sumário   ix

Atribuindo Sentido às Expressões de Operadores Mistos 61
Manuseando Potências Responsavelmente 62
Priorizando Parênteses. 64
Separando Parênteses e Potências 65
Calculando Múltiplos Parênteses 67
Trazendo Tudo Junto: A Ordem das Operações. 69
Respostas de É Apenas uma Expressão 71

CAPÍTULO 5: Dividindo Atenção: Divisibilidade, Divisores e Múltiplos 81

Verificação de Restos: Testes de Divisibilidade. 82
Entendendo Divisores e Múltiplos. 84
Um Número Indivisível, Identificando Números Primos
(e Compostos). 85
Gerando Fatores de um Número 87
Decompondo um Número em seus Fatores Primos. 89
Encontrando o Máximo Divisor Comum 91
Gerando os Múltiplos de um Número 93
Encontrando o Mínimo Múltiplo Comum. 94
Respostas de Divisibilidade, Divisores e Múltiplos. 97

PARTE 2: DIVIDINDO AS COISAS: FRAÇÕES, DECIMAIS E PORCENTAGENS 103

CAPÍTULO 6: Frações São uma Moleza 105

Determinando as Coisas Básicas de Fração 106
Companhia Mista: Convertendo Números Mistos
e Frações Impróprias. 109
Aumentando e Reduzindo os Termos de Frações 112
Comparando Frações com Multiplicação Cruzada. 115
Trabalhando com Razões e Proporções 117
Respostas de Frações São uma Moleza. 119

CAPÍTULO 7: Frações e as Quatro Grandes 125

Multiplicando Frações: Um Tiro Direto. 126
Virando para Divisão Fracionária. 127
Alcançando o Denominador Comum: Somando Frações. 129
O Outro Denominador Comum: Subtraindo Frações 132
Multiplicando e Dividindo Números Mistos. 135
Transportado: Somando Números Mistos 137
Emprestando do Inteiro: Subtraindo Números Mistos 140
Respostas de Frações e as Quatro Grandes. 144

CAPÍTULO 8: Chegando ao Ponto com Decimais 163

Chegando ao Lugar: Material Decimal Básico. 164
Conversões Simples Decimal-Fração 167
Novo Alinhamento: Adicionando e Subtraindo Decimais 169

Contando Posições Decimais: Multiplicando Decimais.........171
Pontos em Movimento: Dividindo Decimais 173
Decimais para Frações 175
Frações para Decimais 177
Respostas de Chegando ao Ponto com Decimais 180

CAPÍTULO 9: **Jogando com as Porcentagens**....................189
Convertendo Porcentagens em Decimais....................190
Mudando Decimais para Porcentagens.....................191
Alternando de Porcentagens para Frações..................192
Convertendo Frações para Porcentagens...................193
Solucionando uma Variedade de Problemas de
Porcentagem Usando Equações Literais.....................195
Respostas de Jogando com as Porcentagens.................198

PARTE 3: UM PASSO GIGANTE ADIANTE: TÓPICOS INTERMEDIÁRIOS 203

CAPÍTULO 10: **Procurando uma Potência Maior por meio da Notação Científica**.....................205
Na Contagem de Zero: Entendendo Potências de Dez........206
Aritmética Exponencial: Multiplicando e Dividindo
Potências de Dez 209
Representando Números em Notação Científica.............210
Multiplicando e Dividindo com Notação Científica............212
Respostas de Problemas de Procurando uma Potência
Maior por meio de Notação Científica 214

CAPÍTULO 11: **Questões Pesadas sobre Pesos e Medidas**....217
O Básico do Sistema Inglês................................218
Internacionalização com o Sistema Métrico 221
Conversão entre Unidades Inglesas e Métricas 223
Respostas de Problemas de Questões Pesadas
sobre Pesos e Medidas....................................227

CAPÍTULO 12: **Modelando com Geometria**.....................233
Ficando em Forma: Básico de Polígono (e Não Polígono)......234
Quadradura com Quadriláteros 234
Fazendo uma Jogada Tripla com Triângulos 238
Chegando com Medidas Circulares 241
Construindo Habilidades de Medidas Sólidas................243
Respostas de Problemas de Modelando com Geometria 248

CAPÍTULO 13: **Obtendo Gráfico: Gráficos XY** 253
Obtendo o Ponto do Gráfico XY 254
Desenhando a Linha sobre o Gráfico XY 258
Respostas de Problemas de Obtendo Gráfico: Gráficos XY 261

Sumário xi

PARTE 4: O FATOR X: APRESENTANDO ÁLGEBRA...... 267

CAPÍTULO 14: Expressando-se com Expressões Algébricas.. 269

Ligue-o: Calculando Expressões Algébricas..................270
Conhecendo os Termos de Separação 273
Adicionando e Subtraindo Termos Semelhantes.............275
Multiplicando e Dividindo Termos........................276
Simplificando Expressões pela Combinação de
Termos Semelhantes...................................278
Simplificando Expressões com Parênteses.................280
PEIU: Lidando com Dois Conjuntos de Parênteses 283
Respostas de Expressando-se com Expressões Algébricas.....285

CAPÍTULO 15: Encontrando o Equilíbrio Certo: Resolvendo Equações Algébricas............... 293

Resolvendo Equações Algébricas Simples....................294
Igualdade para Todos: Utilizando a Escala de
Equilíbrio para Isolar x..................................297
Trocando Lados: Reorganizando Equações para Isolar x.......299
Restringindo Frações: Multiplicação Cruzada para Simplificar
Equações 301
Respostas de Problemas de Encontrando o Equilíbrio Certo:
Resolvendo Equações Algébricas 304

PARTE 5: A PARTE DOS DEZ................................ 313

CAPÍTULO 16: Dez Numerais e Sistemas Numéricos Alternativos.. 315

Marcas de Registro 316
Marcas de Registro Agrupadas 316
Numerais Egípcios 316
Numerais Babilônicos 317
Numerais Gregos Antigos................................318
Numerais Romanos.....................................318
Numerais Maias 319
Números na Base-2 (Binária)..............................320
Números na Base-16 (Hexadecimal) 321
Números na Base Prima..................................322

CAPÍTULO 17: Dez Curiosos Tipos de Números 325

Números ao Quadrado...................................326
Números Triangulares...................................327
Números Cúbicos.......................................327
Números Fatoriais 328
Potências de Dois.......................................328
Números Perfeitos......................................329

xii   Exercícios de Matemática Básica & Pré-Álgebra Para Leigos

Números Amigos 329
Números Primos. 330
Primos de Mersenne 330
Primos de Fermat. 331

ÍNDICE
. . . . 333

xiv   Exercícios de Matemática Básica & Pré-Álgebra Para Leigos

Introdução

Quando você aborda a matemática de modo correto, é sempre mais fácil do que você imagina. E um monte de coisas das quais você se desligou quando a viu pela primeira vez provavelmente não são depois de tudo assustadoras.

Muitos alunos sentem que perderam algo, ao longo do caminho entre aprender a contar até dez e seu primeiro dia na aula de álgebra — e isto pode ser verdade se você tem 14 ou 104 anos de idade. Se esse é você, não se preocupe. Você não está sozinho, e a ajuda está bem aqui!

O livro *Exercícios de Matemática Básica & Pré-Álgebra Para Leigos* pode te dar confiança e habilidades matemáticas para ser bem-sucedido em qualquer curso que você encontrar no caminho para a álgebra. Um dos meios mais fáceis para criar confiança é ganhar experiência trabalhando com problemas, te permitindo conquistar habilidades rapidamente. Tudo neste livro foi planejado para ajudar a clarear o caminho em sua jornada matemática. Toda seção de cada capítulo contém uma nítida explicação do que você precisa saber, com bastantes problemas práticos e as soluções passo a passo para cada um deles. Apenas pegue um lápis, abra este livro em qualquer página e comece o fortalecimento de seus músculos matemáticos!

Sobre Este Livro

Este livro é para qualquer um que deseja melhorar suas habilidades matemáticas. Você já pode estar matriculado em um curso de matemática ou se preparando para se inscrever em um, ou simplesmente estudando por sua conta. Em quaisquer dos casos, a prática leva à perfeição e, neste livro, você encontrará muita solução prática para uma grande variedade de problemas matemáticos.

Cada capítulo cobre um tópico diferente da matemática: números negativos, frações, decimais, geometria, gráficos, álgebra básica — está tudo aqui. Em cada seção de um capítulo, você encontra problemas que te possibilitam praticar uma habilidade diferente. Cada seção apresenta o seguinte:

- » Uma rápida introdução àquele tópico da seção
- » Uma explicação de como solucionar os problemas naquela seção
- » Exemplos de questões com respostas que te mostram todos os passos para a solução do problema

» Problemas práticos com espaço para trabalhar a sua resposta.

Siga em frente e escreva neste livro — é para o que ele foi feito! Quando você tiver completado um problema ou um grupo deles, vá para o final do capítulo. Você encontrará a resposta correta acompanhada por uma detalhada, passo a passo, explicação de como se chega lá.

Embora você possa certamente trabalhar todos os exercícios deste livro do início ao fim, você não precisa fazê-lo. Sinta-se à vontade para saltar diretamente para qualquer que seja o capítulo que tenha o tipo de problema o qual você queira praticar. Quando você tiver trabalhado em uma seção problemas suficientes para sua satisfação, sinta-se livre para passar para uma outra. Se você encontrar numa seção problemas muito difíceis, vire de volta à seção ou capítulo anterior para exercitar as habilidades de que você precisa — apenas siga as referências cruzadas.

Penso que...

Você provavelmente percebe que a melhor maneira de resolver matemática é executando-a. Você deseja apenas a explicação suficiente para começar a trabalhar, de modo que possa colocar em prática suas habilidades matemáticas de imediato. Sendo assim, você veio ao lugar certo. Se você está procurando por discussões profundas, incluindo dicas sobre como todos esse conceitos matemáticos se encaixam em enunciados de problemas, você pode querer pegar o livro companheiro, *Matemática Básica e Pré-Álgebra Para Leigos*.

Estou disposto a apostar meu último dólar na Terra como você está preparado para este livro. Eu assumo apenas que você tem alguma familiaridade com o básico do sistema numeral e as Grandes Quatro operações: adição (ou soma); subtração (ou diferença); multiplicação e divisão. Para assegurar que você está pronto, dê uma olhada nestes quatro problemas e veja se consegue respondê-los:

$3 + 4 =$ _____

$10 - 8 =$ _____

$5 \times 5 =$ _____

$20 \div 2 =$ _____

Se você pode resolver esses problemas, você está pronto para continuar!

Ícones Usados neste Livro

Ao longo deste livro, eu destaco algumas das informações mais importantes com uma variedade de ícones. Eis o que eles representam:

Este ícone aponta algum dos mais importantes trechos de informação. Dê atenção especial a estes detalhes — você precisa conhecê-los!

Dicas te mostram um modo rápido e fácil de resolver um problema. Experimente estes truques ao solucionar os problemas de uma seção.

Cuidados são armadilhas matemáticas em que alunos descuidados caem. Ler esses pedacinhos cuidadosamente pode te ajudar a evitar angústia desnecessária.

Este ícone destaca os problemas modelos que te apresentam técnicas antes que você mergulhe nos exercícios.

Além Deste Livro

Em complemento ao material impresso ou e-book que você está lendo agora, este produto também vem com alguns suplementos com acesso em qualquer lugar na web. Não se esqueça de verificar a página da editora em http://www.altabooks.com.br para acessar a Folha de Cola. A Folha de Cola é um conjunto de notas de referências rápidas incluindo a ordem de operações, inequações matemáticas, convenções de álgebra básica e mais.

Além disso, www.dummies.com/extras/basicmathprealgebrawb — conteúdo em inglês, também contém mais material relacionado desde a conversão entre frações e dízimas periódicas a grandes matemáticos dos últimos 2.500 anos.

Se você precisa de um olhar mais detalhado em quaisquer dos conceitos deste livro, *Matemática Básica e Pré-Álgebra Para Leigos* te ajudará a compreender com explicações da clareza de um cristal e muitos exemplos. E se você quer praticar ainda mais problemas do que estão disponíveis aqui, *1.001 Problemas de Álgebra I Para Leigos* fornece ainda mais. Confira!

De Lá para Cá, Daqui para Lá

Você pode realmente mudar para qualquer página deste livro e iniciar o aprimoramento em suas habilidades matemáticas. Os Capítulos 3 ao 6 cobrem tópicos que tendem a enforcar estudantes de matemática: números negativos; ordem das operações; fatores e múltiplos e frações. Muito do que segue mais tarde no livro se fundamenta nesses importantes tópicos iniciais, então confira-os. Quando você se sentir confortável para resolver esses tipos de problema, você terá uma vantagem real em qualquer aula de matemática.

Claro que, se você já tem bom manuseio sobre esses tópicos, você poderá avançar para qualquer lugar que deseja (contudo você pode ainda querer passar de leve sobre esses capítulos para algumas dicas e truques). Meu único alerta é que para que você faça os exercícios *antes* de ler as respostas!

E por todos os meios, enquanto você está nele, pegue o *Matemática Básica e Pré- -Álgebra para Leigos*, o qual contém explicações mais detalhadas e um pouco de tópicos extras não cobertos neste livro. Utilizados em conjunto, esses dois livros podem proporcionar um poderoso golpe duplo para levar qualquer problema de matemática para o tapete.

1

Começando com Matemática Básica e Pré-Álgebra

NESTA PARTE . . .

Entenda o valor das posições.

Use as Quatro Grandes operações: adição, subtração, multiplicação e divisão.

Calcule com números negativos.

Simplifique expressões utilizando a ordem de operações (PEMDAS).

Trabalhe com fatores e múltiplos.

> **NESTE CAPÍTULO**
>
> Entendendo como o valor das posições transforma dígitos em números
>
> Arredondando números ao mais próximo de dez, cem ou mil
>
> Calculando com as Quatro Grandes operações: Adição, subtração, multiplicação e divisão
>
> Ficando confortável com divisão longa

Capítulo 1

Nós Temos Teus Números

Neste capítulo, eu te dou uma revisão da matemática básica e eu realmente digo básica. Eu aposto que você já conhece muito desse material. Então, considere isso uma viagem pela estrada da memória, umas miniférias de qualquer matemática que você possa trabalhar justo agora. Com uma base realmente forte nessas áreas, você achará os capítulos que seguem muito mais fáceis.

Primeiro, eu discuto como o sistema numérico com o qual você está familiarizado — chamado *sistema numérico Hindu Arábico* (ou números decimais) — utiliza dígitos e valor de posição para expressar números. Em seguida, eu te mostro como arredondar números ao mais próximo de dez, cem ou mil.

Depois disso, eu discuto as Quatro Grandes operações: adição, subtração, multiplicação e divisão. Você verá como usar a linha numérica para fazer sentido em todas as quatro operações. Então eu te dou a prática fazendo cálculos com grandes números. Para terminar, terei certeza que você sabe como fazer divisão longa com e sem resto.

LEMBRE-SE

Alguns livros de matemática usam um ponto (·) para indicar multiplicação. Neste livro, eu uso o mais familiar símbolo de vezes (×).

Chegando à Posição com Números e Dígitos

O sistema numérico utilizado mais comumente pelo mundo afora é o sistema numérico Hindu Arábico. Este sistema contém dez dígitos (também chamados de numerais), os quais são símbolos como letras de A até Z. Estou certo que você está muito familiarizado com eles:

1   2   3   4   5   6   7   8   9   0

Como letras do alfabeto, dígitos individualmente não são muito úteis. Quando utilizados em combinação, contudo, estes dez símbolos podem construir números tão grandes quanto você desejar usando valor de posição. A posição atribui a cada dígito um valor maior ou menor dependendo de onde ele apareça em um número. Cada local em um número é dez vezes maior que o local imediatamente à sua direita. Zeros à esquerda são desnecessários e podem ser removidos de um número.

LEMBRE-SE

Embora o dígito 0 não adicione valor a um número, ele pode agir como um espaço reservado. Quando um 0 aparece à direita do *último dígito* diferente de zero, é um espaço reservado. Espaços reservados são importantes para dar aos dígitos seu próprio valor de posição. Ao contrário, quando um 0 não está à direita de um dígito não nulo, é um *zero à esquerda*. Zeros à esquerda são desnecessários e podem ser removidos do número.

EXEMPLO

P. No número 284, identifique o dígito das unidades, das dezenas e das centenas.

R. O dígito das unidades é 4, das dezenas é 8 e das centenas é 2.

P. Coloque o número 5.672 em uma tabela que mostre o valor de cada dígito. Então utilize a tabela e um comentário adicional para mostrar como este número se decompõe dígito por dígito.

R.

Milhões	Centenas de Milhar	Dezenas de Milhar	Milhares	Centenas	Dezenas	Unidades
			5	6	7	2

O numeral 5 está na casa do milhar, 6 na casa da centena, 7 na casa da dezena e 2 na casa da unidade, assim eis aqui como o número é decomposto:

5.000 + 600 + 70 + 2 = 5.672

P. Coloque o número 040.120 em uma tabela que mostre o valor de cada dígito. Em seguida utilize esta tabela para mostrar como o número é decomposto dígito por dígito. Quais zeros são espaços reservados e quais são zero à esquerda?

R.

Milhões	Centenas de Milhares	Dezenas de Milhares	Milhares	Centenas	Dezenas	Unidades
	0	4	0	1	2	0

O primeiro 0 está na casa das centenas de milhares, 4 está nas dezenas de milhares, o próximo 0 está na casa dos milhares, 1 está na casa das centenas, 2 na casa das dezenas e o último 0 está na casa das unidades, assim

$$0 + 40.000 + 0 + 100 + 20 + 0 = 40.120$$

O primeiro 0 é um zero à esquerda e os remanescentes são espaços reservados.

1. No número 7.359, identifique os seguintes dígitos:

(A) O dígito das unidades

(B) O dígito das dezenas

(C) O dígito das centenas

(D) O dígito dos milhares

Resolva

2. Coloque o número 2.136 em uma tabela que mostre o valor de cada dígito. Em seguida utilize esta tabela para mostrar como este número é decomposto, dígito por dígito.

Milhões	Centenas de Milhares	Dezenas de Milhares	Milhares	Centenas	Dezenas	Unidades

Resolva

3. Coloque o número 03.809 em uma tabela que mostre o valor de cada dígito. Em seguida utilize esta tabela para mostrar como este número é decomposto, dígito por dígito. Qual zero é espaço reservado e qual é zero à esquerda?

Milhões	Centenas de Milhares	Dezenas de Milhares	Milhares	Centenas	Dezenas	Unidades

Resolva

CAPÍTULO 1 **Nós Temos Teus Números** 9

4. Coloque o número 0.450.900 em uma tabela que mostre o valor de cada dígito. Em seguida utilize esta tabela para mostrar como este número é decomposto dígito por dígito. Quais zeros são espaços reservados e quais são zero à esquerda?

Milhões	Centenas de Milhares	Dezenas de Milhares	Milhares	Centenas	Dezenas	Unidades

Resolva

Rolamento: Arredondando Números para Cima e para Baixo

LEMBRE-SE

Arredondar números torna números longos mais fáceis de se trabalhar. Para arredondar um número de dois dígitos para a dezena mais próxima, simplesmente aumente-o ou reduza-o ao número mais próximo que termina em zero:

» Quando um número termina em 1, 2, 3, ou 4, traga-o para baixo: em outras palavras, mantenha o mesmo dígito das dezenas e o das unidades passe para 0.

» Quando um número termina em 5, 6, 7, 8 ou 9, leve-o para cima: adicione 1 ao dígito das dezenas e passe o dígito das unidades para 0.

Para arredondar um número com mais de dois dígitos para a dezena mais próxima, utilize o mesmo método focando somente nas unidades e nas dezenas.

Após ter entendido como arredondar um número para a dezena mais próxima, arredondar um número para a dezena mais próxima centena, milhar ou além será fácil. Foque somente em dois dígitos: O dígito na posição que você está arredondando e o dígito imediatamente à sua direita, o qual te dirá se vai arredondar para cima ou para baixo. Todos os dígitos à direita do número que você está arredondando mudarão para 0.

Ocasionalmente, quando você está arredondando um número para cima, uma pequena mudança nos dígitos das unidades e das dezenas afeta os outros dígitos. Isto é muito parecido quando o odômetro em teu carro passa um grupo de 9 para um, tal como você passa de 11.999 milhas para 12.000 milhas.

EXEMPLO

P. Arredonde os números 31, 58, e 95 para a dezena mais próxima

R. 30, 60 e 100.

O número 31 termina em 1, então arredonda para baixo:

31 → 30

O número 58 termina em 8, então arredonda para cima:

58 → 60

O número 95 termina em 5, então arredonda para cima:

95 → 100

P. Arredonde os números 742, 3.820 e 61.225 para a dezena mais próxima.

R. 740, 3.820 e 61.230.

O número 742 termina em 2, então arredonda para baixo:

7_42_ → 7_40_

O número 3.820 termina em 0, então nenhum arredondamento é preciso:

3.8_20_ → 3.8_20_

O número 61.225 termina em 5, então arredonda para cima:

61.2_25_ → 61.2_30_

5. Arredonde estes números de dois dígitos para a dezena mais próxima:

(A) 29

(B) 43

(C) 75

(D) 97

Resolva

6. Arredonde estes números para a dezena mais próxima:

(A) 164

(B) 765

(C) 1.989

(D) 9.999.995

Resolva

CAPÍTULO 1 **Nós Temos Teus Números**   11

7. Arredonde estes números para a centena mais próxima:

(A) 439

(B) 562

(C) 2.950

(D) 109.974

`Resolva`

8. Arredonde estes números para a cada dos milhares mais próxima:

(A) 5.280

(B) 77.777

(C) 1.234.567

(D) 1.899.999

`Resolva`

Usando a Linha Numérica com as Quatro Grandes

A *linha numérica* é apenas uma linha com números marcados em intervalos regulares. Você provavelmente viu sua primeira linha numérica quando você foi ensinado a contar até dez. Nesta seção vou te mostrar como utilizar esta ferramenta fiel para executar as Quatro Grandes operações (adição, subtração, multiplicação e divisão) com números relativamente pequenos.

A linha numérica pode ser útil para adicionar e subtrair pequenos números:

» Quando você soma, mova para *cima d*a linha numérica, para a direita.

» Quando você subtrai, mova para *baixo d*a linha numérica, para a esquerda.

Para multiplicar na linha numérica, inicie no 0 e conte em passos do tamanho do *primeiro número* do problema, tantas vezes quantas indicadas pelo *segundo número*.

Para dividir na linha numérica, primeiro bloqueie um segmento da linha numérica de 0 até o *primeiro número* do problema. Então divida este segmento uniformemente no número de pedaços indicado pelo *segundo número*. O comprimento de cada pedaço é a resposta para a divisão.

EXEMPLO

P. Adicione 6 + 7 na linha numérica.

R. **13.** A expressão 6 + 7 significa *iniciar em 6, subir 7*, o que te dá 13 (veja Figura 1-1).

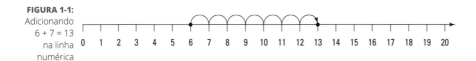

FIGURA 1-1:
Adicionando
6 + 7 = 13
na linha
numérica

P. Subtraia 12 − 4 na linha numérica.

R. **8.** A expressão 12 − 4 significa *iniciar em 12, descer 4*, o que te dá 8 (veja Figura 1-2).

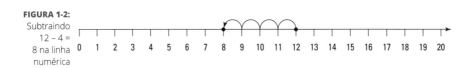

FIGURA 1-2:
Subtraindo
12 − 4 =
8 na linha
numérica

P. Multiplique 2 × 5 na linha numérica.

R. **10.** Iniciando em 0, conte de dois em dois um total de cinco vezes, o que te dá 10 (veja Figura 1-3).

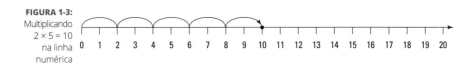

FIGURA 1-3:
Multiplicando
2 × 5 = 10
na linha
numérica

P. Divida 12 ÷ 3 na linha numérica.

R. **4.** Bloqueie o segmento da linha numérica de 0 a 12. Agora divida este segmento uniformemente em três pedaços menores, como mostrado na Figura 1-4. Cada um desses pedaços tem um comprimento de 4, assim, esta é a resposta do problema.

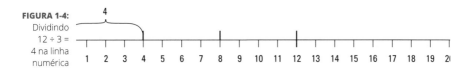

FIGURA 1-4:
Dividindo
12 ÷ 3 =
4 na linha
numérica

CAPÍTULO 1 **Nós Temos Teus Números** 13

9. Some os números seguintes na linha numérica:

(A) $4 + 7 = ?$

(B) $9 + 8 = ?$

(C) $12 + 0 = ?$

(D) $4 + 6 + 1 + 5 = ?$

Resolva

10. Subtraia os números seguintes na linha numérica:

(A) $10 - 6 = ?$

(B) $14 - 9 = ?$

(C) $18 - 18 = ?$

(D) $9 - 3 + 7 - 2 + 1 = ?$

Resolva

11. Multiplique os números seguintes na linha numérica:

(A) $2 \times 7 = ?$

(B) $7 \times 2 = ?$

(C) $4 \times 3 = ?$

(D) $6 \times 1 = ?$

(E) $6 \times 0 = ?$

(F) $0 \times 10 = ?$

Resolva

12. Divida os números seguintes na linha numérica:

(A) $8 \div 2 = ?$

(B) $15 \div 5 = ?$

(C) $18 \div 3 = ?$

(D) $10 \div 10 = ?$

(E) $7 \div 1 = ?$

(F) $0 \div 2 = ?$

Resolva

O Alinhamento de Coluna: Somando e Subtraindo

Para somar ou subtrair números grandes, empilhe os números no topo de cada um de modo que todos os dígitos similares (unidades, dezenas, centenas, e assim por diante) formem colunas. Então trabalhe da direita para a esquerda. Faça os cálculos verticalmente, iniciando com a coluna das unidades. Então siga para a coluna das dezenas e assim por diante:

» Quando você está adicionando e uma coluna soma 10 ou mais, escreva o dígito das unidades do resultado e leve o dígito das dezenas acima da coluna imediatamente à esquerda.

» Quando você está subtraindo e o dígito superior em uma coluna é menor que o dígito inferior, empreste uma unidade da coluna imediatamente à esquerda.

EXEMPLO

P. Some 35 + 26 + 142.

R. 203. Empilhe os números e adicione as colunas da direita para a esquerda:

$$\begin{array}{r} {}^{11}\\ 35\\ 26\\ +142\\ \hline 203 \end{array}$$

Note que quando eu adiciono as colunas das unidades (5 + 6 + 2 = 13), eu escrevo o 3 abaixo desta coluna e carrego o 1 para cima da coluna das dezenas. Então, quando eu somo a coluna das dezenas (1 + 3 + 2 + 4 = 10), eu escrevo o 0 abaixo desta coluna e carrego o 1 para cima da coluna das centenas.

P. Subtraia 843 – 91.

R. 752. Empilhe os números e subtraia as colunas da direita para a esquerda:

$$\begin{array}{r} {}^{1}\\ {}^{7}\!\!\not{8}43\\ -91\\ \hline 752 \end{array}$$

Quando eu tento subtrair a coluna das dezenas, 4 é menor que 9, assim eu empresto da coluna das centenas, passando de 8 para 7. Então eu posiciono este "1" acima do 4, passando-o para 14. Agora eu posso subtrair 14 – 9 = 5.

13. Adicione 129 + 88 + 35.

Resolva

14. Encontre a seguinte soma: 1.734 + 620 + 803 + 32 = ?

Resolva

15. Subtraia 419 – 57.

Resolva

16. Subtraia 41.024 – 1.786.

Resolva

CAPÍTULO 1 **Nós Temos Teus Números** 15

Multiplicando Vários Dígitos

Para multiplicar números grandes, empilhe o primeiro número acima do segundo. Então multiplique cada dígito do número de baixo, da direita para a esquerda, pelo número de cima. Em outras palavras, primeiro multiplique o número de cima pelo dígito das unidades do número de baixo. Então escreva abaixo um 0 como espaço reservado e multiplique o número de cima pelo dígito das dezenas do número de baixo. Continue o processo, adicionando reservas de espaço e multiplicando o número de cima pelo próximo dígito no número de baixo.

Quando o resultado é um número de dois dígitos, escreva abaixo o dígito das unidades e leve o dígito das dezenas para a próxima coluna. Após multiplicar os próximos dois dígitos, adicione o número que você transferiu.

Some os resultados para obter a resposta final.

EXEMPLO

P. Multiplique 742 × 136.

R. **100.912.** Empilhe o primeiro número no topo do segundo:

$$\begin{array}{r} 742 \\ \times 136 \\ \hline \end{array}$$

Agora multiplique 6 por todos os números em 742, iniciando pela direita. Como 2 × 6 = 12, um número de dois dígitos, você escreve 2 embaixo e leva o 1 para a coluna das dezenas. Na próxima coluna, você multiplica 4 × 6 = 24, e adiciona o 1 que você transferiu, te dando um total de 25. Escreva o 5 embaixo e leve o 2 para a coluna das centenas. Multiplique 7 × 6 = 42 e adicione o 2 que você transferiu, te dando 44:

$$\begin{array}{r} {}^{2\,1} \\ 742 \\ \times 136 \\ \hline 4452 \end{array}$$

Depois, anote um zero a direita da linha abaixo daquela que você acabou de escrever. Multiplique 3 por todos os números de 742, iniciando pela direita e transferindo quando necessário:

$$\begin{array}{r} {}^{1} \\ 742 \\ \times 136 \\ \hline 4452 \\ 22260 \end{array}$$

Anote dois zeros a direita da linha abaixo daquela que você acabou de escrever. Repita o processo com 1:

$$742$$
$$\times 136$$
$$\overline{4452}$$
$$22260$$
$$74200$$

Para finalizar, some todos os resultados:

$$742$$
$$\times 136$$
$$\overline{4452}$$
$$22260$$
$$\underline{74200}$$
$$\overline{100912}$$

Assim, $742 \times 136 = 100.912$.

17. Multiplique 75×42.

Resolva

18. O que dá 136×84?

Resolva

19. Resolva 1.728×405.

Resolva

20. Multiplique 8.912×767.

Resolva

Circulando por meio de Divisões Longas

Para dividir números grandes, utilize *divisão longa*. Ao contrário das outras das Quatro Grandes operações, divisões longas se movem da esquerda para a direita. Para cada dígito no *divisor* (o número que você está dividindo), você completa um ciclo de divisão, multiplicação e subtração.

Em alguns problemas, o número no final do problema não é um 0. Nestes casos, a resposta tem um *resto*, o qual é um pedaço de sobra que precisa ser contabilizado. Nesses casos, você escreve r seguido por qualquer número que tenha sobrado.

EXEMPLO

P. Divida 956 ÷ 4.

R. 239. Inicie montando o problema assim:

$$4\overline{)956}$$

Para começar, pergunte quantas vezes 4 cabe em 9 — isto é, o que é 9 ÷ 4? A resposta é 2 (com um pequeno resto), então escreva 2 diretamente acima do 9. Agora multiplique 2 × 4 para ter 8, coloque a resposta diretamente abaixo do 9, e trace uma linha abaixo dele.

$$\begin{array}{r} 2 \\ 4\overline{)956} \\ \underline{8} \end{array}$$

Subtraia 9 − 8 e tenha 1. **Nota:** Após ter subtraído, o resultado deve ser menor que o divisor (neste exemplo, o divisor é 4). Agora traga para baixo o próximo dígito (5) para compor o novo número 15.

$$\begin{array}{r} 2 \\ 4\overline{)956} \\ \underline{-8} \\ 15 \end{array}$$

Estes passos são um ciclo completo. Para completar o problema, você precisa apenas repeti-los. Agora pergunte quantas vezes 4 cabe em 15 — isto é, o que é 15 ÷ 4? A resposta é 3 (com um pequeno resto). Assim, escreva o 3 acima do 5, e então multiplique 3 × 4 para ter 12. Escreva a resposta abaixo do 15.

$$
\begin{array}{r}
23 \\
4\overline{)956} \\
-8 \\
\hline
15 \\
-12 \\
\hline
\end{array}
$$

Subtraia 15 − 12 para ter 3. Então traga para baixo o próximo dígito (6) para formar o número 36.

$$
\begin{array}{r}
23 \\
4\overline{)956} \\
-8 \\
\hline
15 \\
-12 \\
\hline
36 \\
\end{array}
$$

Um outro ciclo está completo, então comece o próximo perguntando quantas vezes 4 cabe em 36 — isto é, o que é 36 ÷ 4? A resposta desta vez é 9. Escreva o 9 acima do 6, multiplique 9 × 4 e escreva o resultado embaixo do 36.

$$
\begin{array}{r}
239 \\
4\overline{)956} \\
-8 \\
\hline
15 \\
-12 \\
\hline
36 \\
36 \\
\end{array}
$$

Agora subtraia 36 − 36 = 0. Como você não tem mais dígitos para baixar, você terminou, e a resposta (isto é, o *quociente*) é o número no topo do problema:

$$
\begin{array}{r}
239 \\
4\overline{)956} \\
-8 \\
\hline
15 \\
-12 \\
\hline
36 \\
-36 \\
\hline
0 \\
\end{array}
$$

CAPÍTULO 1 **Nós Temos Teus Números** 19

EXEMPLO

P. Divida 3.042 ÷ 5.

R. **608 r 2.** Inicie montando o problema assim:

$$5\overline{)3042}$$

Para começar, pergunte quantas vezes 5 cabe em 3. A resposta é 0 — porque 5 não cabe em 3 — então escreva 0 em cima do 3. Agora você precisa fazer a mesma pergunta utilizando os primeiros dois dígitos do divisor: Quantas vezes 5 cabe em 30 — isto é, o que é 30 ÷ 5? A resposta é 6, então escreva 6 acima do 0. Aqui está como se completa o primeiro ciclo.

$$\begin{array}{r} 06 \\ 5\overline{)3042} \\ -30 \\ \hline 04 \end{array}$$

Em seguida, pergunte quantas vezes 5 cabe em 4. A resposta é 0 — porque 5 não cabe em 4 — então escreva 0 em cima do 4. Agora baixe o próximo número (2), para fazer 42:

$$\begin{array}{r} 060 \\ 5\overline{)3042} \\ -30 \\ \hline 042 \end{array}$$

Pergunte agora quantas vezes 5 cabe em 42 — isto é, o que é 42 ÷ 5? A resposta é 8 (com um pequeno resto), assim complete o ciclo como a seguir:

$$\begin{array}{r} 0608 \quad \leftarrow \text{quociente} \\ 5\overline{)3042} \\ -30 \\ \hline 042 \\ -40 \\ \hline 2 \quad \leftarrow \text{resto} \end{array}$$

Como você não tem mais números para baixar, você terminou. A resposta (quociente) está no topo do problema (você pode descartar o 0 à esquerda), e o resto está na parte debaixo do problema. Então 3.042 ÷ 5 = 608 com um resto de 2. Para economizar espaço, escreva esta resposta como 608 r 2.

21. Divida $741 \div 3$.

`Resolva`

22. Avalie $3.245 \div 5$.

`Resolva`

23. Descubra $91.390 \div 8$.

`Resolva`

24. Encontre $792.541 \div 9$.

`Resolva`

Soluções de Nós Temos Teus Números

O que segue são as soluções para as questões práticas apresentadas neste capítulo.

1. Identifique os dígitos das unidades, dezenas, centenas e milhares no número 7.359.

(A) 9 é o dígito das unidades.

(B) 5 é o dígito das dezenas.

(C) 3 é o dígito das centenas.

(D) 7 é o dígito das milhares.

2. 2.000 + 100 + 30 + 6 = 2.136

Milhões	Centenas de Milhares	Dezenas de Milhares	Milhares	Centenas	Dezenas	Unidades
			2	1	3	6

3. 0 + 3.000 + 800 + 0 + 9 = O primeiro 0 é aquele à esquerda e o segundo 0 é a reserva de lugar.

Milhões	Centenas de Milhares	Dezenas de Milhares	Milhares	Centenas	Dezenas	Unidades
			0	3	8	0	9

4. 0 + 400.000 + 50.000 + 900 + 0 + 0 = 0.450.900. O primeiro 0 é aquele à esquerda e, os três zeros remanescentes são reserva de lugar.

Milhões	Centenas de Milhares	Dezenas de Milhares	Milhares	Centenas	Dezenas	Unidades
0	4	5	0	9	0	0

5. Arredonde para a dezena mais próxima:

(A) 29 → **30.** O dígito da unidade é 9, então arredonde para cima.

(B) 43 → **40.** O dígito da unidade é 3, então arredonde para baixo.

(C) 75 → **80.** O dígito da unidade é 5, então arredonde para cima.

(D) 97 → **100.** O dígito da unidade é 7, então arredonde para cima, passando o 9 para cima.

6. Arredonde para a dezena mais próxima:

(A) 164 → **160.** O dígito da unidade é 4, então arredonde para baixo.

(B) 765 → **770.** O dígito da unidade é 5, então arredonde para cima.

(C) 1.989 → **1.990.** O dígito da unidade é 9, então arredonde para cima.

(D) 9.999.995 → **10.000.000.** O dígito da unidade é 5, então arredonde, passando todos os 9 para cima.

7. Foque nos dígitos das centenas e dezenas para arredondar para a centena mais próxima:

(A) 439 → **400**. O dígito da dezena é 3, então arredonde para baixo.

(B) 562 → **600**. O dígito da dezena é 6, então arredonde para cima.

(C) 2.950 → **3.000**. O dígito da dezena é 5, então arredonde para cima.

(D) 109.974 → **110.000**. O dígito da dezena é 7, então arredonde, passando todos os 9 para cima.

8. Foque nos dígitos dos milhares e das centenas para arredondar para a casa dos milhares mais próxima.

(A) 5.280 → **5.000**. O dígito das centenas é 2, então arredonde para baixo.

(B) 77.777 → **78.000**. O dígito das centenas é 7, então arredonde para cima.

(C) 1.234.567 → **1.235.000**. O dígito das centenas é 5, então arredonde para cima.

(D) 1.899.999 → **1.900.000**. O dígito das centenas é 9, então arredonde para cima, passando todos os 9 para a esquerda.

9. Some com a linha numérica.

(A) 4 + 7 = **11**. A expressão 4 + 7 significa *iniciar no 4, subir 7*, o que te dá 11.

(B) 9 + 8 = **17**. A expressão 9 + 8 significa *iniciar no 9, subir 8*, o que te dá 17.

(C) 12 + 0 = **12**. A expressão 12 + 0 significa *iniciar no 12, subir 0*, o que te dá 12.

(D) 4 + 6 + 1 + 5 = **16**. A expressão 4 + 6 + 1 + 5 significa *iniciar no 4, subir 6, subir 1, subir 5*, o que te dá 16.

10. Subtraia com a linha numérica.

(A) 10 − 6 = **4**. A expressão 10 − 6 significa *iniciar no 10, descer 6*, o que te dá 4.

(B) 14 − 9 = **5**. A expressão 14 − 9 significa *iniciar no 14, descer 9*, o que te dá 5.

(C) 18 − 18 = **0**. A expressão 18 − 18 significa *iniciar no 18, descer 18*, o que te dá 0.

(D) 9 − 3 + 7 − 2 + 1 = **12**. A expressão 9 − 3 + 7 − 2 + 1 significa *iniciar no 9, descer 3, subir 7, descer 2, subir 1* o que te dá 12.

CAPÍTULO 1 **Nós Temos Teus Números** 23

11. Multiplique com a linha numérica.

(A) $2 \times 7 = $ **14.** Iniciando no 0, conte de dois em dois num total de sete vezes, o que te dá 14.

(B) $7 \times 2 = $ **14.** Iniciando no 0, conte de sete em sete num total de duas vezes, o que te dá 14.

(C) $4 \times 3 = $ **12.** Iniciando no 0, conte de quatro em quatro num total de três vezes, o que te dá 12.

(D) $6 \times 1 = $ **6.** Iniciando no 0, conte de seis em seis uma vez, o que te dá 6.

(E) $6 \times 0 = $ **0.** Iniciando no 0, conte de seis em seis nenhuma vez, o que te dá 0.

(F) $0 \times 10 = $ **0.** Iniciando no 0, conte de zero em zero num total de dez vezes, o que te dá 0.

12. Divida com a linha numérica.

(A) $8 \div 2 = $ **4.** Bloqueie um segmento da linha numérica de 0 a 8. Agora divida de maneira uniforme este segmento, em dois pedaços menores. Cada um destes pedaços terá um comprimento de 4, assim, esta é a resposta do problema.

(B) $15 \div 5 = $ **3.** Bloqueie um segmento da linha numérica de 0 a 15. Divida de maneira uniforme este segmento, em cinco pedaços menores. Cada um destes pedaços terá um comprimento de 3, assim, esta é a resposta do problema.

(C) $18 \div 3 = $ **6.** Bloqueie um segmento da linha numérica de 0 a 18 e divida de maneira uniforme este segmento, em três pedaços menores. Cada um destes pedaços terá um comprimento de 6, assim, esta é a resposta do problema.

(D) $10 \div 10 = $ **1.** Bloqueie um segmento da linha numérica de 0 a 10 e divida de maneira uniforme este segmento, em dez pedaços menores. Cada um destes pedaços terá o comprimento de 1.

(E) $7 \div 1 = $ **7.** Bloqueie um segmento da linha numérica de 0 a 7 e divida de maneira uniforme este segmento, em um pedaço (isto é, não o divida absolutamente). Este pedaço ainda tem o comprimento de 7.

(F) $0 \div 2 = $ **0.** Bloqueie um segmento da linha numérica de 0 a 0. O comprimento do segmento é 0, assim ele não pode ser menor. Isto mostra a você que 0 dividido por *qualquer* número é 0.

13. 252

1 2
129
88
+35
———
252

14. 3.189

2
1734
620
803
+ 32
———
3189

15. 362

3 1
4̸19
−57
———
362

16. 39.238

3 10 9 11 1
4̸1̸0̸2̸4
− 1786
————
39238

17. 3.150

75
×42
———
150
3000
———
3150

18. 11.424

136
×84
———
544
10880
————
11424

19. 699.840

1728
×405
———
8640
00000
691200
————
699840

20. 6.835.504

8912
×767
———
62384
534720
6238400
—————
6835504

21. 247

$$3\overline{)741}^{\ 247}$$

−6
———
14
−12
———
21
−21
———
0

22. 649

$$5\overline{)3245}^{\ 0649}$$

−30
———
24
−20
———
45
−45
———
0

CAPÍTULO 1 **Nós Temos Teus Números** 25

23. 11.423 r 6

$$
\begin{array}{r}
11423 \\
8)\overline{91390} \\
-8 \\
\hline
11 \\
-8 \\
\hline
33 \\
-32 \\
\hline
19 \\
-16 \\
\hline
30 \\
-24 \\
\hline
6
\end{array}
$$

24. 88.060 r 1

$$
\begin{array}{r}
088060 \\
9)\overline{792541} \\
-72 \\
\hline
72 \\
-72 \\
\hline
054 \\
-54 \\
\hline
01 \\
-0 \\
\hline
1
\end{array}
$$

NESTE CAPÍTULO
Reescrevendo equações utilizando operações inversas e a propriedade comutativa
Entendendo as propriedades associativa e distributiva
Trabalhando com inequações do tipo >, <, ≠ e ≈
Calculando potências e raiz quadrada

Capítulo 2

Operadores Fáceis: Trabalhando com As Quatro Grandes Operações

As Quatro Grandes operações (adição, subtração, multiplicação e divisão) são material básico, mas elas são realmente ferramentas bastante versáteis. Neste capítulo vou te mostrar que as Quatro Grandes são, de fato, dois pares de operações inversas — ou seja, operações que cancelam ou revertem entre si. Você também descobrirá como a propriedade comutativa te permite reorganizar números em uma expressão. E o mais importante, você verá como reescrever equações de formas alternativas que deixarão que você solucione problemas mais facilmente.

Em seguida, vou te mostrar como usar parênteses para agrupar números e operações conjuntamente. Você descobrirá como a propriedade associativa garante que, em certos casos, o posicionamento de parênteses não altera a resposta de um problema. Você também trabalhará com quatro tipos de inequações: >, <, ≠ e ≈. Finalmente, te mostrarei que elevar um número a uma potência é um atalho para a multiplicação e te explicarei como encontrar a raiz quadrada de um número.

Mudar Coisas com Operações Inversas e a Propriedade Comutativa

As Quatro Grandes operações são, na verdade, dois pares de *operações inversas*, o que significa que as operações podem reverter ou cancelar entre si:

» **Adição e Subtração:** Subtração reverte a adição. Por exemplo, se você inicia com 3 e adiciona 4, você tem 7. Então, quando você subtrai 4, você desfaz a adição original e chega de volta a 3:

$$3 + 4 = 7 \rightarrow 7 - 4 = 3$$

Essa ideia de operações inversas faz bastante sentido quando você usa a linha numérica. Sobre ela, 3 + 4, significa *iniciar em 3, subir 4*. E 7 - 4, quer dizer *iniciar em 7, descer 4*. Assim, quando você adiciona 4 e então subtrai 4, você acaba de volta ao ponto de onde você partiu.

» **Multiplicação e Divisão:** Divisão reverte ou cancela a multiplicação. Por exemplo, se você parte com 6 e multiplica por 2, você tem 12. Então, quando você divide por 2, você desfaz a multiplicação original e retorna ao 6:

$$6 \times 2 = 12 \rightarrow 12 \div 2 = 6$$

LEMBRE-SE

A *propriedade comutativa da adição* te diz que você pode mudar a ordem dos números em um problema de adição sem alterar o resultado, e a *propriedade comutativa da multiplicação* diz que você pode mudar a ordem dos números de um problema de multiplicação sem alterar o resultado. Por exemplo:

$$2 + 5 = 7 \rightarrow 5 + 2 = 7$$

$$3 \times 4 = 12 \rightarrow 4 \times 3 = 12$$

Por meio da propriedade comutativa e das operações inversas, toda equação possui quatro formas alternativas que contêm a mesma informação expressa de modos levemente diferentes. Por exemplo, 2 + 3 = 5 e 3 + 2 = 5 são formas alternativas da mesma equação, mas modificadas utilizando-se a propriedade comutativa. E 5 - 3 = 2 é o inverso de 2 + 3 = 5. Finalmente, 5 - 2 = 3 é o inverso de 3 + 2 = 5.

DICA

Você pode usar formas alternativas de equações para solucionar problemas do tipo "preencha as lacunas". Contanto que você conheça dois números de uma equação, você poderá sempre achar o número remanescente. Basta descobrir uma maneira de obter o espaço em branco para o outro lado do sinal de igual.

» Quando o *primeiro* número está faltando em qualquer problema, use o inverso para contornar o problema:

_____ + 6 = 10 → 10 − 6 = _____

» Quando o *segundo* número está ausente em um problema de adição ou multiplicação, use a propriedade comutativa e em seguida o inverso:

9 + _____ = 17 → _____ + 9 = 17 → 17 − 9 = _____

» Quando o *segundo* número está ausente em um problema de subtração ou multiplicação, apenas altere a posição dos dois valores que estão próximos ao sinal de igual (isto é, a lacuna e o sinal de igual):

15 − _____ = 8 → 15 − 8 = _____

EXEMPLO

P. Qual é a equação inversa de 16 − 9 = 7?

R. 7 + 9 = 16. Na equação 16 − 9 = 7, você inicia em 16 e subtrai 9, o que te dá 7. A equação inversa reverte esse processo, assim você inicia em 7 e adiciona 9, o que te traz de volta à 16.

16 − 9 = 7 → 7 + 9 = 16

P. Use operações inversas e a propriedade comutativa para encontrar três formas alternativas da equação 7 − 2 = 5.

R. 5 + 2 = 7, 2 + 5 = 7 e 7 − 5 = 2. Primeiro utilize as operações inversas para mudar de subtração para adição:

7 − 2 = 5 → 5 + 2 = 7

Agora utilize a propriedade comutativa para modificar a ordem dessa adição:

5 + 2 = 7 → 2 + 5 = 7

Finalmente use operações inversas para passar de adição para subtração:

2 + 5 = 7 → 7 − 5 = 2

CAPÍTULO 2 **Operadores Fáceis: Trabalhando com . . .** 29

P. Solucione o problema preenchendo a lacuna: 16 + _____ = 47.

R. **31**. Primeiro utilize a propriedade comutativa para modificar a adição:

16 + _____ = 47 → _____ + 16 = 47

Agora use as operações inversas para passar o problema da adição para a subtração:

_____ + 16 = 47 → 47 − 16 = _____

Neste ponto, você pode resolver o problema subtraindo 47 − 16 = 31.

P. Qual é a equação inversa de 6 × 7 = 42?

R. **42 ÷ 7 = 6**. Na equação 6 × 7 = 42, você inicia com 6 e multiplica por 7, o que te dá 42. A equação inversa reverte esse processo, assim você começa com 42 e divide por 7, o que te traz de volta à 6.

6 × 7 = 42 → 42 ÷ 7 = 6

P. Preencha a lacuna: _____ ÷ 3 = 13.

R. **39**. Use as operações inversas para alternar o problema de divisão para multiplicação.

_____ ÷ 3 = 13 → 13 × 3 = _____

Agora você pode resolver o problema multiplicando 13 × 3 = 39.

P. Preencha a lacuna: 64 − _____ = 15

R. **49**. Alterne em torno dos dois últimos números do problema:

64 − _____ = 15 → 64 − 15 = _____

Agora você pode solucionar o problema, subtraindo 64 − 15 = 49.

30 PARTE 1 **Começando com Matemática Básica e Pré-Álgebra**

1. Utilizando operações inversas, escreva abaixo uma forma alternativa de cada equação:

(A) 8 + 9 = 17

(B) 23 − 13 = 10

(C) 15 × 5 = 75

(D) 132 ÷ 11 = 12

`Resolva`

2. Utilize a propriedade comutativa para escrever uma forma alternativa de cada equação:

(A) 19 + 35 = 54

(B) 175 + 88 = 263

(C) 22 × 8 = 176

(D) 101 × 99 = 9.999

`Resolva`

3. Use operações inversas e a propriedade comutativa para encontrar todas as três formas alternativas para cada equação:

(A) 7 + 3 = 10

(B) 12 − 4 = 8

(C) 6 × 5 = 30

(D) 18 ÷ 2 = 9

`Resolva`

4. Preencha as lacunas de cada questão:

(A) _____ − 74 = 36

(B) _____ × 7 = 105

(C) 45 + _____ = 132

(D) 273 − _____ = 70

(E) 8 × _____ = 648

(F) 180 ÷ _____ = 9

`Resolva`

Agrupando: Parênteses e a Propriedade Associativa

LEMBRE-SE

Operações juntas em um grupo de parênteses te dizem que você pode realizar qualquer operação no interior de um conjunto de parênteses *antes* de fazê-las fora dele. Parênteses podem fazer uma grande diferença no resultado que você obtém ao solucionar um problema, especialmente em um problema com operações mistas. Em dois casos importantes, contudo, mover parênteses não altera a resposta de um problema:

» A *propriedade associativa da adição* diz que quando toda a operação é soma, você pode agrupar números de qualquer modo que você queira e escolher quais pares de números adicionar em primeiro lugar; você pode mover parênteses sem mudar a resposta.

» A *propriedade associativa da multiplicação* te diz que você pode escolher pares de números a multiplicar em primeiro lugar, assim quando toda operação é multiplicação, você pode mover os parênteses sem alterar o resultado.

DICA

Consideradas juntas, as propriedades associativa e a comutativa (a qual eu tratei na seção precedente) te permitem reorganizar completamente todos os números em qualquer problema que seja ou todo adição ou todo multiplicação.

EXEMPLO

P. Quanto é (21 − 6) ÷ 3? Quanto é 21 − (6 ÷ 3)?

R. **5 e 19**. Para calcular (21 − 6) ÷ 3, primeiro faça a operação dentro dos parênteses — isto é, 21 − 6 = 15:

Agora finalize o problema dividindo: 15 ÷ 3 = 5.

Para calcular 21 − (6 ÷ 3), primeiro faça a operação dentro dos parênteses — isto é, 6 ÷ 3 = 2:

21 − (6 ÷ 3) = 21 − 2

Finalize subtraindo 21 − 2 = 19. Observe que o posicionamento dos parênteses muda a resposta.

P. Resolva 1 + (9 + 2) e (1 + 9) + 2.

R. **12 e 12**. Para resolver 1 + (9 + 2), primeiro faça a operação dentro dos parênteses — isto é, 9 + 2 = 11:

1 + (9 + 2) = 1 + 11

Finalize adicionando 1 + 11 = 12.

Para resolver (1 + 9) + 2, primeiro faça a operação dentro dos parênteses — isto é, 1 + 9 = 10:

(1 + 9) + 2 = 10 + 2

Finalize adicionando 1 + 11 = 12. Observe que a única diferença entre os dois problemas é o posicionamento dos parênteses, mas em razão das duas operações serem adição, movê-los não muda a resposta.

P. Resolva 2 × (4 × 3) e (2 × 4) × 3.

R. **24 e 24**. Para calcular 2 × (4 × 3), primeiro faça a operação dentro dos parênteses — isto é, 4 × 3 = 12:

2 × (4 × 3) = 2 × 12

Finalize multiplicando 2 × 12 = 24.

Para calcular (2 × 4) × 3, primeiro faça a operação dentro dos parênteses — isto é, 2 × 4 = 8:

(2 × 4) × 3 = 8 × 3

Finalize multiplicando 8 × 3 = 24. Não há problema sobre a forma como você agrupa a multiplicação, a resposta será a mesma.

P. Resolva 41 × 5 × 2.

R. **410**. Os dois últimos números são pequenos, assim, coloque-os entre parênteses:

41 × 5 × 2 = 41 × (5 × 2)

Primeiro faça a operação dentro dos parênteses:

41 × 5 × 2 = 41 × 10

Agora você pode facilmente multiplicar 41 × 10 = 410.

5. Encontre o valor de (8 × 6) +10.

`Resolva`

6. Encontre o valor de 123 ÷ (145 − 144).

`Resolva`

7. Resolva os dois problemas seguintes:

(A) $(40 \div 2) + 6 = ?$

(B) $40 \div (2 + 6) = ?$

Os parênteses fazem diferença no resultado?

`Resolva`

8. Resolva os dois problemas seguintes:

(A) $(16 + 24) + 19$

(B) $16 + (24 + 19)$

Os parênteses fazem diferença no resultado?

`Resolva`

9. Resolva os dois problemas seguintes:

(A) $(18 \times 25) \times 4$

(B) $18 \times (25 \times 4)$

Os parênteses causam alguma diferença na resposta?

`Resolva`

10. Encontre o valor de $93.769 \times 2 \times 5$. (*Dica*: Use a propriedade associativa da multiplicação para facilitar o problema)

`Resolva`

Tornando Desequilibrado: Inequações

Quando números não são iguais em valor, você não pode utilizar o sinal de igualdade (=) para os tornar uma equação. Ao contrário, você usa uma variedade de outros símbolos para os transformar em uma desigualdade (inequação).

» O símbolo > significa *é maior que*, e o símbolo <, *é menor que*:

6 > 3 significa que 6 *é maior que* 3.

7 < 10 significa que 7 *é menor que* 10.

DICA

Se você não está seguro se usa > ou <, lembre-se que a grande boca aberta do símbolo encara o número maior. Por exemplo, 5 < 7, mas 7 > 5.

» O símbolo ≠ significa *não igual ou diferente*. Não é útil como > ou < porque ele não diz se um número é maior ou menor que outro. Sobretudo "≠" aponta para um erro ou imprecisão em um cálculo pré-algébrico.

» O símbolo ≈ significa *aproximadamente igual*. Você o utiliza quando arredondar números e estimar soluções de problemas — isto é, quando você está procurando por uma resposta que é próxima o suficiente, mas não exata. O símbolo ≈ te permite fazer pequenos ajustes nos números para facilitar teu trabalho. (Veja o Capítulo 1 para mais sobre estimando e arredondando.)

EXEMPLO

P. Coloque o símbolo correto (=, > ou <) na lacuna: 2 + 2 _____ 5.

R. **<**. Como 2 + 2 = 4 e 4 é menor que 5, use o símbolo que significa *é menor que*.

P. Sam trabalhou 7 horas para seus pais a R$8/hora, e seus pais o pagaram com uma nota de R$50. Use o símbolo ≠ para indicar por que Sam ficou decepcionado.

R. **R$50 ≠ R$56**. Sam trabalhou 7 horas a R$8/h, então eis aqui o quanto ele mereceria:

　　7 × R$8 = 56

Ele ficou decepcionado porque seus pais não pagaram o valor correto: R$50 ≠ R$56.

P. Coloque o símbolo correto (=, > ou <) na lacuna: 42 − 19 _____ 5 × 4.

R. **>**. Como 42 − 19 = 23 e 5 × 4 = 20, e 23 é maior que 20, use o símbolo que significa *é maior que*.

P. Encontre uma solução aproximada para 2.000.398 + 6.001.756.

R. **8.000.000**. Ambos os números são em milhões, assim você pode usar ≈ para arredondá-lo o mais próximo do milhão:

　　2.000.398 + 6.001.756 ≈ 2.000.000 + 6.000.000

Agora é fácil somar 2.000.000 + 6.000.000 = 8.000.000

11. Coloque o símbolo correto (=, > ou <) nas lacunas:

(A) $4 + 6$ _____ 13

(B) 9×7 _____ 62

(C) $33 - 16$ _____ $60 \div 3$

(D) $100 \div 5$ _____ $83 - 63$

Resolva

12. Troque o símbolo ≠ para ou > ou <:

(A) $17 + 14 \neq 33$

(B) $144 - 90 \neq 66$

(C) $11 \times 14 \neq 98$

(D) $150 \div 6 \neq 20$

Resolva

13. O chefe de Tim o pagou por 40 horas de trabalho na semana passada. Tim calculou seu tempo dizendo que ele passa 19 horas com clientes, 11 horas dirigindo e 7 horas cuidando de papelada. Use ≠ para mostrar por que o chefe de Tim ficou insatisfeito com seu trabalho.

Resolva

14. Encontre uma solução aproximada para $10.002 - 6.007$.

Resolva

Multiplicações Especiais: Potências e recíproco

Elevar um número a uma potência é um modo rápido de o multiplicar por ele mesmo. Por exemplo, 2^5, o qual você lê como *dois elevado à quinta potência*, significa que você multiplica 2 por ele mesmo, 5 vezes:

$$2^5 = 2 \times 2 \times 2 \times 2 \times 2 = 32$$

O número 2 é chamado de *base* e o número 5, *expoente*.

DICA

Potências de dez — isto é, potências com 10 como base — são especialmente importantes em razão do sistema numérico ser nelas baseado. Felizmente, é muito fácil trabalhar com elas. Para elevar 10 a uma potência de qualquer número inteiro positivo, escreva o número 1 seguido pelo número de zeros indicado pelo expoente. Por exemplo, 10³ é 1.000.

Aqui estão algumas regras importantes para se achar potências que contêm 0 ou 1:

» Todo número elevado à potência de 1 é igual a ele mesmo.

» Todo número (exceto 0) elevado à potência de 0 é igual a 1. Por exemplo, 10^0 é 1 seguido de *nenhum* zero — isto é, 1.

» O número 0 elevado à potência de qualquer número (exceto 0) é igual a 0, porque não importa quantas vezes você multiplique o 0 por ele mesmo, o resultado é 0.

Matemáticos optaram por deixar 0^0 indefinido — isto é, ele não se iguala a nenhum número.

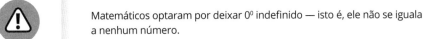
CUIDADO

» O número 1 elevado à potência de qualquer número é igual a 1, porque não importa quantas vezes você multiplica 1 por ele mesmo, o resultado é 1.

Quando você multiplica qualquer número por ele mesmo, o resultado é um *número quadrado*. Então, quando você eleva qualquer número à potência de 2, você está *elevando ao quadrado* esse número. Por exemplo, aqui está 5^2, ou *cinco ao quadrado*.

$$5^2 = 5 \times 5 = 25$$

O inverso de se elevar um número ao quadrado é conhecido como encontrar a *raiz quadrada* de um número (operações inversas revertem entre si — veja a seção anterior "Mudar Coisas com Operações Inversas e a Propriedade Comutativa"). Quando você encontra a raiz quadrada de um número, você descobre um novo número o qual, quando multiplicado por ele mesmo, é igual ao número com o qual você iniciou. Por exemplo, eis a raiz quadrada de 25:

$$\sqrt{25} = 5 \text{ (porque } 5 \times 5 = 25\text{)}$$

EXEMPLO

P. Quanto é 3^4?

R. 81. A expressão 3^4 te diz para multiplicar 3 por ele mesmo 4 vezes:

$$3 \times 3 \times 3 \times 3 = 81$$

P. Quanto é 10^6?

R. **1.000.000**. Usando a regra de potência de dez, 10^6 será 1 seguido de seis zeros, então $10^6 = 1.000.000$

P. Qual é $\sqrt{36}$?

R. **6**. Para encontrar $\sqrt{36}$, você quer encontrar um número que, quando multiplicado por ele mesmo, seja igual a 36. Você sabe que $6 \times 6 = 36$, então $\sqrt{36} = 6$.

P. Quanto é $\sqrt{256}$?

R. **16**. Para calcular $\sqrt{256}$, você quer encontrar o número que, quando multiplicado por ele mesmo, seja igual a 256. Tente adivinhar, reduzindo as possibilidades. Comece tentando com 10:

$$10 \times 10 = 100$$

$256 > 100$, então $\sqrt{256}$ é maior que 10. Tente 20:

$$20 \times 20 = 400$$

$256 < 400$, então $\sqrt{256}$ está entre 10 e 20. Tente 15:

$$15 \times 15 = 225$$

$256 > 225$, então $\sqrt{256}$ está entre 15 e 20. Tente 16:

$$16 \times 16 = 256$$

Está correto, então $\sqrt{256} = 16$.

15. Encontre o valor das seguintes potências:

(A) 6^2

(B) 3^5

(C) 2^7

(D) 2^8 (*Dica*: Você pode facilitar teu trabalho utilizando a resposta da questão "**c**").

Resolva

16. Encontre o valor das seguintes potências:

(A) 10^4

(B) 10^{10}

(C) 10^{15}

(D) 10^1

Resolva

Respostas de Problemas de Operadores Fáceis

O que segue são as respostas às questões práticas apresentadas neste capítulo.

1. Utilizando operações inversas, escreva abaixo uma forma alternativa de cada equação:

   (A) 8 + 9 = 17: **17 − 9 = 8**

   (B) 23 − 13 = 10: **10 + 13 = 23**

   (C) 15 × 5 = 75: **75 ÷ 5 = 15**

   (D) 132 ÷ 11 = 12: **12 × 11 = 132**

2. Utilize a propriedade comutativa para escrever uma forma alternativa de cada equação:

   (A) 19 + 35 = 54: **35 +19 = 54**

   (B) 175 + 88 = 263: **88 + 175 = 263**

   (C) 22 × 8 = 176: **8 × 22 = 176**

   (D) 101 × 99 = 9.999: **99 × 101 = 9.999**

3. Use operações inversas e a propriedade comutativa para encontrar todas as três formas alternativas para cada equação:

   (A) 7 + 3 = 10: **10 − 3 = 7, 3 + 7 = 10 e 10 − 7 = 3**

   (B) 12 − 4 = 8: **8 + 4 = 12, 4 + 8 = 12 e 12 − 8 = 4**

   (C) 6 × 5 = 30: **30 ÷ 5 = 6, 5 × 6 = 30 e 30 ÷ 6 = 5**

   (D) 18 ÷ 2 = 9: **9 × 2 = 18, 2 × 9 = 18 e 18 ÷ 9 = 2**

4. Preencha as lacunas de cada questão:

   (A) 110. Reescreva _____ − 74 = 36 como sua inversa:

   36 + 74 = _____

   portanto, 36 + 74 = 110.

   (B) 15. Reescreva _____ × 7 = 105 como sua inversa:

   105 ÷ 7 = _____

   Então, 105 ÷ 7 = 15.

(C) 87. Reescreva 45 + _____ = 132, usando a propriedade comutativa:

_____ + 45 = 132

Agora reescreva esta equação como sua inversa:

132 − 45 = _____

Portanto, 132 − 45 = 87.

(D) 203. Reescreva 273 − _____ = 70, alternando os dois números próximos ao sinal de igual:

273 − 70 = _____

Então, 273 − 70 = 203.

(E) 81. Reescreva 8 × _____ = 648 utilizando a propriedade comutativa:

_____ × 8 = 648

Agora reescreva sua inversa:

648 ÷ 8 = _____

Então 648 ÷ 8 = 81.

(F) 20. Reescreva 180 + _____ = 9 alternando os dois números próximos ao sinal de igual:

180 ÷ 9 = _____, então 180 ÷ 9 = 20.

5. **58**. Primeiro faça a multiplicação dentro dos parênteses:

(8 × 6) + 10 = 48 + 10

Agora adicione 48 + 10 = 58.

6. **123**. Primeiro faça a subtração entre parênteses:

123 ÷ (145 − 144) = 123 ÷ 1

Agora simplesmente divida 123 ÷ 1 = 123.

7. Resolva os dois problemas seguintes:

(A) (40 ÷ 2) + 6 = 20 + 6 = **26**

(B) 40 ÷ (2 + 6) = 40 ÷ 8 = **5**

Sim, o posicionamento dos parênteses muda o resultado.

8. Resolva os dois problemas seguintes:

(A) $(16 + 24) + 19 = 40 + 19 = \mathbf{59}$

(B) $16 + (24 + 19) = 16 + 43 = \mathbf{59}$

Não, por causa da propriedade associativa da adição, o posicionamento dos parênteses não altera o resultado.

9. Resolva os dois problemas seguintes:

(A) $(18 \times 25) \times 4 = 450 \times 4 = \mathbf{1.800}$

(B) $18 \times (25 \times 4) = 18 \times 100 = \mathbf{1.800}$

Não, por causa da propriedade associativa da multiplicação, o posicionamento dos parênteses não altera o resultado.

10. $93.769 \times 2 \times 5 = \mathbf{937.690}$. O problema é mais facilmente resolvido colocando entre parênteses 2×5:

$$93.769 \times (2 \times 5) = 93.769 \times 10 = 937.690$$

11. Coloque o símbolo correto $(=, >$ ou $<)$ nas lacunas:

(A) $4 + 6 = 10$, e $10 < 133$

(B) $9 \times 7 = 63$, e $63 > 62$

(C) $33 - 16 = 17$ e $60 \div 3 = 20$, então $17 < 20$

(D) $100 \div 5 = 20$ e $83 - 63 = 20$, então $20 = 20$

12. Troque o símbolo $\neq$ para ou $>$ ou $<$:

(A) $17 + 14 = 31$ e $31 < 33$

(B) $144 - 90 = 54$ e $54 < 66$

(C) $11 \times 14 = 154$ e $154 > 98$

(D) $150 \div 6 = 25$ e $25 > 20$

13. $19 + 11 + 7 = \mathbf{37} \neq \mathbf{40}$

14. $10.002 - 6.007 \approx \mathbf{4.000}$

15. Encontre o valor das seguintes potências:

(A) $6^2 = 6 \times 6 = \mathbf{36}$.

(B) $3^5 = 3 \times 3 \times 3 \times 3 \times 3 = \mathbf{243}$.

(C) $2^7 = 2 \times 2 \times 2 \times 2 \times 2 \times 2 \times 2 = \mathbf{128}$.

(D) $2^8 = 2 \times 2 \times 2 \times 2 \times 2 \times 2 \times 2 \times 2 = \mathbf{256}$. Você já sabia pela questão **c** que $2^7 = 128$, assim, multiplique este número por 2 para obter sua resposta: $128 \times 2 = 256$.

CAPÍTULO 2 **Operadores Fáceis: Trabalhando com . . .** 41

16. Encontre o valor das seguintes potências:

(A) 10^4 = **10.000**. Escreva 1 seguido de quatro zeros.

(B) 10^{10} = **10.000.000.000**. Escreva 1 seguido de dez zeros.

(C) 10^{15} = **1.000.000.000.000.000**. Escreva 1 seguido de quinze zeros.

(D) 10^1 = **10**. Qualquer número elevado à potência de 1 é o próprio número.

NESTE CAPÍTULO

Entendendo números negativos

Encontrando o valor absoluto de um número

Adicionando e subtraindo números negativos

Multiplicando e dividindo números negativos

Capítulo 3

Descendo com Números Negativos

úmeros negativos, os quais são comumente utilizados para representar débitos e temperaturas realmente frias, representam montantes menores que zero. Tais números surgem quando você subtrai um número maior de outro menor. Neste capítulo, você aplica as Quatro Grandes operações (adição, subtração, multiplicação e divisão) aos números negativos.

Entendendo de Onde Vêm os Números Negativos

Quando você descobriu pela primeira vez a subtração, provavelmente lhe foi dito que você não poderia tomar um número pequeno e tirar dele um número maior. Por exemplo, se você começa com quatro esculturas, você não pode subtrair seis, porque você não pode retirar mais esculturas do que tem. Esta regra é verdade para esculturas mas, em outras situações, você *pode* subtrair um número maior de outro menor. Por exemplo, se você tem R$4 e você compra algo que custa R$6, você acaba com menos de R$0 — isto é, −R$2, o que significa um débito de R$2.

Um número com um sinal de menos à frente dele, como −2, é chamado *número negativo*. Você chama o número −2, ou de *dois negativo* ou *menos dois*. Números negativos aparecem na linha numérica à esquerda de 0, como mostrado na Figura 3-1.

FIGURA 3-1:
Números negativos sobre a linha numérica.

Subtrair um número grande de um pequeno faz sentido sobre a linha numérica. Apenas utilize a regra de subtração que mostrei no Capítulo 2: Inicie no primeiro número e conte para a esquerda a quantidade de posições do segundo número.

LEMBRE-SE

Quando você não tem uma linha numérica para trabalhar com ela, aqui está uma regra para subtrair de um número pequeno um número maior: Alterne a posição dos dois números e pegue o número maior menos o menor; então aplique um sinal negativo ao resultado.

EXEMPLO

P. Utilize a linha numérica para subtrair 5 − 8.

R. **−3**. Sobre a linha numérica, 5 − 8 significa *iniciar em 5 e descer 8 para a esquerda*.

P. Quanto é 11 − 19?

R. **−8**. Como 11 é menor que 19, subtraia 19 − 11, que é igual a 8, coloque um sinal de menos no resultado. Portanto, 11 − 19 = −8.

44 PARTE 1 **Começando com Matemática Básica e Pré-Álgebra**

1. Utilizando a linha numérica, subtraia os seguintes números:

(A) 1 − 4 = _____

(B) 3 − 7 = _____

(C) 6 − 8 = _____

(D) 7 − 14 = _____

`Resolva`

2. Encontre as respostas aos seguintes problemas de subtração:

(A) 15 − 22 = _____

(B) 27 − 41 = _____

(C) 89 − 133 = _____

(D) 1.000 − 1.234 = _____

`Resolva`

Mudança de Sinal: Entendendo o Oposto e o Valor Absoluto

LEMBRE-SE

Quando você atribui um sinal negativo a qualquer número, você *negativa* o número. Negativar um número significa trocar seu sinal para o sinal oposto, assim

» Atribuindo um sinal de menos a um número positivo, você o torna negativo.

» Atribuindo um sinal de menos a um número negativo, você o torna positivo. Os dois sinais negativos *adjacentes* (lado a lado), se cancelam entre si.

» Atribuindo um sinal de menos a 0 você não muda seu valor pois −0 = 0.

Em contraste ao negativo, colocar duas barras em volta de um número, te dá o valor absoluto desse número. *Valor absoluto* é a distância do número, a partir do 0, sobre a linha numérica, isto é, é o valor positivo de um número, independentemente se você iniciou com um número negativo ou positivo:

» O valor absoluto de um número positivo é o próprio número.

» O valor absoluto de um número negativo torna-o um número positivo.

» Colocar barras de valor absoluto em torno de 0 não muda seu valor, assim |0| = 0.

» Colocar um sinal de menos fora das barras de valor absoluto te dá um resultado negativo, por exemplo: − |6| = −6, e − |−6| = −6.

CAPÍTULO 3 **Descendo com Números Negativos**

EXEMPLO

P. Negative o número 7.

R. **−7**. Negativar 7 é atribuir a ele o sinal negativo: −7.

P. Encontre o negativo de −3.

R. **3**. O negativo de −3 é − (− 3). Os dois sinais negativos adjacentes se cancelam, o que te dá 3.

P. Qual é o negativo de 7 − 12?

R. **5**. Primeiro faça a subtração: 7 − 12 = −5. Para achar o negativo de −5, atribua um sinal de menos a resposta: − (−5). Os dois sinais negativos adjacentes se cancelam, o que dá 5.

P. Qual número é igual a |9|?

R. **9**. O número 9 já é positivo, assim o valor absoluto de 9, é também 9.

P. Qual número é igual |−17|?

R. **17**. Porque −17 é negativo, o valor absoluto de −17 é 17.

P. Solucione este problema de valor absoluto: − |9 − 13| = ?

R. **−4**. Faça a subtração primeiro: 9 − 13 = −4, que é negativo, então o valor absoluto de −4 é 4. Mas o sinal de menos à esquerda (externo às barras de valor absoluto na expressão original) negativa este resultado, assim resposta é −4.

3. Negative cada um dos números e expressões seguintes, atribuindo um sinal de menos e então cancelando-os quando possível:

(A) 6
(B) −29
(C) 0
(D) 10 + 4
(E) 15 − 7
(F) 9 − 10

Resolva

4. Solucione os seguintes problemas de valor absoluto:

(A) |7| = ?
(B) |−11| = ?
(C) |3 + 15| = ?
(D) − |10 − 1| = ?
(E) |1 − 10| = ?
(F) |0| = ?

Resolva

Somando com Números Negativos

Quando você entende o que números negativos significam, você pode somá-los assim como os números positivos que está acostumado. A linha numérica pode ajudar a fazer sentido nisso. Você pode tornar todo problema uma sequência de subidas e descidas, como mostrei no Capítulo 1. Quando você está somando sobre a linha numérica partindo com um número negativo, não é tão diferente de iniciar com um número positivo.

Adicionar um número negativo é o mesmo que subtrair um número positivo — isto é, *desça* (para a esquerda) na linha numérica. Esta regra funciona independentemente se você inicia com um número positivo ou negativo.

Após ter entendido como adicionar números negativos sobre a linha numérica, você está pronto para trabalhar sem ela. Isso se torna importante quando números aumentam muito para caber na linha numérica. Aqui estão alguns truques:

» **Adicionar um número negativo com um número positivo:** Alterne os dois números (e seus sinais), passando o problema para um de subtração.

» **Adicionar um número positivo com um número negativo:** Abandone o sinal de mais transformando em problema de subtração.

» **Adicionar dois números negativos:** Despreze ambos os sinais de menos e adicione os números como se fossem todos positivos; então atribua o sinal de menos ao resultado.

P. Use a linha numérica para adicionar −3 + 5.

R. **2**. Sobre a linha numérica, −3 + 5 significa *iniciar em −3 e subir 5*, o que te dá 2:

P. Use a linha numérica para adicionar 6 + −2.

R. **4**. Sobre a linha numérica, 6 + −2 significa *iniciar em 6, descer 2*, o que te dá 4:

P. Use a linha numérica para adicionar −3 + −4.

R. **−7**. Sobre a linha numérica, −3 + −4 significa *iniciar em −3, descer 4*, o que te dá −7:

P. Adicione −23 + 39.

R. 16. Alterne os dois números com os sinais atribuídos:

$$-23 + 39 = +39 - 23$$

Agora você pode desprezar o sinal de mais e utilizar o sinal de menos para subtrair:

$$39 - 23 = 16$$

5. Use a linha numérica para solucionar os seguintes problemas de adição:

(A) $-5 + 6$

(B) $-1 + -7$

(C) $4 + -6$

(D) $-3 + 9$

(E) $2 + -1$

(F) $-4 + -4$

Resolva

6. Solucione os seguintes problemas de adição sem utilizar a linha numérica:

(A) $-17 + 35$

(B) $29 + -38$

(C) $-61 + -18$

(D) $70 + -63$

(E) $-112 + 84$

(F) $-215 + -322$

Resolva

Subtraindo com Números Negativos

Subtrair um número negativo é o mesmo que somar um número positivo — isto é, subir na linha numérica. Esta regra funciona independentemente se você parte com um número positivo ou um negativo.

LEMBRE-SE

Ao subtrair um número negativo, lembre-se que os dois sinais de menos consecutivos se cancelam entre si, te deixando com um sinal de mais. (Tipo como quando você insiste que *você não pode* rir de seus amigos, porque eles são realmente muito ridículos; os dois negativos significa que *você tem de rir*, que é uma declaração positiva.)

Nota: Livros de Matemática frequentemente colocam parênteses no número negativo que você está subtraindo, assim os sinais não ficam juntos, então $3 - -5$ é o mesmo que $3 - (-5)$.

Quando tomar um número negativo menos um número positivo, despreze os sinais de menos e adicione os dois números como se eles fossem ambos positivos; então atribua o sinal de menos ao resultado.

EXEMPLO

P. Use a linha numérica para subtrair $-1 - 4$.

R. **−5**. Sobre a linha numérica, $-1 - 4$ significa iniciar em -1, descer 4, o que te dá -5:

7. Use a linha numérica para solucionar os seguintes problemas de subtração:

(A) $-3 - 4$

(B) $5 - (-3)$

(C) $-1 - (-8)$

(D) $-2 - 4$

(E) $-4 - 2$

(F) $-6 - (-10)$

Resolva

8. Solucione os seguintes problemas de adição sem utilizar a linha numérica:

(A) $17 - (-26)$

(B) $-21 - 45$

(C) $-42 - (-88)$

(D) $-67 - 91$

(E) $75 - (-49)$

(F) $-150 - (-79)$

Resolva

Conhecendo Sinais da Multiplicação (e Divisão) para Números Negativos

Multiplicar e dividir números negativos é basicamente o mesmo como é com números positivos. A presença de um ou mais sinais de menos (−) não modifica a parte numérica da resposta. A única questão é se o sinal da resposta é positivo ou negativo.

CAPÍTULO 3 **Descendo com Números Negativos** 49

LEMBRE-SE

Lembre-se do seguinte quando você multiplica ou divide números negativos:

» Se dois números possuem o *mesmo sinal*, o resultado é sempre positivo.

» Se dois números possuem *sinais opostos*, o resultado é sempre negativo.

EXEMPLO

P. Solucione os quatro problemas seguintes de multiplicação:

(A) 5 × 6 = _____

(B) −5 × 6 = _____

(C) 5 × −6 + _____

(D) −5 × −6 = _____

R. Como você pode ver a partir deste exemplo, a parte numérica da resposta (30) não muda. Somente o sinal da resposta, dependendo dos sinais dos dois números do problema.

(A) 5 × 6 = 30

(B) −5 × 6 = −30

(C) 5 × −6 = −30

(D) −5 × −6 = 30

P. Solucione os quatro problemas seguintes de divisão:

(A) 18 ÷ 3 = _____

(B) −18 ÷ 3 = _____

(C) 18 ÷ −3 = _____

(D) −18 ÷ −3 = _____

R. A parte numérica da resposta (6) não muda. Somente o sinal da resposta, dependendo dos sinais dos dois números do problema.

(A) 18 ÷ 3 = 6

(B) −18 ÷ 3 = −6

(C) 18 ÷ −3 = −6

(D) −18 ÷ −3 = 6

P. Quanto é −84 × 21?

R. **−1.764**. Primeiro, despreze os sinais e multiplique:

84 × 21 = 1.764

Os números −84 e 21 têm sinais diferentes, então a resposta é negativa: −1.764.

P. Quanto é $-580 \div -20$?

R. **29.** Despreze os sinais e divida (você pode utilizar divisão longa, como mostrei no Capítulo 1):

$580 \div 20 = 29$

Os números -580 e -20 possuem os mesmos sinais, assim a resposta é positiva: 29.

9. Resolva os seguintes problemas de multiplicação:

(A) $7 \times 11 = $ _____

(B) $-7 \times 11 = $ _____

(C) $7 \times -11 = $ _____

(D) $-7 \times -11 = $ _____

Resolva

10. Resolva os seguintes problemas de divisão:

(A) $32 \div -8 = $ _____

(B) $-32 \div -8 = $ _____

(C) $-32 \div 8 = $ _____

(D) $32 \div 8 = $ _____

Resolva

11. Quanto é -65×23?

Resolva

12. Encontre -143×-77.

Resolva

13. Calcule $216 \div -9$.

Resolva

14. Quanto é $-3.375 + -25$?

Resolva

CAPÍTULO 3 **Descendo com Números Negativos** 51

Respostas de Problemas de Descendo com Números Negativos

O que segue são as respostas às questões práticas apresentadas neste capítulo.

1. Utilizando a linha numérica, subtraia os seguintes números:

   (A) $1 - 4 = -3$. Inicie em 1, desça 4.

   (B) $3 - 7 = -4$. Inicie em 3, desça 7.

   (C) $6 - 8 = -2$. Inicie em 6, desça 8.

   (D) $7 - 14 = -7$. Inicie em 7, desça 14.

2. Encontre as respostas aos seguintes problemas de subtração:

   (A) $15 - 22 = -\mathbf{7}$. Quinze é menor que 22, então subtraia $22 - 15 = 7$ e atribua o sinal de menos ao resultado: -7.

   (B) $27 - 41 = -\mathbf{14}$. Vinte e sete é menor que 41, então subtraia $41 - 27 = 14$ e atribua o sinal de menos ao resultado: -14.

   (C) $89 - 133 = -\mathbf{44}$. Oitenta e quatro é menor que 133, então subtraia $133 - 89 = 44$ e atribua o sinal de menos ao resultado: -44.

   (D) $1.000 - 1.234 = -\mathbf{234}$. Mil é menor que 1.234, então subtraia $1.234 - 1.000 = 234$ e atribua o sinal de menos ao resultado: -234.

3. Negative cada um dos números e expressões seguintes, atribuindo um sinal de menos e então cancelando-os quando possível:

   (A) $-\mathbf{6}$. Para negativar 6, atribua o sinal de menos: -6

   (B) $\mathbf{29}$. Para negativar -29, atribua um sinal de menos: $-(-29)$. Agora cancele os sinais de menos adjacentes: $-(-29) = 29$.

   (C) $\mathbf{0}$. Zero é sua própria negação.

   (D) $-\mathbf{14}$. Adicione primeiro: $10 + 4 = 14$, e então a negativação de 14 é -14.

   (E) $-\mathbf{8}$. Subtraia primeiro: $15 - 7 = 8$ e o negativo de 8 é -8.

   (F) $\mathbf{1}$. Inicie subtraindo: $9 - 10 = -1$, e a negação de -1 é 1.

4. Solucione os seguintes problemas de valor absoluto:

   (A) $|7| = \mathbf{7}$. Sete já é positivo, então o valor absoluto de 7 é também 7.

   (B) $|-11| = \mathbf{11}$. O número -11 é negativo, logo o valor absoluto de -11 é 11.

   (C) $|3 + 15| = \mathbf{18}$. Primeiro faça a adição dentro das barras de valor absoluto: $3 + 15 = 18$, o que é positivo. O valor absoluto de 18 é 18.

(D) $-|10 - 1| = -\mathbf{9}$. Primeiro faça a subtração. $10 - 1 = 9$, que é positivo. O valor absoluto de 9 é 9. Você tem um sinal negativo fora das barras de valor absoluto, então negative sua resposta para ter -9.

(E) $|1 - 10| = \mathbf{9}$. Inicie subtraindo: $1 - 10 = -9$, o que é negativo. O valor absoluto de -9 é 9.

(F) $|0| = \mathbf{0}$. O valor absoluto de 0 é 0.

5. Use a linha numérica para solucionar os seguintes problemas de adição:

(A) $-5 + 6 = \mathbf{1}$. Inicie em -5, suba até 6.

(B) $-1 + -7 = -\mathbf{8}$. Inicie em -1, desça 7.

(C) $4 + -6 = -\mathbf{2}$. Inicie em 4, desça 6.

(D) $-3 + 9 = \mathbf{6}$. Inicie em -3, suba 9.

(E) $2 + -1 = \mathbf{1}$. Inicie em 2, desça 1.

(F) $-4 + -4 = -\mathbf{8}$. Inicie em -4, desça 4.

6. Solucione os seguintes problemas de adição sem utilizar a linha numérica:

(A) $-17 + 35 = \mathbf{18}$. Alterne os números (com seus sinais) passando a um problema de subtração:

$$-17 + 35 = 35 - 17 = 18$$

(B) $29 + -38 = -\mathbf{9}$. Deixe o sinal de mais para tornar um problema de subtração:

$$29 + -38 = 29 - 38 = -9$$

(C) $-61 + -18 = -\mathbf{79}$. Deixe os sinais e adicione os números, depois negative o resultado:

$$61 + 18 = 79, \text{assim } -61 + -18 = -79$$

(D) $70 + -63 = \mathbf{7}$. Torne o problema para um de subtração:

$$70 + -63 = 70 - 63 = 7.$$

(E) $-112 + 84 = -\mathbf{28}$. Torne o problema para um de subtração:

$$-112 + 84 = 84 - 112 = -28$$

(F) $-215 + -322 = -\mathbf{537}$. Despreze os sinais, adicione os números e negative o resultado:

$$215 + 322 = 537, \text{assim } -215 + - 322 = -537$$

CAPÍTULO 3 **Descendo com Números Negativos** 53

7. Use a linha numérica para solucionar os seguintes problemas de subtração:

(A) $-3 - 4 = \mathbf{-7}$. Inicie em -3, desça 4.

(B) $5 - (-3) = \mathbf{8}$. Inicie em 5, suba 3.

(C) $-1 - (-8) = \mathbf{7}$. Inicie em -1, suba 8.

(D) $-2 - 4 = \mathbf{-6}$. Inicie em -2, desça 4.

(E) $-4 - 2 = \mathbf{-6}$. Inicie em -4, desça 2.

(F) $-6 - (-10) = \mathbf{4}$. Inicie em -6, suba 10.

8. Solucione os seguintes problemas de adição sem utilizar a linha numérica:

(A) $17 - (-26) = \mathbf{43}$. Cancele os sinais de menos adjacentes e torne um problema de adição:

$$17 - (-26) = 17 + 26 = 43$$

(B) $-21 - 45 = \mathbf{-66}$. Abandone os sinais, adicione os números e negative o resultado:

$$21 + 45 = 66,\ \text{então} -21 - 45 = -66$$

(C) $-42 - (-88) = \mathbf{46}$. Cancele os sinais de menos adjacentes e torne um problema de adição:

$$-42 - (-88) = -42 + 88$$

Agora alterne os números (com seus sinais) para retornar a um problema de subtração:

$$88 - 42 = 46$$

(D) $-67 - 91 = \mathbf{-158}$. Despreze os sinais, adicione os números e negative o resultado:

$$67 + 91 = 158,\ \text{então} -67 - 91 = -158$$

(E) $75 - (-49) = \mathbf{124}$. Cancele os sinais de menos adjacentes e torne um problema de adição:

$$75 - (-49) = 75 + 49 = 124$$

(F) $-150 - (-79) = \mathbf{-71}$. Cancele os sinais de menos adjacentes e torne um problema de adição:

$$-150 - (-79) = -150 + 79$$

Agora alterne os números (com seus sinais) e transforme de volta a um problema de subtração:

$$79 - 150 = -71$$

9. Resolva os seguintes problemas de multiplicação:

(A) $7 \times 11 = \mathbf{77}$

(B) $-7 \times 11 = \mathbf{-77}$

(C) $7 \times -11 = \mathbf{-77}$

(D) $-7 \times -11 = \mathbf{77}$

10. Resolva os seguintes problemas de divisão:

(A) $32 \div -8 = \mathbf{-4}$

(B) $-32 \div -8 = \mathbf{4}$

(C) $-32 \div 8 = \mathbf{-4}$

(D) $32 \div 8 = \mathbf{4}$

11. $-65 \times 23 = \mathbf{-1.495}$. Primeiro abandone os sinais e multiplique:

$$65 \times 23 = 1.495$$

Os números -65 e 23 possuem sinais diferentes, portanto a resposta é negativa: -1.495.

12. $-143 \times -77 = \mathbf{11.011}$. Deixe os sinais e multiplique:

$$143 \times 77 = 11.011$$

Os números -143 e -77 têm o mesmo sinal, então a resposta é positiva: 11.011.

13. $216 \div -9 = \mathbf{-24}$. Deixe os sinais e divida (use divisão longa como mostrei no Capítulo 1):

$$216 \div 9 = 24$$

Os números 216 e -9 têm sinais diferentes, então a resposta é negativa: -24.

14. $-3.375 \div -25 = \mathbf{135}$. Primeiro, abandone os sinais e divida:

$$3.375 \div 25 = 135$$

Os números -3.375 e -25 têm o mesmo sinal, então a resposta é positiva: 135.

> **NESTE CAPÍTULO**
>
> **Avaliando Quatro Grandes expressões**
>
> **Sabendo como avaliar potências**
>
> **Colocando parênteses na mistura**
>
> **Esclarecendo sobre a ordem das operações**

Capítulo 4

É Apenas uma Expressão

Uma expressão aritmética é qualquer agrupamento de números e operadores que podem ser calculados. Em alguns casos, o cálculo é fácil. Por exemplo, você pode calcular 2 + 2 de cabeça para sair com a resposta 4. Assim que expressões se tornam mais longas, de qualquer maneira, o cálculo se torna mais difícil. Você pode ter de passar mais tempo com a expressão 2 × 6 + 23 − 10 + 13 para achar a resposta certa de 38.

O verbo *avaliar* vem da palavra *valor*. Quando você *avalia* uma expressão, você a passa de uma sequência de símbolos matemáticos a um valor único — isto é, você a transforma em um número. Mas, as expressões se complicam mais, surge o potencial de confusão. Por exemplo, pense na expressão 3 + 2 × 4. Se você adiciona os dois primeiros números e então multiplica, sua resposta será 20. Mas, se você multiplicar os dois últimos números e então somar, sua resposta será 11.

Para solucionar esse problema, matemáticos concordaram sobre uma *ordem de operações* (algumas vezes chamada de *ordem de precedência*): um conjunto de regras para decidir como avaliar uma expressão aritmética, sem importar o quão complexa ela seja. Neste capítulo, eu lhe apresentarei a ordem de operações por meio de uma série de exercícios que introduzem os conceitos básicos, um de cada vez. Quando você terminar este capítulo, você deve ser capaz de avaliar sobre qualquer expressão que seu professor poderá te dar.

Avaliando Expressões com Adição e Subtração

Quando uma expressão tem *apenas* adição e subtração, em qualquer combinação, é fácil calcular: Apenas inicie com os primeiros dois números e continue da esquerda para a direita. Mesmo quando uma expressão inclui números negativos, o mesmo procedimento se aplica (só esteja certo de utilizar a regra correta para adicionar ou subtrair números negativos, como discuti no Capítulo 3).

EXEMPLO

P. Encontre $7 + -3 - 6 - (-10)$.

R. 8. Inicie pela esquerda, com os dois primeiros números, $7 + -3 = 4$:

$$7 + -3 - 6 - (-10) = 4 - 6 - (-10)$$

Prossiga com os dois próximos números,

$$4 - 6 = -2:$$

$$\underline{4 - 6} - (-10) = \underline{-2} - (-10)$$

Conclua com os dois últimos números, lembrando que subtrair um número negativo é a mesma coisa que adicionar um número positivo:

$$-2 - (-10) = -2 + 10 = 8$$

1. Quanto é $9 - 3 + 8 - 7$?

Resolva

2. Calcule $11 - 5 - 2 + 6 - 12$.

Resolva

58 PARTE 1 **Começando com Matemática Básica e Pré-Álgebra**

3. Encontre 17 − 11 − (−4) + −10 − 8.

Resolva

4. −7 + −3 − (−11) + 8 −10 + −20 = ?

Resolva

Avaliando Expressões com Multiplicação e Divisão

Salvo se você vem utilizando seu tempo livre para praticar suas habilidades de leitura do Persa, Árabe ou Hebraico, você está provavelmente habituado a ler da esquerda para a direita. Felizmente, esta é a direção escolhida para problemas de multiplicação e divisão também. Quando uma expressão possui somente multiplicação e divisão, em qualquer combinação, você não terá nenhum problema para a calcular: Apenas inicie com os primeiros dois números e prossiga da esquerda para a direita.

EXEMPLO

P. Quanto é 15 ÷ 5 × 8 ÷ 6?

R. 4. Inicie pela esquerda com os dois primeiros números, 15 ÷ 5 = 3:

15 ÷ 5 × 8 ÷ 6 = 3 × 8 ÷ 6

Continue com os dois próximos números, 3 × 8 = 24:

3 × 8 ÷ 6 = 24 ÷ 6

Termine com os dois últimos números:

24 ÷ 6 = 4

P. Calcule −10 × 2 × −3 ÷ −4.

R. −15. O mesmo procedimento se aplica quando você tem números negativos (apenas se certifique de utilizar a regra correta de multiplicação ou divisão para números negativos, como expliquei no Capítulo 3). Inicie pela esquerda com os dois primeiros números, $-10 \times 2 = -20$:

$$\underline{-10 \times 2} \times -3 \div -4 = \underline{-20} \times -3 \div -4$$

Prossiga com os dois próximos números.

$$\underline{-20 \times -3} = 60$$

$$\underline{-20 \times -3} \div -4 = \underline{60} \div -4$$

Conclua com os dois números finais:

$$60 \div -4 = -15$$

5. Encontre $18 \div 6 \times 10 \div 6$.

Resolva

6. Calcule $20 \div 4 \times 8 \div 5 \div -2$.

Resolva

7. $12 \div -3 \times -9 \div 6 \times -7 = ?$

Resolva

8. Solucione $-90 \div 9 \times -8 \div -10 \div 4 \times -15$.

Resolva

Atribuindo Sentido às Expressões de Operadores Mistos

As coisas começam a ficar um pouco mais complicada nesta seção, mas você pode controlá-las. Uma expressão *multioperadores* contém ao menos um sinal de adição ou subtração e ao menos um sinal de multiplicação ou divisão. Para calcular uma expressão multioperadores, siga um par de passos simples:

DICA

1. **Calcule todas as multiplicações e divisões, da esquerda para direita.**

   Comece calculando uma expressão multioperadores, sublinhando todas as multiplicações e divisões do problema.

2. **Calcule adição e subtração da esquerda para a direita.**

EXEMPLO

P. Quanto é $-15 \times 3 \div -5 - (-3) \times -4$?

R. -3. Inicie sublinhando toda multiplicação e divisão do problema; então calcule-as todas, da esquerda para a direita:

$$\underline{-15 \times 3} \div -5 - \underline{(-3) \times -4}$$

$$= \underline{-45 \div -5} - \underline{(-3) \times -4}$$

$$= 9 - \underline{(-3) \times -4}$$

$$= 9 - 12$$

Conclua calculando a adição e a subtração, da esquerda para a direita:

$$= -3$$

9. Calcule $8 - 3 \times 4 \div 6 + 1$

Resolva

10. Encontre $10 \times 5 - (-3) \times 8 \div -2$

Resolva

CAPÍTULO 4 **É Apenas uma Expressão**

11. $-19 - 7 \times 3 + -20 \div 4 - 8 = ?$

Resolva

12. Quanto é $60 \div -10 - (-2) + 11 \times 8 \div 2$?

Resolva

Manuseando Potências Responsavelmente

Você pode ter ouvido que a potência é perigosa, mas fique seguro que quando matemáticos negociaram com potências, a ordem das operações geralmente as mantém sob controle. Quando uma expressão contém uma ou mais potências, calcule todas, da esquerda para a direita antes de passar para os Quatro Grandes operadores. Aqui está a decomposição:

1. **Calcule todas as potências, da esquerda para direita.**

No Capítulo 2, te mostrei que elevar um número a uma potência simplesmente significa multiplicar o número por ele mesmo tantas vezes a potência. Por exemplo, $2^3 = 2 \times 2 \times 2 = 8$. Lembre-se que qualquer coisa elevado a potência 0 é igual a 1.

2. **Calcule toda a multiplicação e divisão, da esquerda para a direita.**

3. **Calcule adição e subtração, da esquerda para a direita.**

Se você comparar esta lista enumerada com aquela da seção precedente, você notará que a única diferença é que agora inseri uma nova regra no início.

EXEMPLO

P. Calcule $7 - 4^2 \div 2^4 + 9 \times 2^3$.

R. 78. Calcule todas as potências da esquerda para a direita, iniciando com $4^2 = 4 \times 4 = 16$:

$$= 7 - 16 \div 2^4 + 9 \times 2^3$$

Passe a calcular as duas potências remanescentes

$$7 - 16 \div 16 + 9 \times 8$$

Em seguida, calcule toda a multiplicação e divisão, da esquerda para a direita:

$$= 7 - 1 + 9 \times 8$$

$$= 7 - 1 + 72$$

Conclua calculando a adição e subtração, da esquerda para a direita:

$$= 6 + 72$$

$$= 78$$

13. Calcule $3^2 - 2^3 \div 2^2$.

Resolva

14. Encontre $5^2 - 4^2 - (-7) \times 2^2$.

Resolva

15. $70^1 - 3^4 \div -9 \times -7 + 123^0 = ?$

Resolva

16. Quanto é $11^2 - 2^7 + 3^5 \div 3^3$?

Resolva

CAPÍTULO 4 **É Apenas uma Expressão**

Priorizando Parênteses

Você já foi ao correio e para enviar um pacote urgente, de alta prioridade, de modo que ele deva chegar o mais rápido possível? Parênteses funcionam assim. Parênteses — ( ) — te permitem indicar qual parte de uma expressão é de alta prioridade — isto é, a que tem de ser calculada antes do restante da expressão.

LEMBRE-SE

Quando uma expressão inclui parênteses com apenas os Quatro Grandes operadores, apenas faça o seguinte:

1. **Avalie o conteúdo dos parênteses.**

2. **Avalie os Quatro Grandes Operadores (como mostrei anteriormente em "Fazendo Sentido às Expressões de Operadores Mistos".**

Quando uma expressão possui mais de um conjunto de parênteses, não entre em pânico! Inicie calculando o conteúdo do primeiro conjunto e avance da esquerda para a direita. Moleza!

EXEMPLO

P. Calcule $(6 - 2) + (15 \div 3)$.

R. 9. Comece por calcular o conteúdo do primeiro conjunto de parênteses:

$(6 - 2) + (15 \div 3) = 4 + (15 \div 3)$

Passe ao próximo conjunto de parênteses:

$= 4 + 5$

Para concluir, realize a adição:

$= 9$

P. Calcule $(6 + 1) \times (5 - (-14) \div -7)$.

R. 21. Quando um conjunto de parênteses inclui uma expressão com operadores mistos, calcule tudo no interior dos parênteses conforme a ordem das operações (veja "Fazendo Sentido às Expressões com Operadores Mistos"). Inicie calculando o conteúdo do primeiro conjunto de parênteses: $6 + 1 = 7$

$(6 + 1) \times (5 - (-14) \div -7)$

$= 7 \times (5 - (-14) \div -7)$

Passe ao próximo conjunto de parênteses. Este conjunto contém expressão de operadores misturados, então inicie com a divisão: $-14 \div -7 = 2$:

$= 7 \times (5 - 2)$

Complete o conteúdo dos parênteses calculando a subtração: 5 − 2 = 3:

= 7 × 3

Conclua calculando a multiplicação: 7 × 3 = 21.

17. Calcule 4 × (3 + 4) − (16 ÷ 2).

Resolva

18. Quanto é (5 + −8 ÷ 2) + (3 × 6)?

Resolva

19. Encontre (4 + 12 ÷ 6 × 7) − (3 + 8).

Resolva

20. (2 × −5) − (10 −7) × (13 + −8) = ?

Resolva

Separando Parênteses e Potências

Quando uma expressão possui parênteses e potências, calcule na seguinte ordem:

1. **Conteúdo dos parênteses**

LEMBRE-SE

Uma expressão em um expoente (um pequeno número elevado indicando uma potência) agrupa expressões, como parênteses fazem. Calcule qualquer expressão com sobrescrito, trazendo para um número simples antes de calcular a potência. Em outras palavras, para encontrar, $5^{(3-1)} = 5^2 = 25$.

Alguns outros símbolos que talvez sejam familiar com grupo de expressões juntas, também tal como parênteses. Isto inclui o símbolo de raiz quadrada e barras de valor absoluto, que eu apresentei no Capítulo 2 e no Capítulo 3, respectivamente.

CAPÍTULO 4 **É Apenas uma Expressão**

2. Potências da esquerda para a direita
3. Multiplicação e divisão da esquerda para a direita
4. Adição e subtração da esquerda para a direita

Compare esta lista enumerada com aquela da seção prévia, "Manuseando Potências Responsavelmente". A única diferença real é aquela em que inseri uma nova regra no início.

EXEMPLO

P. Calcule $(8 + 6^2) \div (2^3 - 4)$.

R. 11. Comece calculando o conteúdo do primeiro conjunto de parênteses. Em seu interior, primeiro calcule a potência e em seguida faça a adição:

$(8 + 6^2) \div (2^3 - 4)$

$= (8 + 36) \div (2^3 - 4)$

$= 44 \div (2^3 - 4)$

Passe ao segundo par de parênteses, calcule a potência primeiramente e então a subtração:

$= 44 \div (8 - 4) = 44 \div 4$

Conclua calculando a divisão:

$44 \div 4 = 11$

P. Encontre o valor de $-1 + (-20 + 3^3)^2$.

R. 48. Quando o conteúdo inteiro de um conjunto de parênteses é elevado a uma potência, calcule o que está em seu interior antes de calcular a potência. *Dentro* deste conjunto, calcule primeiro a potência e a adição em seguida:

$-1 + (-20 + 3^3)^2 = -1 + (-20 + 27)^2 = -1 + 7^2$

Agora calcule a potência $7^2 = 7 \times 7 = 49$:

$= -1 + 49$

Conclua calculando a adição: $-1 + 49 = 48$

21. Encontre $(6^2 - 12) \div (16 \div 2^3)$

Resolva

22. Calcule $-10 - (2 + 3^2 \times -4)$.

Resolva

23. $7^2 - (3 + 3^2 \div -9)^5 = ?$

Resolva

24. Quanto é $(10 - 1^{14} \times 8)^{4 \div 4 + 5}$

Resolva

Calculando Múltiplos Parênteses

Você já viu bonecas de madeira aninhadas? (Elas se originaram na Rússia, onde seu nome muito bacana é *matryoshka*). Esta curiosidade parece ser uma única peça esculpida de madeira no formato de uma boneca. Mas quando você a abre, você encontra uma outra boneca aninhada em seu interior. E quando você abre a boneca menor, você encontra uma outra ainda menor escondida dentro desta — e assim por diante.

Como essas bonecas Russas, algumas expressões aritméticas possuem conjuntos de parênteses *aninhados* — um conjunto de parênteses dentro de outro. Para calcular um conjunto de parênteses aninhados, inicie calculando o conjunto mais interno e trabalhe de modo para fora.

DICA

Parênteses — ( ) — aparecem em vários estilos, incluindo colchetes — [ ] — e chaves — { }. Estes diferentes estilos ajudam a rastrear onde a declaração em parênteses inicia e termina. Não importa sua aparência, para os matemáticos esses estilos diferentes são todos parênteses, assim todos têm sido tratados da mesma forma.

EXEMPLO

P. Encontre o valor de

$\{3 \times [10 \div (6 - 4)]\} + 2$.

R. 17. Comece calculando o que está dentro do conjunto de parênteses mais interno: $6 - 4 = 2$:

$\{3 \times [10 \div (6 - 4)]\} + 2 = \{3 \times [10 \div 2]\} + 2$

O resultado é uma expressão com um conjunto de parênteses

dentro de um outro, assim calcule o que está dentro do conjunto interior: $10 \div 2 = 5$

$\{3 \times 5\} + 2$

Agora calcule o que está no interior do conjunto final de parênteses:

$= 15 + 2$

Conclua calculando a adição:

$15 + 2 = 17$.

25. Calcule $7 + \{[(10 - 6) \times 5] + 13\}$.

Resolva

26. Encontre o valor de
$[(2 + 3) - (30 \div 6)] + (-1 + 7 \times 6)$.

Resolva

27. $-4 + \{[-9 \times (5 - 8)] \div 3\} = ?$

Resolva

28. Calcule $\{(4 - 6) \times [18 \div (12 - 3 \times 2)]\} - (-5)$.

Resolva

Trazendo Tudo Junto: A Ordem das Operações

LEMBRE-SE

Ao longo deste capítulo, você trabalhou com uma variedade de regras para decidir como calcular expressões aritméticas. Essas regras todas te deram um caminho para decidir a ordem na qual uma expressão é calculada. Tudo junto, este conjunto de regras é denominado a *ordem das operações* (ou algumas vezes, a *ordem de precedência*). Aqui está a ordem completa de operações para a aritmética:

1. Conteúdo dos parênteses de dentro para fora
2. Potências da esquerda para a direita
3. Multiplicação e divisão da esquerda para a direita
4. Adição e subtração da esquerda para a direita

A única diferença entre esta lista e aquela em "Separando Parênteses e Potências" é que agora adicionei algumas palavras ao final do Passo 1, para cobrir parênteses aninhados — ou concêntricos (o que eu discuti na seção precedente).

EXEMPLO

P. Calcule $[(8 \times 4 + 2^3) \div 10]^{7-5}$.

R. 16. Inicie focando no conjunto de parênteses mais interno, calculando a potência, então a multiplicação e depois a adição:

$[(8 \times 4 + 2^3) \div 10]^{7-5}$

$[(8 \times 4 + 8) \div 10]^{7-5}$

$[(32 + 8) \div 10]^{7-5}$

$[40 \div 10]^{7-5}$

Em seguida calcule o que está no interior dos parênteses e a expressão que leva o expoente:

$= 4^{7-5} = 4^2$

Conclua calculando a potência remanescente: $4^2 = 16$

CAPÍTULO 4 **É Apenas uma Expressão**

29. Calcule $1 + [(2^3 - 4) + (10 \div 2)^2]$.

Resolva

30. $(-7 \times -2 + 6^2 \div 4)^{9 \times 2 - 17}$

Resolva

31. Quanto é $\{6^2 - [12 \div (-13 + 14)^2] \times 2\}^2$?

Resolva

32. Encontre o valor de $[(123 - 11^2)^4 - (6^2 \div 2^{20 - 3 \times 6})]^2$.

Resolva

Respostas de É Apenas uma Expressão

O que segue são as respostas às questões práticas apresentadas neste capítulo.

1. $9 - 3 + 8 - 7 = \mathbf{7}$. Adicione e subtraia da esquerda para a direita:

   $9 - 3 + 8 - 7$

   $= 6 + 8 - 7$

   $= 14 - 7 = 7$

2. $11 - 5 - 2 + 6 - 12 = \mathbf{-2}$.

   $11 - 5 - 2 + 6 - 12$

   $= 6 - 2 + 6 - 12$

   $= 4 + 6 - 12$

   $= 10 - 12 = -2$

3. $17 - 11 - (-4) + -10 - 8 = \mathbf{-8}$.

   $17 - 11 - (-4) + -10 - 8$

   $= 6 - (-4) + -10 - 8$

   $= 10 + -10 - 8$

   $= 0 - 8 = -8$

4. $-7 + -3 - (-11) + 8 - 10 + -20 = \mathbf{-21}$.

   $-7 + -3 - (-11) + 8 - 10 + -20$

   $= -10 - (-11) + 8 - 10 + -20$

   $= 1 + 8 - 10 + -20$

   $= 9 - 10 + -20$

   $= -1 + -20 = -21$

5. $18 \div 6 \times 10 \div 6 = \mathbf{5}$. Divida e multiplique da esquerda para a direita:

   $18 \div 6 \times 10 \div 6$

   $= 3 \times 10 \div 6$

   $= 30 \div 6 = 5$

6. $20 \div 4 \times 8 \div 5 \div -2 = \mathbf{-4}$.

$$20 \div 4 \times 8 \div 5 \div -2$$

$$= 5 \times 8 \div 5 \div -2$$

$$= 40 \div 5 \div -2$$

$$= 8 \div -2 = \mathbf{-4}$$

7. $12 \div -3 \times -9 \div 6 \times -7 = \mathbf{-42}$.

$$12 \div -3 \times -9 \div 6 \times -7$$

$$= -4 \times -9 \div 6 \times -7$$

$$= 36 \div 6 \times -7$$

$$= 6 \times -7 = -42$$

8. $-90 \div 9 \times -8 \div -10 \div 4 \times -15 = \mathbf{30}$.

$$-90 \div 9 \times -8 \div -10 \div 4 \times -15$$

$$= -10 \times -8 \div -10 \div 4 \times -15$$

$$= 80 \div -10 \div 4 \times -15$$

$$= -8 \div 4 \times -15$$

$$= -2 \times - 15$$

$$= 30$$

9. $8 - 3 \times 4 \div 6 + 1 = \mathbf{7}$. Inicie sublinhando e calculando toda multiplicação e divisão, da esquerda para a direita:

$$8 - \underline{3 \times 4} \div 6 + 1$$

$$= 8 - \underline{12 \div 6} + 1$$

$$= 8 - \underline{2} + 1$$

Agora calcule toda adição e subtração, da esquerda para a direita:

$$= 6 + 1 = 7$$

10. $10 \times 5 - (-3) \times 8 \div -2 = \mathbf{38}$. Inicie sublinhando e calculando toda multiplicação e divisão, da esquerda para a direita:

$$\underline{10 \times 5} - \underline{(-3) \times 8} \div -2$$

$$= 50 - \underline{(-3) \times 8} \div -2$$

$$= 50 - \underline{(-24) \div -2}$$

$$= 50 - 12$$

Agora calcule a subtração:

$$= 38$$

11. $-19 - 7 \times 3 + -20 \div 4 - 8 = \mathbf{-53}$. Inicie sublinhando e calculando toda multiplicação e divisão, da esquerda para a direita:

$$-19 - \underline{7 \times 3} + -20 \div 4 - 8$$

$$= -19 - 21 + \underline{-20 \div 4} - 8$$

$$= -19 - 21 + -5 - 8$$

Agora calcule toda adição e subtração, da esquerda para a direita:

$$= -40 + -5 - 8 = -45 - 8 = -53$$

12. $60 \div -10 - (-2) + 11 \times 8 \div 2 = \mathbf{40}$. Inicie sublinhando e calculando toda multiplicação e divisão, da esquerda para a direita:

$$\underline{60 \div -10} - (-2) + \underline{11 \times 8 \div 2}$$

$$= -6 - (-2) + \underline{11 \times 8} \div 2$$

$$= -6 - (-2) + \underline{88 \div 2}$$

$$= -6 - (-2) + 44$$

Agora calcule toda adição e subtração, da esquerda para a direita:

$$= -4 + 44 = 40$$

13. $3^2 - 2^3 \div 2^2 = \mathbf{7}$. Primeiro, calcule todas as potências:

$$3^2 - 2^3 \div 2^2 = 9 - 8 \div 4$$

Agora, calcule a divisão:

$$= 9 - 2$$

Finalmente, calcule a subtração:

$$9 - 2 = 7$$

CAPÍTULO 4 **É Apenas uma Expressão**

14. $5^2 - 4^2 - (-7) \times 2^2 = \mathbf{37}$. Primeiro, calcule todas as potências:

$$5^2 - 4^2 - (-7) \times 2^2 = 25 - 16 - (-7) \times 4$$

Agora, calcule a multiplicação:

$$= 25 - 16 - (-28)$$

Finalmente, calcule a subtração, da esquerda para a direita:

$$= 9 - (-28) = 37$$

15. $70^1 - 3^4 \div -9 \times -7 + 123^0 = \mathbf{8}$. Primeiro, calcule as potências:

$$70^1 - 3^4 \div -9 \times -7 + 123^0 = 70 - 81 \div -9 \times -7 + 1$$

Agora, calcule a multiplicação e a divisão, da esquerda para a direita:

$$70 - (-9) \times -7 + 1 = 70 - 63 + 1$$

Finalmente, calcule a adição e subtração, da esquerda para a direita:

$$= 7 + 1 = 8$$

16. $11^2 - 2^7 + 3^5 \div 3^3 = \mathbf{2}$. Primeiro, calcule as potências:

$$11^2 - 2^7 + 3^5 \div 3^3 = 121 - 128 + 243 \div 27$$

Calcule a divisão:

$$= 121 - 128 + 9$$

Finalmente, calcule a adição e subtração, da esquerda para a direita:

$$= -7 + 9 = 2$$

17. $4 \times (3 + 4) - (16 \div 2) = \mathbf{20}$. Inicie calculando o que está no interior do primeiro conjunto de parênteses:

$$4 \times (3 + 4) - (16 \div 2)$$

$$= 4 \times 7 - (16 \div 2)$$

Calcule o que está no segundo conjunto de parênteses:

$$= 4 \times 7 - 8$$

Calcule a multiplicação e então a subtração:

$$= 28 - 8 = 20$$

18. $(5 + -8 \div 2) + (3 \times 6) = \mathbf{19}$. No interior do primeiro conjunto de parênteses, calcule primeiro a divisão e depois a adição:

$$= (5 + -8 \div 2) + (3 \times 6)$$

$$= (5 + -4) + (3 \times 6)$$

$$= 1 + (3 \times 6)$$

Em seguida, calcule o que está no segundo conjunto de parênteses:

$$= 1 + 18$$

Conclua calculando a adição:

$$1 + 18 = 19$$

19. $(4 + 12 \div 6 \times 7) - (3 + 8) = \mathbf{7}$. Inicie focando no primeiro conjunto de parênteses, realizando toda multiplicação e divisão, da esquerda para a direita:

$$(4 + 12 \div 6 \times 7) - (3 + 8)$$

$$= (4 + 2 \times 7) - (3 + 8)$$

$$= (4 + 14) - (3 + 8)$$

Agora faça a adição interna no primeiro conjunto de parênteses:

$$= 18 - (3 + 8)$$

Em seguida, calcule o conteúdo do segundo conjunto de parênteses:

$$= 18 - 11$$

Conclua calculando a subtração:

$$= 18 - 11 = 7$$

20. $(2 \times -5) - (10 - 7) \times (13 + -8) = \mathbf{-25}$. Calcule o primeiro conjunto de parênteses, então o segundo e por fim o terceiro:

$$(2 \times -5) - (10 - 7) \times (13 + -8)$$

$$= -10 - (10 - 7) \times (13 + -8)$$

$$= -10 - 3 \times (13 + -8)$$

$$= -10 - 3 \times 5$$

Em seguida, faça a multiplicação e finalize com a subtração:

$$= -10 - 15 = -25$$

CAPÍTULO 4 **É Apenas uma Expressão**

21. $(6^2 - 12) \div (16 \div 2^3) = \mathbf{12}$. Focando no conteúdo do primeiro conjunto de parênteses, calcule a potência e então a subtração:

$$(6^2 - 12) \div (16 \div 2^3)$$

$$= (36 - 12) \div (16 \div 2^3)$$

$$= 24 \div (16 \div 2^3)$$

Em seguida, trabalhe o segundo conjunto de parênteses, calculando a potência e então a divisão:

$$= 24 \div (16 \div 8) = 24 \div 2$$

Conclua calculando a divisão:

$$24 \div 2 = 12$$

22. $-10 - (2 + 3^2 \times -4) = \mathbf{24}$. Focando no conteúdo dos parênteses, calcule primeiro a potência, então a multiplicação e por fim a adição:

$$-10 - (2 + 3^2 \times -4) = -10 - (2 + 9 \times -4) = -10 - (2 + -36) = -10 - (-34)$$

Conclua calculando a subtração:

$$-10 - (-34) = 24$$

23. $7^2 - (3 + 3^2 \div -9)^5 = \mathbf{17}$. Focando *no interior* dos parênteses, primeiro calcule a potência, então a divisão e, por fim, a adição:

$$7^2 - (3 + 3^2 \div -9)^5$$

$$= 7^2 - (3 + 9 \div -9)^5$$

$$= 7^2 - (3 + -1)^5$$

$$= 7^2 - 2^5$$

Em seguida, calcule as duas potências na ordem:

$$= 49 - 2^5 = 49 - 32$$

Para terminar, calcule a subtração:

$$49 - 32 = 17$$

24. $(10 - 1^{14} \times 8)^{4 \div 4 + 5} = \mathbf{64}$. Focando no interior dos parênteses, calcule primeiro a potência, então a multiplicação e, por fim, a subtração:

$$(10 - 1^{14} \times 8)^{4 \div 4 + 5} = (10 - 1 \times 8)^{4 \div 4 + 5} = (10 - 8)^{4 \div 4 + 5} = 2^{4 \div 4 + 5}$$

Em seguida, calcule a expressão do expoente, calculando a divisão primeiro e então a adição:

$$2^{1+5} = 2^6$$

Para terminar, calcule a potência:

$$2^6 = 64$$

25. $7 + \{[(10 - 6) \times 5] + 13\} = \mathbf{40}$. Primeiro calcule o conjunto mais interno de parênteses:

$$7 + \{[(10 - 6) \times 5] + 13\} = 7 + \{[4 \times 5] + 13\}$$

Mova para fora, para o próximo conjunto de parênteses:

$$= 7 + \{20 + 13\}$$

Em seguida, o conjunto remanescente de parênteses:

$$= 7 + 33$$

Para finalizar, calcule a adição:

$$7 + 33 = 40$$

26. $[(2 + 3) - (30 \div 6)] + (-1 + 7 \times 6) = \mathbf{41}$. Inicie focando no primeiro conjunto de parênteses. Este conjunto contém dois conjuntos internos de parênteses, então calcule-os, da esquerda para a direita:

$$[(2 + 3) - (30 \div 6)] + (-1 + 7 \times 6)$$

$$= [(5) - (30 \div 6)] + (-1 + 7 \times 6)$$

$$= [5 - 5] + (-1 + 7 \times 6)$$

Agora, a expressão tem dois conjuntos de parênteses separados, então calcule o primeiro:

$$= 0 + (-1 + 7 \times 6)$$

Trate o conjunto de parênteses remanescente, calcula a multiplicação primeiro e em seguida a adição:

$$= 0 + (-1 + 42) = 0 + 41$$

Para terminar, calcule a adição:

$$0 + 41 = 41$$

CAPÍTULO 4 **É Apenas uma Expressão**

27. $-4 + \{[-9 \times (5 - 8)] \div 3\} = \mathbf{5}$. Inicie o conjunto mais interno de parênteses:

$$-4 + \{[-9 \times (5 - 8)] \div 3\} = -4 + \{[-9 \times -3)] \div 3\}$$

Mova para fora, para o próximo conjunto de parênteses:

$$= -4 + [27 \div 3]$$

Em seguida, calcule o conjunto de parênteses remanescente:

$$= -4 + 9$$

Finalmente, calcule a adição:

$$-4 + 9 = 5$$

28. $\{(4 - 6) \times [18 \div (12 - 3 \times 2)]\} - (-5) = \mathbf{-1}$. Foque sobre o conjunto de parênteses mais interno, $(12 - 3 \times 2)$. Calcule primeiro a multiplicação e então a subtração:

$$\{(4 - 6) \times [18 \div (12 - 3 \times 2)]\} - (-5)$$

$$= \{(4 - 6) \times [18 \div (12 - 6)]\} - (-5)$$

$$= \{(4 - 6) \times [18 \div 6]\} - (-5)$$

Agora a expressão está num conjunto externo de parênteses com dois conjuntos internos. Calcule os dois conjuntos internos, da esquerda para a direita:

$$= -2 \times [18 \div 6]\} - (-5) = \{-2 \times 3\} - (-5)$$

Em seguida, calcule o conjunto final de parênteses:

$$= -6 - (-5)$$

Finalmente, calcule a adição:

$$-6 - (-5) = -1$$

29. $1 + [(2^3 - 4) + (10 \div 2)^3] = \mathbf{30}$. Inicie focando no primeiro conjunto de parênteses, $(2^3 - 4)$. Calcule a potência primeiro e depois a subtração:

$$1 + [(2^3 - 4) + (10 \div 2)^3] = 1 + [(8 - 4) + (10 \div 2)^3] = 1 + [4 + (10 \div 2)^2]$$

Continue focando no conjunto interno de parênteses remanescente:

$$= 1 + [4 + 5^2]$$

Em seguida, calcule o que está no último conjunto de parênteses, calculando primeiro a potência e então a adição:

$$= 1 + [4 + 25] = 1 + 29$$

Para terminar, adicione os números restantes:

$$1 + 29 = 30$$

30. $(-7 \times -2 + 6^2 \div 4)^{9 \times 2 - 17} = \mathbf{23}$. Inicie com o primeiro conjunto de parênteses. Calcule a potência primeiro, então a multiplicação e divisão, da esquerda para a direita, e então a adição:

$$(-7 \times -2 + 6^2 \div 4)^{9 \times 2 - 17}$$

$$= (-7 \times -2 + 36 \div 4)^{9 \times 2 - 17}$$

$$= (14 + 36 \div 4)^{9 \times 2 - 17}$$

$$= (14 + 9)^{9 \times 2 - 17}$$

$$= 23^{9 \times 2 - 17}$$

Em seguida, trabalhe sobre o expoente, calculando a multiplicação primeiro e então a subtração:

$$= 23^{18 - 17} = 23^1$$

Termine calculando a potência:

$$23^1 = 23$$

31. $\{6^2 - [12 \div (-13 + 14)^2] \times 2\}^2 = \mathbf{144}$. Inicie calculando o conjunto interno de parênteses $(-13 + 14)$:

$$= \{6^2 - 12 \div (-13 + 14)^2] \times 2\}^2$$

$$= \{6^2 - [12 \div 1^2] \times 2\}^2$$

Mova para fora o próximo conjunto de parênteses, $[12 \div 1^2]$, calculando a potência e então a divisão:

$$= \{6^2 - [12 \div 1] \times 2\}^2$$

$$= \{6^2 - 12 \times 2\}^2$$

Em seguida, trabalhe sobre o conjunto de parênteses remanescente, calculando a potência, então a multiplicação e, por fim, a subtração:

$$= \{36 - 12 \times 2\}^2$$

$$= \{36 - 24\}^2$$

$$= 12^2$$

Termine calculando a potência:

$$12^2 = 144$$

CAPÍTULO 4 **É Apenas uma Expressão**

32. $[(123 - 11^2)^4 - (6^2 \div 2^{20-3\times6})]^2 = \mathbf{49}$. Inicie trabalhando sobre o expoente, $20 - 3 \times 6$, calculando a multiplicação e então a subtração:

$$[(123 - 11^2)^4 - (6^2 \div 2^{20-3\times6})]^2$$

$$= [(123 - 11^2)^4 - (6^2 \div 2^{20-18})]^2$$

$$= [(123 - 11^2)^4 - (6^2 \div 2^2)]^2$$

O resultado é uma expressão com dois conjuntos de parênteses internos. Foque no primeiro dos dois conjuntos, calculando a potência e então a subtração:

$$= [(123 - 121)^4 - (6^2 \div 2^2)]^2$$

Trabalhe no conjunto interno remanescente, calculando as duas potências, da esquerda para a direita e então a divisão:

$$= [2^4 - (36 \div 2^2)]^2$$

$$= [2^4 - (36 \div 4)]^2$$

$$= [2^4 - 9]^2$$

Agora calcule o que está do lado esquerdo dos parênteses, calculando a potência e então a subtração:

$$= [16 - 9]^2$$

$$= 7^2$$

Termine calculando a potência:

$$= 7^2 = 49.$$

NESTE CAPÍTULO

Testando números para divisibilidade sem dividir

Entendendo divisores e múltiplos

Distinguindo entre primos e números compostos

Encontrando os divisores e múltiplos de um número

Encontrando o máximo divisor comum e o mínimo múltiplo comum

Capítulo 5

Dividindo Atenção: Divisibilidade, Divisores e Múltiplos

Este capítulo fornece uma ponte importante entre as Quatro Grandes operações no início do livro e o tópico de frações que está chegando. E, bem na frente, está o grande segredo: Frações são, de fato, apenas divisão. Assim, antes de resolver frações, o foco aqui está na *divisibilidade* — quando você pode tranquilamente dividir um número por outro sem encontrar um resto.

Primeiro, vou te mostrar alguns truques convenientes para descobrir se um número é divisível por outro — sem realmente ter de dividir. Em seguida, apresento os conceitos de *divisores* e *múltiplos* os quais estão, de perto, relacionados à divisibilidade.

As próximas seções focam nos divisores. Mostro como distinguir entre *números primos* (números que têm exatamente dois divisores) e *números compostos* (números que têm três ou mais divisores). Em seguida, vou mostrar como encontrar todos os divisores de um número e como fatorar um número até seus fatores primos. Mais importante, vou mostrar como encontrar o *máximo divisor comum* (MDC) de um conjunto de números.

Após isso, discuto múltiplos em detalhe. Você descobrirá como gerar múltiplos de um número, e também, te darei um método para determinar o *mínimo múltiplo comum* (MMC) de um conjunto de números. Por fim, neste capítulo, você deverá estar bem equipado para dividir e conquistar as frações nos Capítulos 6 e 7.

Verificação de Restos: Testes de Divisibilidade

Quando um número é *divisível* por outro, você pode dividir o primeiro número pelo segundo sem ter de deixar qualquer resto. Por exemplo, 16 é divisível por 8 porque 16 ÷ 8 = 2, com nenhum resto. Você pode utilizar uma gama de truques para testar divisibilidade, sem realmente realizar a divisão.

DICA

Os testes mais comuns são para divisibilidade por 2, 3, 5 e 11. Teste para divisibilidade por 2 e 5, é uma brincadeira de criança; teste para divisibilidade por 3 e 11, requer um pouco mais de trabalho. Aqui estão alguns testes rápidos:

» **Por 2:** Qualquer número que termina em um número par (2, 4, 6, 8, ou 0) é par — isto é, divisível por 2. Todos os números terminando em um número ímpar (1, 3, 5, 7 ou 9) — não são divisíveis por 2.

» **Por 3:** Qualquer número cuja raiz digital é 3, 6, ou 9, é divisível por 3; todos demais números (exceto 0) não são. Para achar a *raiz digital* de um número, apenas some os dígitos. Se o resultado possui mais que um dígito, some *aqueles dígitos* e repita até que o resultado tenha um dígito.

» **Por 5:** Qualquer número que termina em 5 ou 0 é divisível por 5; todos os outros não são.

» **Por 11:** Alternadamente, coloque sinais de mais e menos na frente de todos os dígitos e encontre a resposta. Se o resultado é 0, ou qualquer número que é divisível por 11 (mesmo se o resultado for um número negativo), o número é divisível por 11; caso contrário, ele não é. **Lembre-se:** Sempre coloque um sinal de mais na frente do *primeiro número.*

EXEMPLO

P. Quais dos números seguintes são divisíveis por 3?

(A) 31

(B) 54

(C) 768

(D) 2.809

R. Some os dígitos para determinar a raiz digital do número. Se a raiz digital é 3, 6 ou 9, o número é divisível por 3:

(A) 31: **Não**, porque 3 + 1 = 4 (verifique: 31 ÷ 3 = 4 r 1)

(B) 54: **Sim**, porque 5 + 4 = 9 (verifique: 54 ÷ 3 = 18)

(C) 768: **Sim**, porque 7 + 6 + 8 = 21 e 2 + 1 = 3 (verifique: 768 ÷ 3 = 256)

(D) 2.809: **Não**, porque 2 + 8 + 0 + 9 = 19, 1 + 9 = 10 e 1 + 0 = 1 (verifique: 2.809 ÷ 3 = 936 r 1)

P. Quais dos números seguintes são divisíveis por 11?

(A) 71

(B) 154

(C) 528

(D) 28.094

R. Coloque sinais de + e − entre os números e determine se o resultado é 0 ou múltiplo de 11:

(A) 71: **Não**, porque +7 − 1 = 6 (verifique: 71 ÷ 11 = 6 r 5)

(B) 154: **Sim**, porque +1 − 5 + 4 = 0 (verifique: 154 ÷ 11 = 14)

(C) 528: **Sim**, porque +5 − 2 + 8 = 11 (verifique: 528 ÷ 11 = 48)

(D) 28.094: **Sim**, porque +2 − 8 + 0 − 9 + 4 = −11 (verifique: 28.094 ÷ 11 = 2.554)

1. Qual dos seguintes números são divisíveis por 2?

(A) 37

(B) 82

(C) 111

(D) 75.316

Resolva

2. Quais dos seguintes números são divisíveis por 5?

(A) 75

(B) 103

(C) 230

(D) 9.995

Resolva

CAPÍTULO 5 **Dividindo Atenção: Divisibilidade, Divisores e Múltiplos**

3. Quais dos seguintes números são divisíveis por 3?

(A) 81

(B) 304

(C) 986

(D) 4.444.444

Resolva

4. Quais dos seguintes números são divisíveis por 11?

(A) 42

(B) 187

(C) 726

(D) 1.969

Resolva

Entendendo Divisores e Múltiplos

Na seção precedente, apresentei o conceito de divisibilidade. Por exemplo, 12 é divisível por 3 porque 12 ÷ 3 = 4, sem resto. Você também pode descrever essa relação entre 12 e 3 utilizando as palavras *divisor (ou fator)* e *múltiplo*. Quando você está trabalhando com números positivos, o divisor é sempre o *menor número* e o múltiplo é o *maior*. Por exemplo, 12 é divisível por 3, assim

» O número 3 é um *divisor* de 12.

» O número 12 é um *múltiplo* de 3.

EXEMPLO

P. O número 40 é divisível por 5, então qual número é o divisor e qual é o múltiplo?

R. O número **5 é o divisor e 40 é o múltiplo**, porque 5 é menor e 40 é maior.

P. Quais das seguintes afirmativas dizem o mesmo que "18 é um múltiplo de 6"?

(A) 6 é um divisor de 18.

(B) 18 é divisível por 6.

(C) 6 é divisível por 18.

(D) 18 é um divisor de 6.

R. **Alternativas *a* e *b*.** O número 6 é o divisor e 18 é o múltiplo porque 6 é menor que 18, assim *a* está correta. E 18 ÷ 6 = 3, então 18 é divisível por 6; portanto *b* está correta.

5. Quais das seguintes declarações são verdadeiras, e quais são falsas?

(A) 5 é divisor ou fator de 15.

(B) 9 é múltiplo de 3.

(C) 11 é divisor ou fator de 12.

(D) 7 é múltiplo de 14.

Resolva

6. Quais dessas afirmativas significam o mesmo que "18 é divisível por 6"?

(A) 18 é divisor de 6.

(B) 18 é múltiplo de 6.

(C) 6 é divisor de 18.

(D) 6 é múltiplo de 18.

Resolva

7. Quais dessas afirmativas significam o mesmo que "10 é um divisor ou fator de 50"?

(A) 10 é divisível por 50.

(B) 10 é múltiplo de 50.

(C) 50 é divisível por 10.

(D) 50 é múltiplo de 10.

Resolva

8. Quais das seguintes declarações são verdadeiras, e quais são falsas?

(A) 3 é fator de 42.

(B) 11 é múltiplo de 121.

(C) 88 é múltiplo de 9.

(D) 11 é fator de 121.

Resolva

Um Número Indivisível, Identificando Números Primos (e Compostos)

Todo número contável, maior do que 1 ou é um número primo ou um número composto. Um *número primo* tem exatamente dois divisores (ou fatores) — 1 e ele mesmo. Por exemplo, o número 5 é primo porque ele tem somente dois divisores que são 1 e 5, Um *número composto* tem ao menos 3 divisores. Por exemplo, o número 4 tem 3 divisores: 1, 2 e 4. (**Nota:** O número 1 é o único número que não é primo ou composto porque seu único divisor é 1). Os primeiros seis números primos são 2, 3, 5, 7, 11 e 13.

Ao testar para ver se um número é primo ou composto, execute testes de divisibilidade na seguinte ordem (da mais fácil para a mais difícil): 2, 5, 3, 11, 7 e 13. Se você achar que o número é divisível por um destes, você saberá que é composto e não terá de fazer os demais testes. Aqui está como saber quais testes executar:

» Se um número é menor que 121 e não é divisível por 2, 3, 5 ou 7, ele é primo; caso contrário é composto.

» Se um número é menor que 289 e não é divisível por 2, 3, 5, 7, 11 ou 13, ele é primo; caso contrário, é composto.

Lembre-se que 2 é o único número primo que é par. Os próximos três números ímpares são primos — 3, 5 e 7. Para manter a lista seguindo, pense "7 sorte, 11 sorte, 13 azar" — são todos primos.

P. Para cada um dos seguintes números, diga qual é primo e qual é composto?

(A) 185

(B) 243

(C) 253

(D) 263

R. Verifique a divisibilidade para identificar números primos ou compostos.

(A) **185 é composto**. O número 185 termina em 5, então é divisível por 5.

(B) **243 é composto**. O número 243 termina com número ímpar, então não é divisível por 2. Ele não termina com 5 ou 0, então não é divisível por 5. Sua raiz digital é 9 (porque 2 + 4 + 3 = 9), então é divisível por 3. O cálculo mostra que 243 ÷ 3 = 81.

(C) **253 é composto**. O número termina com um número ímpar, então não é divisível por 2. Ele não termina em 5 ou 0, então não é divisível por 5. Sua raiz digital é 1 (porque 2 + 5 + 3 = 10 e 1 + 0 = 1), então ele não é divisível por 3. Mas é divisível por 11, porque ele passa no teste do + e − (+2 − 5 + 3 = 0). Se você fizer o cálculo, você verá que 253 = 11 × 23.

(D) **263 é primo**. O número 263 termina com um número ímpar, então não é divisível por 2. Não termina com 5 ou 0, então não é divisível por 5. A raiz digital é 2 (porque 2 + 6 + 3 = 11 e 1 + 1 = 2), logo não é divisível por 3. Ele não é divisível por 11 porque o teste de + e − falha (+2 − 6 + 3 = −1), que não é 0 ou divisível por 11. Ele não é divisível por 7 porque, 263 ÷ 7 = 32 r 2, e não é divisível por 13 porque 263 ÷ 13 = 20 r 3.

9. Quais dos seguintes números são primos, e quais são compostos?

(A) 3

(B) 9

(C) 11

(D) 14

`Resolva`

10. Dos números seguintes, diga quais são primos e quais são compostos.

(A) 65

(B) 73

(C) 11

(D) 172

`Resolva`

11. Descubra se cada desses números é primo ou composto.

(A) 23

(B) 51

(C) 91

(D) 113

`Resolva`

12. Verifique quais dos seguintes números são primos e quais são compostos.

(A) 143

(B) 169

(C) 187

(D) 283

`Resolva`

Gerando Fatores de um Número

Quando um número é divisível por outro, o segundo número é o fator do primeiro. Por exemplo, 10 é divisível por 2, então 2 é fator de 10.

CAPÍTULO 5 **Dividindo Atenção: Divisibilidade, Divisores e Múltiplos** 87

LEMBRE-SE

Uma boa maneira de encontrar todos os divisores de um número é achando todos os pares de fator desse número. Um *par de fatores* de um número é qualquer par de dois números que, quando juntamente multiplicados, o produto é igual ao número. Por exemplo, 30 tem quatro pares de fatores — 1 × 30, 2 × 15, 3 × 10, e 5 × 6 — porque

1 × 30 = 30

2 × 15 = 30

3 × 10 = 30

5 × 6 = 30

DICA

Aqui está como encontrar *todos* os pares de fatores de um número:

1. **Comece a lista com 1 vezes o próprio número.**

2. **Tente encontrar um par de fatores que inclua 2 — isto é, veja se o número é divisível por 2 (para truques de teste de divisibilidade, veja Capítulo 7).**

   Caso sim, liste o par de fatores que inclui 2.

3. **Teste o número 3 da mesma maneira.**

4. **Continue testando números até não encontrar mais pares de fatores.**

EXEMPLO

P. Anote abaixo, todos os pares de fatores de 18.

R. 1 × 18, 2 × 9, 3 × 6. De acordo com o Passo 1, comece com 1 × 18:

1 × 18

O número 18 é par, então é divisível por 2. E 18 ÷ 2 = 9, então o próximo par de fatores:

1 × 18

2 × 9

A raiz digital de 18 é 9 (porque 1 + 8 = 9, então 18 é divisível por 3. E 18 ÷ 3 = 6, assim o próximo par de fatores é 3 × 6:

1 × 18

2 × 9

3 × 6

O número 18 não é divisível por 4, porque 18 ÷ 4 = 4 r 2. E 18 não é divisível por 5, porque não termina com 5 ou 0. Esta lista de pares de fatores está completa porque não há mais números entre 3 e 6, o último par de fator da lista.

13. Encontre todos os pares de fatores de 12.

Resolva

14. Anote todos os pares de fatores de 28.

Resolva

15. Descubra todos os pares de fatores de 40.

Resolva

16. Ache todos os pares de fatores de 66.

Resolva

Decompondo um Número em seus Fatores Primos

Todo número é o produto de um único conjunto de *fatores primos*, um grupo de números primos (incluindo repetições) que quando juntos, multiplicados, igualam àquele número. Esta seção mostra como encontrar os fatores primos de um dado número, um processo chamado *decomposição*.

Um caminho fácil para decompor um número é montar a árvore de fatoração. Aqui está como:

CAPÍTULO 5 **Dividindo Atenção: Divisibilidade, Divisores e Múltiplos**   89

1. **Encontre dois números que multiplicados resultem no número original; escreva-os como números que ramificam do número original.**

   Conhecer a tabuada de multiplicação pode frequentemente te ajudar aqui.

2. **Se qualquer número for primo, circule-o e então encerre aquele ramo.**

3. **Continue ramificando os números que não são primos em dois fatores; sempre que um ramo atinge um número primo, circule-o e encerre o ramo.**

   Quando cada ramo termina com um número circulado, você terminou — apenas reúna esses números.

EXEMPLO

P. Decomponha o número 48 em seus fatores primos.

R. **48 = 2 × 2 × 2 × 2 × 3**. Comece montando a árvore de fatoração ao encontrar dois números que multiplicados sejam igual a 48:

Continue ramificando a árvore, fazendo o mesmo para 6 e 8:

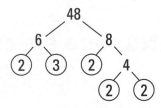

Circule os números primos e encerre esses ramos. Neste ponto, o único ramo aberto é 4. Desdobre-o em 2 e 2:

Todo ramo termina com um número em um círculo, assim você finalizou. Os fatores primos são 2, 2, 2, 2 e 3.

17. Decomponha 18 em fatores primos.
Resolva

18. Decomponha 42 em fatores primos.
Resolva

19. Decomponha 81 em fatores primos.
Resolva

20. Decomponha 120 em fatores primos.
Resolva

Encontrando o Máximo Divisor Comum

O *máximo divisor comum* (MDC) de um conjunto de números é o maior número que é um fator de todos os números daquele conjunto. Encontrar o MDC é útil quando você quer reduzir uma fração a seus menores termos (veja Capítulo 6).

Você pode encontrar o MDC de duas maneiras. A primeira opção é listar todos os pares de fatores dos números e escolher o maior fator que aparece em ambas (ou todas) listas. (Para informação sobre encontrar pares de fatores, veja a seção anterior "Gerando Divisores de um Número".)

O outro método utiliza fatores primos, os quais discuti na seção precedente. Aqui está como encontrar o MDC:

CAPÍTULO 5 **Dividindo Atenção: Divisibilidade, Divisores e Múltiplos**

1. Decomponha o número em seus fatores primos.
2. Sublinhe os fatores que todos os números originais possuem em comum.
3. Multiplique os números sublinhados para obter o MDC.

EXEMPLO

P. Encontre o MDC de 12 e 20.

R. 4. Anote todos os pares de fatores de 12 e 20:

Pares de fator de 12: 1 × 12, 2 × 6, 3 × 4

Pares de fator de 20: 1 × 20, 2 × 10, 4 × 5

O número 4 é o maior número que aparece em ambas listas de pares de fator, então ele é o MDC.

P. Encontre o MDC de 24, 36 e 42.

R. 6. Decomponha todos os três números em seus fatores primos:

24 = 2 × 2 × 2 × 3

36 = 2 × 2 × 3 × 3

42 = 2 × 3 × 7

Sublinhe todos os fatores que são comuns aos todos os três números:

24 = $\underline{2}$ × 2 × 2 × $\underline{3}$

36 = $\underline{2}$ × 2 × $\underline{3}$ × 3

42 = $\underline{2}$ × $\underline{3}$ × 7

Multiplique os números sublinhados para obter sua resposta:

2 × 3 = 6

21. Encontre o máximo divisor comum de 10 e 22.

Resolva

22. Qual é o MDC de 8 e 32?

Resolva

23. Encontre o MDC de 30 e 45.
Resolva

24. Descubra o MDC de 27 e 72.
Resolva

25. Encontre o MDC de 15, 20 e 35.
Resolva

26. Descubra o MDC de 44, 56 e 72.
Resolva

Gerando os Múltiplos de um Número

Gerar os múltiplos de um número é mais fácil que gerar os fatores: Apenas multiplique o número por 1, 2, 3 e assim por diante. Mas diferente dos fatores de um número — os quais são sempre menores que o próprio número — em números positivos, os múltiplos de um número são maiores ou igual a ele mesmo. Portanto, você não pode jamais listar todos os múltiplos de qualquer número positivo.

EXEMPLO

P. Encontre os primeiros seis múltiplos (positivos) múltiplos de 4.

R. **4, 8, 12, 16, 20, 24**. Anote o número 4 e fique adicionando 4 a ele, até você ter escrito os seis números.

P. Liste os primeiros seis múltiplos de 12.

R. **12, 24, 36, 48, 60, 72**. Anote o número 12 e fique adicionando 12 a ele, até você ter escrito os seis números.

CAPÍTULO 5 **Dividindo Atenção: Divisibilidade, Divisores e Múltiplos** 93

27. Escreva os seis primeiros múltiplos de 5.

Resolva

28. Gere os seis primeiros múltiplos de 7.

Resolva

29. Liste os primeiros dez múltiplos de 8.

Resolva

30. Escreva os seis primeiros múltiplos de 15.

Resolva

Encontrando o Mínimo Múltiplo Comum

O *mínimo múltiplo comum* (MMC) de um conjunto de números é o menor número que é múltiplo de todos os números daquele conjunto. Para números pequenos, você pode simplesmente listar os primeiros vários múltiplos de cada número até você obter uma coincidência.

Quando você busca o MMC de dois números, você pode querer, primeiro, listar os múltiplos do número maior, parando quando o número de múltiplos que você escreveu igualar ao menor número. Então liste os múltiplos do número menor e veja se há coincidência.

Contudo, você pode ter de anotar um monte de múltiplos com este método, e a desvantagem se torna ainda maior quando você tenta encontrar o MMC de números maiores. Eu recomendo um método que utiliza fatores primos quando você está face a grandes números ou mais de dois. Aqui está como:

94   PARTE 1 **Começando com Matemática Básica e Pré-Álgebra**

1. **Anote todas as decomposições em fatores primos de todos os números.**

   Veja o anterior "Decompondo um Número em seus Fatores Primos".

2. **Para cada número primo que você encontrar, sublinhe a *ocorrência mais repetida* de cada.**

   Em outras palavras, compare as decomposições. Se um desdobramento contém dois "2" e um outro contém três "2", você sublinha o de três "2". Se uma decomposição contém um "7" e as demais não, você deve sublinhar o "7".

3. **Multiplique os números sublinhados para obter o MMC.**

EXEMPLO

P. Encontre o MMC de 6 e 8.

R. 24. Como 8 é o número maior, anote seis múltiplos de 8:

Múltiplos de 8: 8, 16, 24, 32, 40, 48

Agora anote os múltiplos de 6 até encontrar um número coincidente:

Múltiplos de 6: 6, 12, 18, 24

P. Encontre o MMC de 12, 15 e 18.

R. 180. Inicie escrevendo a decomposição em fatores primos de todos os números. Então, para cada número primo encontrado, sublinhe aquele que tiver o maior número de ocorrências dentre todos:

$12 = \underline{2} \times \underline{2} \times 3$

$15 = 3 \times \underline{5}$

$18 = 2 \times \underline{3} \times \underline{3}$

Note que 2 aparece na decomposição de 12 com mais frequência (duas vezes), assim sublinhe ambos esses 2. Similarmente, 3 aparece na decomposição de 18 com mais frequência (duas vezes), e 5 aparece na decomposição de 15 com mais frequência (uma vez). Agora multiplique todos os números sublinhados:

$2 \times 2 \times 3 \times 3 \times 5 = 180$

31. Encontre o MMC de 4 e 10.

Resolva

32. Encontre o MMC de 7 e 11.

Resolva

33. Encontre o MMC de 9 e 12.

Resolva

34. Encontre o MMC de 18 e 22.

Resolva

Respostas de Divisibilidade, Divisores e Múltiplos

O que segue são as respostas às questões práticas apresentadas neste capítulo.

1. Qual dos seguintes números são divisíveis por 2?

    (A) 37: **Não**, porque é ímpar (confira: 37 ÷ 2 = 18 r 1)

    (B) 82: **Sim**, porque é par (confira: 82 ÷ 2 = 41)

    (C) 111: **Não**, porque é ímpar (verificar: 111 ÷ 2 = 55 r 1)

    (D) 75.316: **Sim**, porque é par (confira: 75.316 ÷ 2 = 37.658)

2. Qual dos seguintes números são divisíveis por 5?

    (A) 75: **Sim**, porque termina em 5 (verifique: 75 ÷ 5 = 25)

    (B) 103: **Não**, porque termina em 3, não 0 ou 5 (verifique: 103 ÷ 5 = 20 r 3)

    (C) 230: **Sim**, porque ele termina em 0 (verifique: 230 ÷ 5 = 46)

    (D) 9.995: **Sim**, porque termina em 5 (verifique: 9.995 ÷ 5 = 1.999)

3. Qual dos seguintes números são divisíveis por 3? *Nota:* A raiz digital termina em 3, 6 ou 9 para números divisíveis por 3:

    (A) 81: **Sim**, porque 8 + 1 = 9 (confira: 81 ÷ 3 = 27)

    (B) 304: **Não**, porque 3 + 0 + 4 = 7 (confira: 304 ÷ 3 = 101 r 1)

    (C) 986: **Não**, porque 9 + 8 + 6 = 23 e 2 + 3 = 5 (verificar: 986 ÷ 3 = 328 r 2)

    (D) 4.444.444: **Não**, porque 4 + 4 + 4 + 4 + 4 + 4 + 4 = 28, 2 + 8 = 10 e 1 + 0 = 1 (verificar: 4.444.444 ÷ 3 = 1.481.481 r 1)

4. Qual dos seguintes números são divisíveis por 11? *Nota:* Respostas somam 0 ou um múltiplo de 11 para números divisíveis por 11:

    (A) 42: **Não**, porque +4 − 2 = 2 (confira: 42 + 11 = 3 r 9)

    (B) 187: **Sim**, porque +1 − 8 + 7 = 0 (verificar: 187 + 11 = 17)

    (C) 726: **Sim**, porque +7 − 2 + 6 = 11 (verificar: 726 + 11 = 66)

    (D) 1.969 **Sim**, porque +1 − 9 + 6 − 9 = −11 (confira: 1969 ÷ 11 = 179)

5. Qual das seguintes afirmações são verdadeiras e quais são falsas?

   (A) 5 é um divisor ou fator de 15. **Verdade**: 5 × 3 = 15.

   (B) 9 é um múltiplo de 3. **Verdade**: 3 × 3 = 9.

   (C) 11 é um fator de 12. **Falso**: Você não pode multiplicar 11 por qualquer número inteiro para chegar 12.

   (D) 7 é um múltiplo de 14. **Falso**: O número 7 é um divisor ou fator de 14.

6. Qual destas afirmações significa a mesma coisa que "18 é divisível por 6"? **Alternativas _b_ e _c_.** Você está procurando algo que diz que o número menor 6 é um divisor (ou fator) de um número maior (**alternativa _c_**) e algo que diga que o número maior, 18, é um múltiplo do número menor (**alternativa _b_**).

7. Qual destas afirmações significa a mesma coisa que "10 é um fator de 50"? **Alternativas _c_ e _d_.** Os fatores são números que você multiplica para obter maiores, assim você pode dizer que 50 é divisível por 10 (**alternativa _c_**). Múltiplos são números maiores, os produtos que você obtém ao multiplicar dois fatores; você pode dizer que 50 é um múltiplo de 10 (**alternativa _d_**) porque 10 × 5 = 50.

8. Quais das seguintes afirmações são verdadeiras e quais são falsas?

   (A) 3 é um fator de 42. **Verdadeiro**: 3 × 14 = 42

   (B) 11 é um múltiplo de 121. **Falso**: o número 11 é um fator de 121.

   (C) 88 é um múltiplo de 9. **Falso**: você não pode multiplicar 9 por quaisquer números inteiros para obter 88 porque 88 ÷ 9 = 9 r 7.

   (D) 11 é divisor de 121. **Verdadeiro**: 11 × 11 = 121

9. Qual dos seguintes números são primos e quais são compostos?

   (A) 3 é primo. Os únicos fatores de 3 são 1 e 3.

   (B) 9 é composto. Os fatores de 9 são 1, 3 e 9.

   (C) 11 é primo. Únicos fatores de 11 são 1 e 11.

   (D) 14 é composto. Como um número par, 14 também é divisível por 2 e, portanto, não pode ser primo.

10. Dos seguintes números, dizer quais são primos e quais são compostos

    (A) 65 é composto. Porque 65 termina em 5 e divisível por 5.

    (B) 73 é primo. O número 73 não é par, não termina em 5 ou 0 e não é múltiplo de 7.

(C) 111 é composto. A raiz digital de 111 é 1 + 1 + 1 = 3, então é divisível por 3 (confira: 111 ÷ 3 = 37).

(D) 172 é composto. O número 172 é par, então é divisível por 2.

11. Descubra se cada um desses números é primo ou composto

    (A) 23 é primo. O número 23 não é par, não termina em 5 ou 0, tem uma raiz digital de 5 e não é múltiplo de 7.

    (B) 51 é composto. A raiz digital de 51 é 6, então é múltiplo de 3 (confira: 51 ÷ 3 = 17).

    (C) 91 é composto. O número 91 é um múltiplo de 7: 7 × 13 = 91.

    (D) 113 é primo. O número 113 é ímpar, não termina em 5 ou 0, e tem uma raiz digital de 5, então não é divisível por 2, 5 ou 3. Também não é um múltiplo de 7: 113 ÷ 7 = 16 r 1.

12. Descubra qual dos seguintes números são primos e quais são números compostos:

    (A) 143 é composto. + 1 − 4 + 3 = 0, então 143 é divisível por 11.

    (B) 169 é composto. Você pode dividir tranquilamente 169 por 13 para obter 13.

    (C) 187 é composto. 1 − 8 + 7 = 0, então 187 é um múltiplo de 11.

    (D) 283 é primo. O número 283 é ímpar, não termina em 5 ou 0, e tem uma raiz digital de 4; portanto, não é divisível por 2, 5 ou 3. Não é divisível por 11 porque 2 − 8 + 3 = 3, o qual não é um múltiplo de 11. Ele também não é divisível por 7 (porque 283 ÷ 7 = 40 r 3) ou por 13 (porque 283 ÷ 13 = 21 r 10).

13. Os pares de fatores de 12 são **1 × 12, 2 × 6 e 3 × 4.** O primeiro par de fatores é 1 × 12. E 12 é divisível por 2 (12 ÷ 2 = 6), assim o próximo par de fatores é 2 × 6. Porque 12 é divisível por 3 (12 ÷ 3 = 4), o próximo par de fatores é 3 × 4.

14. Os pares de fatores de 28 são **1 × 28, 2 × 4 e 4 × 7.** O primeiro par de fatores é 1 × 28. E 28 é divisível por 2 (28 ÷ 2 = 14), assim o próximo par de fatores é 2 × 14. Embora 28 não seja divisível por 3, é divisível por 4 (28 ÷ 4 = 7), de modo que o próximo par de fatores é 4 × 7. Finalmente, 28 não é divisível por 5 ou 6.

15. Os pares de fatores de 40 são **1 × 40, 2 × 20, 4 × 8 e 5 × 8.** O primeiro par de fatores é 1 × 40. Porque 40 é divisível por 2 (40 ÷ 2 = 20), o próximo par de fatores é 2 × 20. Apesar de 40 não ser divisível por 3, é divisível por 4 (40 ÷ 4 = 10), de modo que o próximo par de fatores é 4 ×

10. E 40 é divisível por 5 (40 ÷ 5 = 8), assim o próximo par divisor é 5 × 8. Finalmente, 40 não é divisível por 6 ou 7.

16. Os pares de fatores de 66 são **1 × 66, 2 × 33, 3 × 22 e 6 × 11**. O primeiro par de fatores é 1 × 66. O número 66 é divisível por 2 (66 ÷ 2 = 33), de modo que o próximo par de fatores é 2 × 33. Também é divisível por 3 (66 ÷ 3 = 22), assim o próximo par de fatores é 3 × 22. Apesar de 66 não ser divisível por 4 ou 5, é divisível por 6 (66 ÷ 6 = 11), então o próximo par de fatores é 6 × 11. Por último, 66 não é divisível por 7, 8, 9 ou 10.

17. Decompor 18 em seus divisores primos. **18 = 2 × 3 × 3**. Aqui está uma possível árvore de fatoração:

18. Decompor 42 em seus divisores primos. **42 = 2 × 3 × 7**. Aqui está uma possível árvore de fatoração:

19. Decompor 81 em seus divisores primos. **81 = 3 × 3 × 3 × 3**. Aqui está uma possível árvore de fatoração:

20. Decompor 120 em seus divisores primos. **120 = 2 × 2 × 2 × 3 × 5**. Aqui está uma possível árvore de fatoração:

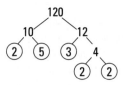

21. O MDC de 10 e 22 é **2**. Anote todos os pares de fator de 10 e 22:

    10: 1 × 10, 2 × 5

    22: 1 × 22, 2 × 11

    O número 2 é o maior número que aparece nas duas listas.

22. O MDC de 8 e 32 é **8**. Anote todos os pares de fatores de 8 e 32:

   8: 8 × 1, 2 × 4

   32: 1 × 32, 2 × 16, 4 × 8

   O maior número que aparece em ambas as listas é 8.

23. O MDC de 30 e 45 é **15**. Anote todos os pares de fatores de 30 e 45:

   30: 1 × 30, 2 × 15, 3 × 10, 5 × 6

   45: 1 × 45, 3 × 15, 5 × 9

   O maior número que aparece em ambas as listas é 15.

24. O MDC de 27 e 72 é **9**. Decomponha 27 e 72 em seus fatores primos e sublinhe cada fator que é comum a ambos:

   27 = 3 × 3 × 3

   72 = 2 × 2 × 2 × 3 × 3

   Multiplique esses números sublinhados para obter a sua resposta: 3 × 3 = 9.

25. O MDC de 15, 20 e 35 é **5**. Decomponha os três números em seus fatores primos e sublinhe cada fator que é comum a todos os três:

   15 = 3 × 5

   20 = 2 × 2 × 5

   35 = 5 × 7

   O único fator comum a todos os três números é 5.

26. O MDC de 44, 56 e 72 é **4**. Decomponha todos os três números em seus fatores primos e sublinhe cada fator que é comum a todos os três:

   44 = 2 × 2 × 11

   56 = 2 × 2 × 2 × 7

   72 = 2 × 2 × 2 × 3 × 3

   Multiplique esses números sublinhados para obter a sua resposta: 2 × 2 = 4.

27. Os seis primeiros múltiplos de 5 são **5, 10, 15, 20, 25 e 30**. Anote o número 5, e mantenha adicionando 5 até que você tenha escrito seis números.

28. Os seis primeiros múltiplos de 7 são **7, 14, 21, 28, 35 e 42**.

29. Os primeiros dez múltiplos de 8 são **8, 16, 24, 32, 40, 48, 56, 64, 72 e 80**.

30. Os primeiros seis múltiplos de 15 são **15, 30, 45, 60, 75 e 90**.

31. O MMC de 4 e 10 é **20**. Anote abaixo quatro múltiplos de 10:

Múltiplos de 10: 10, 20, 30, 40

Em seguida, gere múltiplos de 4 até encontrar um número coincidente:

Múltiplos de 4: 4, 8, 12, 16, 20

32. O MMC de 7 e 11 é **77**. Anote sete múltiplos de 11:

Múltiplos de 11: 11, 22, 33, 44, 55, 66, 77

Em seguida, gere múltiplos de 7 até encontrar um número coincidente:

Múltiplos de 7: 7, 14, 21, 28, 35, 42, 49, 56, 63, 70, 77

33. O MMC de 9 e 12 é **36**. Anote nove múltiplos de 12:

Múltiplos de 12: 12, 24, 36, 48, 60, 72, 84, 96, 108

Em seguida, gere múltiplos de 9 até encontrar um número coincidente:

Múltiplos de 9: 9, 18, 27, 36

34. O MMC de 18 e 22 é **198**. Em primeiro lugar, decomponha ambos os números em seus fatores primos. Em seguida sublinhe as ocorrências mais frequentes de cada número primo:

$18 = \underline{2} \times \underline{3} \times \underline{3}$

$22 = 2 \times \underline{11}$

O fator 2 aparece apenas uma vez em qualquer decomposição, então eu sublinho um 2. O número 3 aparece duas vezes na decomposição de 18, então eu sublinho ambos. O número 11 aparece apenas uma vez, na decomposição de 22, então eu o sublinho. Agora, multiplique todos os números sublinhados:

$2 \times 3 \times 3 \times 11 = 198$

2

Dividindo as Coisas: Frações, Decimais e Porcentagens

NESTA PARTE . . .

Entendendo frações, incluindo frações impróprias e números mistos.

Aplique as Quatro Grandes operações (adição, subtração, multiplicação e divisão) a frações, decimais e porcentagens.

Passe de um número racional a frações, decimais ou percentuais.

Utilize frações, decimais e percentuais para solucionar problemas literais.

NESTE CAPÍTULO

Conhecendo o básico de frações

Conversão entre frações impróprias e números mistos

Aumentando ou reduzindo os termos de frações

Comparação de frações utilizando multiplicação cruzada

Capítulo 6
Frações São uma Moleza

Frações entram em jogo quando você divide um objeto inteiro em partes iguais. Por exemplo, se você corta um bolo em quatro pedaços iguais, cada pedaço é $\frac{1}{4}$ do bolo inteiro. Frações são comumente utilizadas em tudo, da culinária à marcenaria. Você vê muito delas em aulas de matemática, também!

Este capítulo inicia com o básico das frações te mostrando como frações usam dois números — o *numerador* (número de cima) e o *denominador* (número de baixo) — para representar parte de um objeto inteiro. Você descobrirá como reconhecer os três tipos básicos de frações (frações próprias, frações impróprias e números mistos), e como converter de volta e adiante entre frações impróprias e números mistos. Então vou te iniciar no aumento e redução dos termos de frações. Finalmente, vou te mostrar como multiplicação cruzada de um par de frações as modificam em duas novas frações com um denominador comum. Você usará este truque para achar qual fração é a maior e qual é a menor.

Determinando as Coisas Básicas de Fração

Frações representam partes de um todo — isto é, quantidades que se situam entre os números inteiros. Provavelmente a fração mais comumente utilizada é $\frac{1}{2}$, a qual é *metade*. Quando você corta um bolo em dois pedaços e tira um para você, você tem $\frac{1}{2}$ do bolo — espero que você esteja com fome! Na Figura 6-1, seu pedaço está sombreado.

FIGURA 6-1:
Metade de um bolo.

DICA

Quando você fatia para você uma fração de um bolo, aquela fração contém dois números, e cada número te diz alguma coisa diferente:

» O número de cima — chamado *numerador* — diz o número de fatias *sombreadas*.

» O número de baixo — chamado *denominador* — diz o número *total* de fatias.

Quando o numerador de uma fração é menor que o denominador, é uma *fração própria*. Se o numerador é maior que o denominador, então é uma *fração imprópria*. Você pode converter uma fração imprópria em números mistos, como vou mostrar na próxima seção.

Algumas frações podem ser facilmente escritas como números inteiros:

» Quando o denominador de uma fração é 1, a fração é igual a seu numerador.

» Quando o numerador e o denominador são os mesmos, a fração é igual a 1. (Esta ideia é importante quando você quiser mudar os termos de uma fração — para detalhes, veja "Aumentando e Reduzindo os Termos de Frações".)

Quando você inverte a ordem entre o numerador e o denominador em uma fração, o resultado é o recíproco (ou o inverso) daquela fração. Você usa o recíproco para dividir por frações; verifique no Capítulo 7 para mais informações.

P. Para cada bolo representado abaixo, identifique a fração do bolo que está sombreada.

a. b. c. d.

R. Coloque o número de fatias sombreadas sobre o número total de fatias de cada bolo:

(A) $\frac{2}{3}$

(B) $\frac{1}{4}$

(C) $\frac{5}{8}$

(D) $\frac{7}{10}$

P. Qual é o recíproco de cada uma das seguintes frações?

(A) $\frac{3}{4}$

(B) $\frac{6}{11}$

(C) $\frac{22}{7}$

(D) $\frac{41}{48}$

R. Para encontrar o recíproco, alterne entre o numerador e o denominador:

(A) O recíproco de $\frac{3}{4}$ é $\frac{4}{3}$.

(B) O recíproco de $\frac{6}{11}$ é $\frac{11}{6}$.

(C) O recíproco de $\frac{22}{7}$ é $\frac{7}{22}$.

(D) O recíproco de $\frac{41}{48}$ é $\frac{48}{41}$.

1. Para cada bolo desenhado, identifique a fração do bolo que está sombreada.

a.   b.   c.   d.

Resolva

2. Quais das seguintes frações são próprias? Quais são impróprias?

(A) $\frac{3}{2}$

(B) $\frac{8}{9}$

(C) $\frac{20}{23}$

(D) $\frac{75}{51}$

Resolva

3. Reescreva cada uma das seguintes frações como um número inteiro:

(A) $\frac{3}{3}$

(B) $\frac{10}{1}$

(C) $\frac{10}{10}$

(D) $\frac{81}{1}$

Resolva

4. Encontre o recíproco das seguintes frações:

(A) $\frac{5}{7}$

(B) $\frac{10}{3}$

(C) $\frac{12}{17}$

(D) $\frac{80}{91}$

Resolva

108   PARTE 2   **Dividindo as Coisas: Frações, Decimais e Porcentagens**

Companhia Mista: Convertendo Números Mistos e Frações Impróprias

Quando o numerador (o número de cima) é maior que o denominador (número de baixo), a fração é uma *fração imprópria*. Uma alternativa para uma fração imprópria é como um *número misto*, o qual é feito de um número inteiro e de uma fração.

Por exemplo, você pode representar a fração imprópria $\frac{3}{2}$ como o equivalente número misto. $1\frac{1}{2}$. O número misto $1\frac{1}{2}$ significa $1+\frac{1}{2}$. Para ver por que $\frac{3}{2} = 1\frac{1}{2}$, imagine que *três meios* de um bolo é o mesmo que um bolo inteiro mais outra *metade*. Toda fração imprópria possui um número misto e vice-versa.

Algumas vezes, no início de um problema de fração, converter um número misto em uma fração imprópria torna o problema mais fácil de resolver. Aqui está como fazer a alternância de um número misto para uma fração imprópria:

1. **Multiplique o número inteiro pelo denominador da fração (número debaixo).**

2. **Adicione o numerador (número de cima) ao produto do passo 1.**

3. **Coloque a soma do passo 2 sobre o denominador original.**

Similarmente, ao fim de alguns problemas, você pode precisar converter uma fração imprópria para um número misto. Para fazer assim, simplesmente divida o numerador pelo denominador. Então monte um número misto:

» O quociente é o número inteiro.

» O resto é o numerador da fração.

» O denominador da fração permanece o mesmo.

DICA

Pense que a barra da fração é um sinal de divisão.

EXEMPLO

P. Converta o número misto $2\frac{3}{4}$ em uma fração imprópria.

R. $\frac{11}{4}$. Multiplique o número inteiro (2) pelo denominador (4), e então adicione o numerador (3):

$2 \times 4 + 3 = 11$

CAPÍTULO 6 **Frações São uma Moleza** 109

Use este número como o numerador de sua resposta, mantendo o mesmo denominador:

$$\frac{11}{4}$$

P. Converta o número misto $3\frac{5}{7}$ em uma fração imprópria.

R. $\frac{26}{7}$. Multiplique o número inteiro (3) pelo denominador (7), e então adicione o numerador (5). Desta vez, faço todo o processo em um só passo:

$$3\frac{5}{7} = \frac{(3 \times 7 + 5)}{7} = \frac{26}{7}$$

P. Converta a fração imprópria $\frac{11}{2}$ em um número misto:

R. $5\frac{1}{2}$. Divida o numerador (11) pelo denominador (2):

$$\text{Quociente} \rightarrow \quad 2\overline{)\ \begin{array}{r} 5 \\ 11 \\ -10 \end{array}}$$

$$\text{Resto} \quad \rightarrow \quad 1$$

Agora construa um número misto usando o quociente (5) como o número inteiro e o resto (1) como numerador, mantendo o denominador (2):

$$5\frac{1}{2}$$

P. Converta a fração imprópria $\frac{39}{5}$ em um número misto:

R. $7\frac{4}{5}$. Divida o numerador (39) pelo denominador (5):

$$\text{Quociente} \rightarrow \quad 5\overline{)\ \begin{array}{r} 7 \\ 39 \\ -35 \end{array}}$$

$$\text{Resto} \quad \rightarrow \quad 4$$

Construa sua resposta usando o quociente (7) como o número inteiro e o resto (4) como numerador, mantendo o denominador (5):

$$7\frac{4}{5}$$

5. Converta o número misto $5\frac{1}{4}$ em uma fração imprópria.

Resolva

6. Transforme $7\frac{2}{9}$ em uma fração imprópria.

Resolva

7. Expresse o número misto $10\frac{5}{12}$ em uma fração imprópria.

Resolva

8. Converta a fração imprópria $\frac{13}{4}$ em um número misto.

Resolva

9. Expresse a fração imprópria $\frac{29}{10}$ como um número misto.

Resolva

10. Transforme $\frac{100}{7}$ em um número misto.

Resolva

Aumentando e Reduzindo os Termos de Frações

Quando você corta um bolo em dois pedaços, você tem $\frac{1}{2}$ do bolo. E quando você corta em quatro pedaços e pega dois, você tem $\frac{2}{4}$ do bolo. Finalmente, quando você corta em seis pedaços e pega três, você tem $\frac{3}{6}$ do bolo. Note que em todos os casos você ficou com a mesma quantidade de bolo. Isso mostra que as frações $\frac{1}{2}, \frac{2}{4},$ e $\frac{3}{6}$ são *iguais*; assim são as frações $\frac{10}{20}$ e $\frac{1.000.000}{2.000.000}$.

Na maior parte do tempo, escrever esta fração como $\frac{1}{2}$ é preferível porque o numerador e o denominador são os menores números possíveis. Em outras palavras, a fração $\frac{1}{2}$ está escrita com os menores termos. No fim de um problema, você frequentemente precisa reduzir uma fração, ou escrevê-la com os menores termos. Há duas maneiras para fazer isto — o modo informal e o modo formal:

» O modo informal para reduzir uma fração é dividir ambos, numerador e denominador pelo mesmo número.

   Vantagem: O modo informal é fácil.

   Desvantagem: Não é sempre que isso reduz a fração aos menores termos (mas você obtém a fração com os menores termos se você divide pelo máximo divisor comum, o que discuti no Capítulo 5).

» O modo formal é decompor ambos, numerador e denominador em seus fatores primos e então cancelar os fatores comuns.

   Vantagem: O modo formal sempre reduz a fração a seus menores termos.

   Desvantagem: Toma mais tempo que o modo informal.

DICA

Inicie todo problema utilizando o modo informal. Se as coisas correm mal e você ainda não está seguro se sua resposta está reduzida aos menores termos, troque para o modo formal.

Algumas vezes, no início de um problema de fração, você precisa aumentar seus termos — isto é, escrever a fração usando um numerador e um denominador maior. Para aumentar os termos, multiplique ambos, o numerador e o denominador pelo mesmo número.

EXEMPLO

P. Aumente os termos da fração $\frac{4}{5}$ para uma nova fração cujo denominador seja 15.

R. $\frac{12}{15}$. Para iniciar, escreva o problema como segue:

$$\frac{4}{5} = \frac{?}{15}$$

O ponto de interrogação fica como numerador da nova fração, a qual você deseja completar. Agora divida o denominador maior (15) pelo menor (5).

$$15 \div 5 = 3$$

Multiplique o resultado pelo numerador:

$$3 \times 4 = 12$$

Finalmente, tome este número e use-o para substituir o ponto de interrogação:

$$\frac{4}{5} = \frac{12}{15}$$

P. Reduza a fração $\frac{18}{42}$ aos menores termos.

R. $\frac{3}{7}$. O numerador e o denominador não são tão grandes. Para iniciar, tente achar um número menor tal que o numerador e o denominador sejam ambos divisíveis por ele. Neste caso, note que o numerador e o denominador são ambos divisíveis por 2, então divida-os por 2:

$$\frac{18}{42} = \frac{(18 \div 2)}{(42 \div 2)} = \frac{9}{21}$$

Em seguida, observe que o numerador e o denominador são ambos divisíveis por 3 (veja o Capítulo 5 para mais sobre como dizer se um número é divisível por 3), então divida-os por 3:

$$\frac{9}{21} = \frac{(9 \div 3)}{(21 \div 3)} = \frac{3}{7}$$

Neste ponto, não há nenhum número (exceto por 1) que uniformemente divida ambos numerador e denominador, então essa é a resposta.

P. Reduza a fração $\frac{135}{196}$ aos menores termos.

R. $\frac{135}{196}$. O numerador e o denominador são ambos acima de 100, então use o modo formal. Primeiro decomponha o numerador e o denominador em seus fatores primos:

$$\frac{135}{196} = \frac{(3 \times 3 \times 3 \times 5)}{(2 \times 2 \times 7 \times 7)}$$

O numerador e o denominador não têm fatores comuns, então a fração já está com seus menores termos.

11. Aumente os termos da fração $\frac{2}{3}$ de modo que o denominador seja 18.

Resolva

12. Aumente os termos de $\frac{4}{9}$ mudando o denominador para 54.

Resolva

13. Reduza a fração $\frac{12}{60}$ aos menores termos.

Resolva

14. Reduza $\frac{45}{75}$ aos menores termos.

Resolva

15. Reduza a fração $\frac{135}{180}$ aos menores termos.

Resolva

16. Reduza $\frac{108}{217}$ aos menores termos.

Resolva

114   PARTE 2 **Dividindo as Coisas: Frações, Decimais e Porcentagens**

Comparando Frações com Multiplicação Cruzada

Multiplicação cruzada é uma ferramenta conveniente para se obter um denominador comum para duas frações, o qual é muito importante para muitas operações envolvendo frações. Nesta seção, vou mostrar como multiplicar cruzado para comparar um par de frações a fim de descobrir qual é maior ou menor. (No Capítulo 7, vou mostrar como usar a multiplicação cruzada para adicionar frações e, no Capítulo 15, como usá-la para ajudar a solucionar equações algébricas).

Aqui está como multiplicar cruzado duas frações:

1. **Multiplique o numerador (o número de cima) da primeira fração pelo denominador (número de baixo) da segunda. Escrevendo a resposta abaixo da primeira fração.**

2. **Multiplique o numerador da segunda fração pelo denominador da primeira, escreva a resposta abaixo da segunda fração.**

O resultado é que cada fração agora tem um novo número escrito embaixo dela. O número maior está abaixo da maior fração.

DICA

Você pode usar a multiplicação cruzada para reescrever um par de frações como duas novas frações com um denominador comum:

1. **Multiplique cruzado as duas frações para encontrar os numeradores das novas frações.**

2. **Multiplique os denominadores das duas frações para achar o novo denominador.**

Quando duas frações têm o mesmo denominador, aquela com o maior numerador é a fração maior.

EXEMPLO

P. Qual fração é maior: $\frac{5}{8}$ ou $\frac{6}{11}$?

R. $\frac{5}{8}$. Multiplique cruzado as duas frações:

$$\frac{5}{8} \diagdown\!\!\!\!\diagup \frac{6}{11}$$

55   48

Como 55 é maior que 48, $\frac{5}{8}$ é maior que $\frac{6}{11}$.

CAPÍTULO 6 **Frações São uma Moleza** 115

P. Qual dessas três frações é a menor: $\frac{3}{4}$, $\frac{7}{10}$ ou $\frac{8}{11}$?

R. $\frac{7}{10}$. Multiplique cruzado as duas primeiras frações:

$$\frac{3}{4} \diagdown\!\!\!\diagup \frac{7}{10}$$

30   28

Como 28 é menor que 30, $\frac{7}{10}$ é menor que $\frac{3}{4}$, assim você pode abandonar $\frac{3}{4}$. Agora compare $\frac{7}{10}$ e $\frac{8}{11}$ similarmente:

$$\frac{7}{10} \diagdown\!\!\!\diagup \frac{8}{11}$$

77   80

Como 77 é menor que 80, $\frac{7}{10}$ é menor que $\frac{8}{11}$. Portanto, $\frac{7}{10}$ é a menor das três frações.

---

17. Qual é a maior fração: $\frac{1}{5}$ ou $\frac{2}{9}$?

`Resolva`

18. Ache a menor fração: $\frac{3}{7}$ ou $\frac{5}{12}$.

`Resolva`

19. Dentre essas três frações, qual é a maior: $\frac{1}{10}$, $\frac{2}{21}$ ou $\frac{3}{29}$?

`Resolva`

20. Descubra qual das seguintes frações é a menor: $\frac{1}{3}$, $\frac{2}{7}$, $\frac{4}{13}$ ou $\frac{8}{25}$.

`Resolva`

Trabalhando com Razões e Proporções

Uma razão é uma comparação matemática de dois números, baseada na divisão. Por exemplo, suponha que você traga 3 camisas e 5 gravatas para uma viagem de negócios. Aqui estão alguns modos de expressar a relação de camisas para gravatas:

$$3:5 \quad 3 \text{ para } 5 \quad \frac{3}{5}$$

Uma boa maneira de trabalhar com razões é transformá-las em fração. Esteja certo de manter a ordem, a mesma. O primeiro número vai no topo da fração, e o segundo número vai embaixo.

Você pode utilizar uma razão para solucionar problemas criando uma *equação proporcional* — isto é, uma equação envolvendo duas razões.

EXEMPLO

P. Clarence tem 1 filha e 4 filhos. Crie a equação proporcional baseada nesta razão.

R. $\dfrac{\text{Filhas}}{\text{Filhos}} = \dfrac{1}{4}$

P. Uma escola de língua inglesa tem uma razão entre alunos Europeus e Asiáticos de 3:7. Se a escola tem 28 alunos da Ásia, quantos alunos na escola são da Europa?

R. **12 alunos.** Para iniciar, crie uma proporção baseada na razão de alunos Europeus para Asiáticos (esteja certo que a ordem dos dois números é a mesma que a dos dois atributos que eles significam — 3 Europeus e 7 Asiáticos):

$$\frac{\text{Europa}}{\text{Ásia}} = \frac{3}{7}$$

Agora aumente os termos da fração $\frac{3}{7}$ de modo que o número representando a contagem de alunos Asiáticos se torne 28:

$$\frac{\text{Europa}}{\text{Ásia}} = \frac{3 \times 4}{7 \times 4} = \frac{12}{28}$$

Portanto, dado que a escola tem 28 alunos Asiáticos, ela tem 12 alunos Europeus.

21. Um mercado de fazendeiros vende uma razão de 4 legumes para 5 frutas. Se ele vende 35 tipos diferentes de frutas, quantos tipos diferentes de legumes eles vendem?

Resolva

22. Uma galeria de arte apresenta atualmente uma exposição de esculturas e pinturas na razão de 2:7. Se a exposição inclui 18 esculturas, quantas pinturas ela inclui?

Resolva

23. Um acampamento de verão tem uma razão de 7 para 9, entre meninas e meninos. Se ele tem 117 meninos, qual o número total de crianças frequentando o acampamento de verão?

Resolva

24. O orçamento de uma pequena cidade tem uma razão de 3:8 do fundo estadual para o fundo municipal. Se a cidade recebeu R$600.000 no fundo municipal do ano passado, qual foi o orçamento total de ambas fontes estadual e municipal?

Resolva

Respostas de Frações São uma Moleza

O que segue são as respostas às questões práticas apresentadas neste capítulo.

1. Para cada desenho de bolo, identificar a fração do bolo que está sombreada.

   (A) Você tem 1 fatia sombreada e 3 fatias no total, então $\frac{1}{3}$.

   (B) Você tem 3 fatias sombreadas e 4 fatias no total, então $\frac{3}{4}$.

   (C) Você tem 5 fatias sombreadas e 6 fatias no total, então $\frac{5}{6}$.

   (D) Você tem 7 fatias sombreadas e 12 fatias no total, então $\frac{7}{12}$.

2. Qual das seguintes frações são próprias? Quais são impróprias?

   (A) O numerador (3) é maior que o denominador (2), então $\frac{3}{2}$ é uma **fração imprópria**.

   (B) O numerador (8) é menor do que o denominador (9), então $\frac{8}{9}$ é uma **fração própria**.

   (C) O numerador (20) é menor do que o denominador (23), então $\frac{20}{23}$ é uma **fração própria**.

   (D) O numerador (75) é maior do que o denominador (51), então $\frac{75}{51}$ é uma **fração imprópria**.

3. Reescrever cada uma das seguintes frações como um número inteiro.

   (A) O numerador e o denominador são os mesmos, então $\frac{3}{3} = \mathbf{1}$.

   (B) O denominador é 1, então $\frac{10}{1} = \mathbf{10}$.

   (C) O numerador e o denominador são os mesmos, então $\frac{10}{10} = \mathbf{1}$.

   (D) O denominador é 1, então $\frac{81}{1} = \mathbf{81}$.

4. Encontre o recíproco das seguintes frações trocando o numerador e denominador.

   (A) O recíproco de $\frac{5}{7}$ é $\mathbf{\frac{7}{5}}$.

   (B) O recíproco de $\frac{10}{3}$ é $\mathbf{\frac{3}{10}}$.

   C. O recíproco de $\frac{12}{17}$ é $\mathbf{\frac{17}{12}}$.

   (D) O recíproco de $\frac{80}{91}$ é $\mathbf{\frac{91}{80}}$.

5. $5\frac{1}{4} = \frac{(5 \times 4 + 1)}{4} = \frac{21}{4}$

6. $7\frac{2}{9} = \frac{(7 \times 9 + 2)}{9} = \frac{65}{9}$

7. $0\frac{5}{12} = \frac{(10 \times 12 + 5)}{12} = \frac{125}{12}$

8. $\frac{13}{4} = \mathbf{3\frac{1}{4}}$. Divida o numerador (13) pelo denominador (4):

$$\text{Quociente} \rightarrow \quad 4\overline{)\ \ \begin{array}{c} 3 \\ 13 \\ -12 \end{array}}$$

$$\text{Resto} \quad \rightarrow \quad 1$$

Construa sua resposta usando o quociente (3) como o número inteiro e o resto (1) como o numerador, mantendo o denominador (4): $3\frac{1}{4}$.

9. $\frac{29}{10} = \mathbf{2\frac{9}{10}}$. Divida o numerador (29) pelo denominador (10):

$$\text{Quociente} \rightarrow \quad 10\overline{)\ \ \begin{array}{c} 2 \\ 29 \\ -20 \end{array}}$$

$$\text{Resto} \quad \rightarrow \quad 9$$

Construa sua resposta usando o quociente (2) como o número inteiro e o resto (9) como o numerador, mantendo o denominador (10): $2\frac{9}{10}$.

10. $\frac{100}{7} = \mathbf{14\frac{2}{7}}$. Divida o numerador (100) pelo denominador (7):

$$\text{Quociente} \rightarrow \quad 7\overline{)\ \ \begin{array}{c} 14 \\ 100 \\ -7 \\ \hline 30 \\ -28 \end{array}}$$

$$\text{Resto} \quad \rightarrow \quad 2$$

Construa sua resposta usando o quociente (14) como o número inteiro e o resto (2) como o numerador, mantendo o denominador (7): $14\frac{2}{7}$.

11. $\frac{2}{3} = \frac{12}{18}$. Para começar, escreva o problema da seguinte forma:

$$\frac{2}{3} = \frac{?}{18}$$

Divida o denominador maior (18) pelo denominador menor (3) e, em seguida, multiplique este resultado pelo numerador (2):

$6 \times 2 = 12$

Pegue esse número e o use para substituir o ponto de interrogação; sua resposta, $\dfrac{12}{18}$.

12. $\dfrac{4}{9} = \dfrac{\mathbf{24}}{\mathbf{54}}$. Escreva o problema da seguinte forma:

$$\dfrac{4}{9} = \dfrac{?}{54}$$

Divida o denominador maior (54) pelo denominador menor (9) e, em seguida, multiplique este resultado pelo numerador (4):

$6 \times 4 = 24$

Tome este número e o use para substituir o ponto de interrogação; sua resposta é $\dfrac{24}{54}$.

13. $\dfrac{12}{60} = \dfrac{\mathbf{1}}{\mathbf{5}}$. O numerador (12) e o denominador (60) são pares, portanto divida ambos por 2:

$$\dfrac{12}{60} = \dfrac{6}{30}$$

Eles ainda são ambos pares, então os divida por 2 novamente:

$$= \dfrac{3}{15}$$

Agora o numerador e o denominador são divisíveis por 3, então divida ambos por 3:

$$= \dfrac{1}{5}$$

14. $\dfrac{45}{75} = \dfrac{\mathbf{3}}{\mathbf{5}}$. O numerador (45) e o denominador (75) são divisíveis por 5, assim divida ambos por 5:

$$\dfrac{45}{75} = \dfrac{9}{15}$$

Agora o numerador e o denominador são divisíveis por 3, então divida ambos por 3:

$$= \dfrac{3}{5}$$

15. $\frac{135}{180} = \frac{3}{4}$. O numerador (135) e o denominador (180) são divisíveis por 5 portanto, divida ambos por 5:

$$\frac{135}{180} = \frac{27}{36}$$

Agora o numerador e o denominador são divisíveis por 3, então divida ambos por 3:

$$= \frac{9}{12}$$

Eles ainda são divisíveis por 3, então divida ambos por 3 novamente:

$$= \frac{3}{4}$$

16. $\frac{108}{217} = \mathbf{\frac{108}{217}}$. Com um numerador e denominador grande assim, reduza usando a maneira formal. Em primeiro lugar, decomponha o numerador e o denominador em seus fatores primos:

$$\frac{108}{217} = \frac{(2 \times 2 \times 3 \times 3 \times 3)}{(7 \times 31)}$$

O numerador e o denominador não possuem fatores comuns, de modo a fração já está com os menores termos.

17. $\mathbf{\frac{2}{9}}$ **é maior que** $\mathbf{\frac{1}{5}}$. Faça a multiplicação cruzada para comparar as duas frações:

$$\frac{2}{9} \,\diagdown\!\!\!\!\diagup\, \frac{1}{5}$$
$$10 \qquad 9$$

Como 10 é maior do que 9, $\frac{2}{9}$ é maior que $\frac{1}{5}$.

18. $\mathbf{\frac{5}{12}}$ **é menor que** $\mathbf{\frac{3}{7}}$. Faça a multiplicação cruzada para comparar as duas frações:

$$\frac{5}{12} \,\diagdown\!\!\!\!\diagup\, \frac{3}{7}$$
$$35 \qquad 36$$

Como 35 é inferior a 36, $\frac{5}{12}$ é menor que $\frac{3}{7}$.

19. $\mathbf{\frac{3}{29}}$ **é maior que** $\mathbf{\frac{1}{10}}$ **e** $\mathbf{\frac{2}{21}}$. Use a multiplicação cruzada para comparar as duas primeiras frações:

$$\frac{1}{10} \diagdown \diagup \frac{2}{21}$$
21   20

Como 21 é maior que 20, $\frac{1}{10}$ é maior que $\frac{2}{21}$, agora você pode descartar $\frac{2}{21}$. Em seguida compare $\frac{1}{10}$ e $\frac{3}{29}$ pela multiplicação cruzada.

$$\frac{1}{10} \diagdown \diagup \frac{3}{29}$$
29   30

Como 30 é maior que 29, $\frac{3}{29}$ é maior que $\frac{1}{10}$. Portanto $\frac{3}{29}$ é a maior das três frações.

20. $\frac{2}{7}$ **é menor que** $\frac{1}{3}$, $\frac{4}{13}$, **e** $\frac{8}{25}$. Use a multiplicação cruzada para comparar as duas primeiras frações:

$$\frac{1}{3} \diagdown \diagup \frac{2}{7}$$
7   6

Como 6 é menor que 7, $\frac{2}{7}$ é menor que $\frac{1}{3}$, assim você pode descartar $\frac{1}{3}$. Em seguida compare $\frac{2}{7}$ e $\frac{4}{13}$:

$$\frac{2}{7} \diagdown \diagup \frac{4}{13}$$
26   27

Como 26 é menor que 27, $\frac{2}{7}$ é menor que $\frac{4}{13}$, então descarte $\frac{4}{13}$. Finalmente compare $\frac{2}{7}$ e $\frac{8}{25}$:

$$\frac{2}{7} \diagdown \diagup \frac{8}{25}$$
50   56

Como 50 é menor que 56, $\frac{2}{7}$ é menor que $\frac{8}{25}$. Portanto $\frac{2}{7}$ é a menor das quatro frações.

21. **28**. Para começar, defina uma proporção com base na relação entre legumes e frutas:

$$\frac{\text{Legumes}}{\text{Frutas}} = \frac{4}{5}$$

Agora, aumente os termos da fração $\frac{4}{5}$ de modo que o número que representa frutas seja 35:

$$\frac{\text{Legumes}}{\text{Frutas}} = \frac{4 \times 7}{5 \times 7} = \frac{28}{35}$$

CAPÍTULO 6 **Frações São uma Moleza**   123

Portanto, uma vez que o mercado dos fazendeiros tem 35 variedades de frutas, tem 28 variedades de legumes.

22. **63**. Para começar, defina uma proporção com base na relação de esculturas de pinturas:

$$\frac{\text{Esculturas}}{\text{Pinturas}} = \frac{2}{7}$$

Agora, aumente os termos da fração $\frac{2}{7}$ de modo que o número que representa esculturas se torne 18:

$$\frac{\text{Esculturas}}{\text{Pinturas}} = \frac{2 \times 9}{7 \times 9} = \frac{18}{63}$$

Portanto, a galeria tem 63 pinturas.

23. **208**. Para começar, defina uma proporção com base na relação entre meninas e meninos:

$$\frac{\text{Meninas}}{\text{Meninos}} = \frac{7}{9}$$

Agora, você quer aumentar os termos da fração $\frac{7}{9}$ de modo que o número que representa meninos se torne 117. (Para fazer isso, observe que 117 ÷ 9 = 13, então 9 × 13 = 117):

$$\frac{\text{Meninas}}{\text{Meninos}} = \frac{7 \times 13}{9 \times 13} = \frac{91}{117}$$

Portanto, o acampamento tem 91 meninas e 117 meninos, assim o número total de crianças é de 208.

24. **R\$825.000**. Para começar, defina uma proporção com base na razão dos fundos do estado e o municipal:

$$\frac{\text{Estado}}{\text{Município}} = \frac{3}{8}$$

Agora, você quer aumentar os termos da fração $\frac{3}{8}$ para que o número que representa o fundo do município passe a 600.000. (Para fazer isso, observe que 600.000 ÷ 8 = 75.000, então 8 × 75.000 = 600.000):

$$\frac{\text{Estado}}{\text{Município}} = \frac{3 \times 75.000}{8 \times 75.000} = \frac{225.000}{600.000}$$

Portanto, o orçamento da cidade inclui R\$225.000 em fundo do estado e R\$600.000 do município, assim o orçamento total é de R\$825.000.

> **NESTE CAPÍTULO**
>
> **Multiplicando e dividindo frações**
>
> **Conhecendo uma variedade de métodos para adicionar e subtrair frações**
>
> **Aplicando as Quatro Grandes operações a números mistos**

Capítulo 7

Frações e as Quatro Grandes

Após ter tido o básico de frações (que eu cobri no Capítulo 6), você precisa saber como aplicar as Quatro Grandes operações — adição, subtração, multiplicação e divisão — a frações e números mistos. Neste capítulo, vou te acelerar. Primeiro, vou te mostrar como multiplicar e dividir frações — surpreendentemente, estas duas operações são as mais fáceis a realizar. Em seguida, vou mostrar como adicionar frações que têm um denominador comum (isto é, frações que têm o mesmo número embaixo). Após isto, você descobrirá alguns modos para adicionar frações que têm denominadores diferentes. Então eu repito este processo para subtrair frações.

Posteriormente, focarei em números mistos. Outra vez, começo com multiplicação e divisão e então mudo para as operações mais difíceis de adição e subtração. Ao final do capítulo, você deverá ter um sólido entendimento de como aplicar cada uma das Quatro Grandes operações a ambos, frações e números mistos.

Multiplicando Frações: Um Tiro Direto

Por que tudo na vida não pode ser tão fácil como multiplicação de frações? Para multiplicar duas frações apenas faça o seguinte:

- » Multiplique os dois numeradores (números de cima) e tenha o numerador da resposta.
- » Multiplique os dois denominadores (números debaixo) e tenha o denominador da resposta.

Quando você multiplica duas frações próprias, a resposta é sempre uma fração própria, assim você não terá de passá-la para um número misto, mas vai ter de reduzi-la. (Veja Capítulo 6 para mais sobre redução de frações.)

Antes de multiplicar, veja se você pode cancelar fatores comuns que aparecem no numerador e denominador. (Este processo é similar ao de redução de frações.) Quando você cancela fatores comuns antes de multiplicar, você obtém uma resposta que já está reduzida aos menores termos.

P. Multiplique $\frac{2}{5}$ por $\frac{4}{9}$.

R. $\frac{8}{45}$. Multiplique os dois numeradores (números de cima) para ter o numerador da resposta. Então multiplique os dois denominadores (números debaixo) para ter o denominador da resposta:

$$\frac{2}{5} \times \frac{4}{9} = \frac{(2\times 4)}{(5\times 9)} = \frac{8}{45}$$

Neste caso você não tem de reduzir a resposta.

P. Encontre $\frac{4}{7} \times \frac{5}{8}$.

R. $\frac{5}{14}$. Antes de multiplicar, note que o numerador 4 e o denominador 8 são ambos pares. Então, divida esses números por 2 como você faria quando ao reduzir uma fração:

$$\frac{4}{7} \times \frac{5}{8} = \frac{2}{7} \times \frac{5}{4}$$

O numerador 2 e o denominador 4 são ainda pares, então repita o processo:

$$= \frac{1}{7} \times \frac{5}{2}$$

Neste ponto, nenhum numerador tem um fator comum com qualquer denominador. Multiplique os dois numeradores para ter o numerador da resposta. Então multiplique os dois denominadores para ter o denominador da resposta:

$$\frac{(1\times5)}{(7\times2)} = \frac{5}{14}$$

Como você cancelou todos os fatores comuns antes de multiplicar, esta resposta está em termos menores.

1. Multiplique $\frac{2}{3}$ por $\frac{7}{9}$.

Resolva

2. Encontre $\frac{3}{8}\times\frac{6}{11}$.

Resolva

3. Multiplique $\frac{2}{9}$ por $\frac{3}{10}$.

Resolva

4. Descubra $\frac{9}{14}\times\frac{8}{15}$.

Resolva

Virando para Divisão Fracionária

Matemáticos não quiseram bagunçar a divisão de frações fazendo com que você realizasse alguma coisa tão complicada quanto realmente *dividir*, assim, eles desenvolveram um modo para usar a multiplicação no lugar. Para dividir uma fração por outra, mude o problema para multiplicação.

1. **Mude o sinal de divisão por um sinal de multiplicação.**

2. **Mude a *segunda* fração para a sua recíproca.**

Alterne a posição do numerador (número de cima) e do denominador (número debaixo).

3. **Solucione o problema utilizando multiplicação de frações.**

CAPÍTULO 7 **Frações e as Quatro Grandes** 127

LEMBRE-SE

Quando dividir frações, você pode ter de reduzir sua resposta ou modificá-la a partir de uma fração imprópria para um número misto, como mostrei no Capítulo 6.

EXEMPLO

P. Divida $\frac{5}{8}$ por $\frac{3}{7}$.

R. $1\frac{11}{24}$. Troque a divisão pela multiplicação:

$$\frac{5}{8} \div \frac{3}{7} = \frac{5}{8} \times \frac{7}{3}$$

Solucione o problema utilizando multiplicação de frações:

$$= \frac{(5 \times 7)}{(8 \times 3)} = \frac{35}{24}$$

A resposta é uma fração imprópria (porque o numerador é maior que o denominador), então transforme-a em um número misto. Divida o numerador pelo denominador e coloque o resto como denominador:

$$= 1\frac{11}{24}$$

P. Calcule $\frac{7}{10} \div \frac{2}{5}$.

R. $1\frac{3}{4}$. Troque a divisão pela multiplicação:

$$\frac{7}{10} \div \frac{2}{5} = \frac{7}{10} \times \frac{5}{2}$$

Note que você tem um 5 em um dos numeradores e um 10 no denominador da outra fração, assim você pode cancelar os fatores comuns, o qual é 5; o que mudaria seu problema para $\frac{7}{2} \times \frac{1}{2}$. Ou você pode simplesmente fazer os cálculos e reduzir a fração depois, como faço aqui. Resolva a multiplicação dessas duas frações:

$$= \frac{(7 \times 5)}{(10 \times 2)} = \frac{35}{20}$$

Desta vez, o numerador e o denominador são ambos divisíveis por 5, então você pode reduzi-los:

$$= \frac{7}{4}$$

Como o numerador é maior que o denominador, a fração é imprópria, então transforme-a em um número misto:

$$1\frac{3}{4}$$

5. Divida $\frac{1}{4}$ por $\frac{6}{7}$.

Resolva

6. Encontre $\frac{3}{5} \div \frac{9}{10}$.

Resolva

7. Divida $\frac{8}{9}$ por $\frac{3}{10}$.

Resolva

8. Resolva $\frac{14}{15} \div \frac{7}{12}$.

Resolva

Alcançando o Denominador Comum: Somando Frações

Nesta seção, vou apresentar primeiro o material fácil, mas então as coisas vão ficando um pouco mais complicadas. Adicionar frações que têm o mesmo denominador (também chamado um *denominador comum*) é super fácil: Apenas some os numeradores e mantenha o mesmo denominador. Algumas vezes você precisará reduzir a resposta aos menores termos ou passá-la de uma fração imprópria a um número misto.

DICA

Adicionar frações que têm denominadores diferentes dão um pouco mais de trabalho. Essencialmente, você precisa aumentar os termos de uma ou ambas as frações para que os denominadores coincidam, antes que você possa adicioná-las. O modo mais fácil para fazer isto é usando o truque da multiplicação cruzada que alterna os termos das frações para você. Eis aqui como funciona:

1. **Multiplique cruzado as duas frações (como mostrei no Capítulo 6).**

Multiplique o numerador da primeira fração pelo denominador da segunda e multiplique o numerador da segunda fração pelo denominador da primeira.

CAPÍTULO 7 **Frações e as Quatro Grandes** 129

2. **Monte duas frações que têm um denominador comum.**

Multiplique o denominador das duas frações originais para obter o novo, denominador comum. Crie duas novas frações colocando os resultados do Passo 1 sobre este novo denominador.

3. **Adicione as frações do Passo 2.**

Adicione os numeradores e mantenha o mesmo denominador.

DICA

Quando um denominador é múltiplo do outro, você pode usar um truque rápido para encontrar o denominador comum: Aumente somente os termos da fração com o menor denominador para tornar ambos os denominadores o mesmo.

EXEMPLO

P. Encontre $\frac{5}{8} + \frac{7}{8}$.

R. $1\frac{1}{2}$. Os denominadores são ambos 8, então adicione os numeradores (5 e 7) para ter o novo numerador e mantenha o mesmo denominador:

$$\frac{5}{8} + \frac{7}{8} = \frac{(5+7)}{8} = \frac{12}{8}$$

O numerador é maior que o denominador, então a resposta é uma fração imprópria. Mude-a

para um número misto e então a reduza (como mostrei no Capítulo 6):

$$= 1\frac{2}{4} = 1\frac{1}{2}$$

P. Adicione $\frac{3}{5}$ e $\frac{14}{15}$.

R. $1\frac{8}{15}$. Os denominadores são diferentes, mas, como 15 é um múltiplo de 5, você pode usar o truque rápido descrito anteriormente. Aumente os termos de $\frac{3}{5}$ de modo que seu denominador seja 15. Para fazer isto, você precisa multiplicar o numerador e o denominador pelo mesmo número. Você tem de multiplicar 5 vezes 3 para ter 15 no denominador, assim você procura multiplicar o numerador por 3 também:

$$\frac{3}{5} = \frac{(3\times 3)}{(5\times 3)} = \frac{9}{15}$$

Agora todas as frações têm o mesmo denominador, então some os numeradores:

$$= \frac{9}{15} + \frac{14}{15} = \frac{(9+14)}{15} = \frac{23}{15}$$

O resultado é uma fração imprópria, então passe-a para um número misto:

$$= 1\frac{8}{15}$$

P. Quanto é $\frac{1}{2} + \frac{2}{5}$?

R. $\frac{9}{10}$. Multiplique cruzado e adicione os resultados para ter o numerador da resposta. Então multiplique os denominadores para encontrar o denominador da resposta:

$$\frac{1}{2} + \frac{2}{5} = \frac{(5+4)}{10} = \frac{9}{10}$$

9. Adicione $\frac{7}{9}$ e $\frac{8}{9}$.

Resolva

10. Resolva $\frac{3}{7} + \frac{4}{11}$.

Resolva

11. Encontre $\frac{5}{6} + \frac{7}{10}$.

Resolva

12. Adicione $\frac{8}{9} + \frac{17}{18}$.

Resolva

13. Encontre $\frac{12}{13} + \frac{9}{14}$.

Resolva

14. Adicione $\frac{9}{10}$ e $\frac{47}{50}$.

Resolva

15. Encontre a soma de $\frac{3}{17}$ e $\frac{10}{19}$.

Resolva

16. Adicione $\frac{3}{11} + \frac{5}{99}$.

Resolva

O Outro Denominador Comum: Subtraindo Frações

Como com a adição, subtrair frações que têm o mesmo denominador (também chamado de *denominador comum*) é muito simples. Apenas subtraia o segundo numerador do primeiro e mantenha o mesmo denominador. Em alguns casos, você pode ter de reduzir a resposta aos menores termos.

Subtrair frações que têm denominadores diferentes dá um pouco mais de trabalho. Você precisa aumentar os termos de uma ou de ambas as frações, assim elas têm o mesmo denominador. O caminho mais fácil para fazer isso é usar a multiplicação cruzada.

1. Multiplique cruzado as duas frações (como mostrei no Capítulo 6) e crie duas frações que têm um denominador comum.

2. Subtraia o resultado do Passo 1.

Quando um denominador é fator do outro, você pode usar um truque rápido para encontrar o denominador comum: Aumente somente os termos da fração com o menor denominador para tornar ambos denominadores o mesmo.

P. Encontre $\frac{5}{6} - \frac{1}{6}$.

R. $\frac{2}{3}$. Os denominadores são ambos 6, então subtraia os numeradores (5 e 1) para ter o novo numerador, e mantenha o mesmo denominador:

$$\frac{5}{6} - \frac{1}{6} = \frac{(5-1)}{6} = \frac{4}{6}$$

O numerador e o denominador são ambos números pares, então você pode reduzir a fração por um fator igual a 2:

$$= \frac{2}{3}$$

P. Encontre $\frac{6}{7} - \frac{17}{28}$.

R. $\frac{1}{4}$. Os denominadores são diferentes mas, como 28 é um múltiplo de 7, você pode usar o truque rápido descrito antes. Aumente os termos de $\frac{6}{7}$ tal que seu denominador seja 28; como 28 = 7 × 4, multiplique o numerador e o denominador por 4:

$$\frac{6}{7} = \frac{(6 \times 4)}{(7 \times 4)} = \frac{24}{28}$$

Agora as frações têm o mesmo denominador, então subtraia os numeradores e conserve o mesmo denominador:

$$= \frac{24}{28} - \frac{17}{28} = \frac{(24-17)}{28} = \frac{7}{28}$$

O numerador e o denominador são ambos divisíveis por 7, assim você pode reduzir esta fração por um fator igual a 7:

$$= \frac{1}{4}$$

17. Subtraia $\frac{7}{10} - \frac{3}{10}$.

Resolva

18. Encontre $\frac{4}{5} - \frac{1}{3}$.

Resolva

19. Resolva $\frac{5}{6} - \frac{7}{12}$.

Resolva

20. Subtraia $\frac{10}{11} - \frac{4}{7}$.

Resolva

21. Resolva $\frac{1}{4} - \frac{5}{22}$.

Resolva

22. Encontre $\frac{13}{15} - \frac{14}{45}$.

Resolva

23. Subtraia $\frac{11}{12} - \frac{73}{96}$.

Resolva

24. Quanto é $\frac{1}{999} - \frac{1}{1.000}$?

Resolva

134 PARTE 2 **Dividindo as Coisas: Frações, Decimais e Porcentagens**

Multiplicando e Dividindo Números Mistos

Para multiplicar ou dividir números mistos, converta ambos para uma fração imprópria (como mostrei no Capítulo 6); então apenas multiplique ou divida-os como qualquer outra fração. No final, você tem de reduzir o resultado aos menores termos ou converter o resultado de volta a um número misto.

EXEMPLO

P. Quanto é $2\frac{1}{5} \times 3\frac{1}{4}$?

R. $7\frac{3}{20}$. Primeiro, converta ambos os números para frações impróprias. Multiplique o número inteiro pelo denominador e adicione o numerador; então coloque sua resposta sobre o denominador original:

$$2\frac{1}{5} = \frac{(2 \times 5 + 1)}{5} = \frac{11}{5}$$

$$3\frac{1}{4} = \frac{(3 \times 4 + 1)}{4} = \frac{13}{4}$$

Agora multiplique as duas frações:

$$\frac{11}{5} \times \frac{13}{4} = \frac{(11 \times 13)}{5 \times 4} = \frac{143}{20}$$

Como a resposta é uma fração imprópria, mude-a de volta a um número misto:

$$20 \overline{)143} 7$$
$$-140$$
$$3$$

A resposta final é $7\frac{3}{20}$.

P. Quanto é $3\frac{1}{2} \div 1\frac{1}{7}$?

R. $3\frac{1}{16}$. Primeiro, converta ambos os números para frações impróprias:

$$3\frac{1}{2} = \frac{(3 \times 2 + 1)}{2} = \frac{7}{2}$$

$$1\frac{1}{7} = \frac{(1 \times 7 + 1)}{7} = \frac{8}{7}$$

Agora divida as duas frações:

$$\frac{7}{2} \div \frac{8}{7} = \frac{7}{2} \times \frac{7}{8} = \frac{49}{16}$$

Como a resposta é uma fração imprópria, mude-a de volta a um número misto:

$$16\overline{)49} \atop \frac{3}{}$$

$$\frac{-48}{1}$$

A resposta final é $3\frac{1}{16}$.

25. Multiplique $2\frac{1}{3}$ por $1\frac{3}{7}$.

Resolva

26. Encontre $2\frac{2}{5} \times 1\frac{5}{6}$.

Resolva

27. Multiplique $4\frac{4}{5}$ por $3\frac{1}{8}$.

Resolva

28. Calcule $4\frac{1}{2} \div 1\frac{5}{8}$.

Resolva

29. Divida $2\frac{1}{10}$ por $2\frac{1}{4}$.

Resolva

30. Encontre $1\frac{2}{7} \div 6\frac{3}{10}$.

Resolva

Transportado: Somando Números Mistos

Adicionar números mistos não é realmente mais difícil que somar frações. Aqui está como o processo funciona:

1. Adicione as partes fracionais, reduzindo a resposta se necessário.

2. Se a resposta que você encontrou no Passo 1 é uma fração imprópria, transforme-a em um número misto, escreva a parte fracionária e transporte a parte do número inteiro para a coluna de número inteiro.

3. Adicione as partes de número inteiro (incluindo qualquer número que você transportou).

EXEMPLO

P. Adicione $4\frac{1}{8} + 2\frac{3}{8}$.

R. $6\frac{1}{2}$. Para iniciar, escreva o problema em forma de coluna:

$$4\frac{1}{8}$$
$$+2\frac{3}{8}$$

Adicione as frações e reduza o resultado:

$$\frac{1}{8} + \frac{3}{8} = \frac{4}{8} = \frac{1}{2}$$

Como este resultado é uma fração própria, você não tem de se preocupar com transporte. Em seguida, adicione as partes de número inteiro:

$$4 + 2 = 6$$

CAPÍTULO 7 **Frações e as Quatro Grandes** 137

Aqui está como o problema aparece sob a forma de coluna:

$$4\frac{1}{8}$$
$$+2\frac{3}{8}$$
$$\overline{\quad 6\frac{1}{2}\quad}$$

P. Adicione $5\frac{3}{4}+4\frac{7}{9}$.

R. $10\frac{19}{36}$. Para iniciar, escreva o problema em forma de coluna:

$$5\frac{3}{4}$$
$$+4\frac{7}{9}$$

Para adicionar as partes fracionárias, troque os dois denominadores para um denominador comum usando multiplicação cruzada. Os novos numeradores são $3 \times 9 = 27$ e $7 \times 4 = 28$, e os novos denominadores são $4 \times 9 = 36$:

$$\frac{3}{4} \quad \frac{7}{9}$$
$$\downarrow \quad \downarrow$$
$$\frac{27}{36} \quad \frac{28}{36}$$

Agora você pode adicionar:

$$\frac{27}{36} + \frac{28}{36} = \frac{55}{36}$$

Como este resultado é uma fração imprópria, transforme-o em um número misto.

$$= 1\frac{19}{36}$$

Transporte o 1 deste número misto para a coluna de número inteiro e adicione:

$$1 + 5 + 4 = 10$$

Aqui está como o problema aparece sob a forma de coluna:

$$1$$
$$5\frac{27}{36}$$
$$+4\frac{28}{36}$$
$$\overline{\quad 10\frac{19}{36}\quad}$$

31. Adicione $3\frac{1}{5}$ e $4\frac{2}{5}$.

Resolva

32. Encontre $7\frac{1}{3}+1\frac{1}{6}$.

Resolva

33. Adicione $12\frac{4}{9}$ e $7\frac{8}{9}$.

Resolva

34. Encontre a soma de $5\frac{2}{3}$ e $9\frac{3}{5}$.

Resolva

35. Adicione $13\frac{6}{7}+2\frac{5}{14}$.

Resolva

36. Encontre $21\frac{9}{10}+38\frac{3}{4}$.

Resolva

CAPÍTULO 7 **Frações e as Quatro Grandes** 139

Emprestando do Inteiro: Subtraindo Números Mistos

Tudo bem, eu admito: Muitos alunos acham a subtração de números mistos tão atraente quanto ir ao dentista apertar o aparelho. Nesta seção, tentarei fazer este processo o menos doloroso possível.

LEMBRE-SE

Subtrair números mistos é sempre mais fácil quando os denominadores das partes fracionárias são os mesmos. Quando eles são diferentes, seu primeiro passo é *sempre* mudá-los para frações que têm um denominador comum. (No Capítulo 6, te mostrei dois modos para fazer isto — use seja qual for o modo que funcionar melhor.)

Quando dois números mistos têm o mesmo denominador, você está pronto para subtrair. Para começar, eu te mostro um caso simples. Aqui está como você subtrai números mistos quando a parte fracionária do primeiro número é *maior* que a parte fracionária do segundo número:

1. **Encontre a diferença das partes fracionárias, reduzindo o resultado se necessário.**

2. **Encontre a diferença entre as partes inteiras.**

Subtrair números mistos se torna um pouco mais complicado quando você precisa emprestar da coluna de número inteiro para a coluna de fração. Isto é similar a emprestar em subtração de número inteiro (para relembrar isso, veja o Capítulo 1).

Aqui está como subtrair números mistos quando a parte fracionária do primeiro número é menor que a do segundo número:

1. **Empreste 1 da coluna de número inteiro e o adicione à coluna de fração, tornando a parte superior da fração um número misto.**

2. **Mude este novo número para uma fração imprópria.**

3. **Use este resultado para subtrair na coluna de fração, reduzindo o resultado se necessário.**

4. **Realize a subtração na coluna de número inteiro.**

P. Subtraia $8\frac{4}{5} - 6\frac{3}{5}$.

R. $2\frac{1}{5}$. Para iniciar, monte o problema em forma de coluna:

$$8\frac{4}{5}$$
$$-6\frac{3}{5}$$

As partes fracionárias já têm um denominador comum, então subtraia:

$$\frac{4}{5} - \frac{3}{5} = \frac{1}{5}$$

Em seguida subtraia as partes inteiras:

$$8 - 6 = 2$$

Aqui está como o problema resolvido fica parecendo:

$$8\frac{4}{5}$$
$$-6\frac{3}{5}$$
$$\overline{2\frac{1}{5}}$$

P. Subtraia $9\frac{1}{6} - 3\frac{5}{6}$.

R. $5\frac{1}{3}$. Para iniciar, monte o problema em forma de coluna:

$$9\frac{1}{6}$$
$$-3\frac{5}{6}$$

As partes fracionárias já têm um denominador comum, então subtraia. Note que $\frac{1}{6}$ é menor que $\frac{5}{6}$, então você precisa emprestar 1 de 9:

$$8\cancel{9}1\frac{1}{6}$$
$$-3\frac{5}{6}$$

Agora converta o número misto $1\frac{1}{6}$ em fração imprópria:

$$8\frac{7}{6}$$
$$-3\frac{5}{6}$$

Neste ponto, você pode subtrair as partes fracionárias e reduzir:

$$\frac{7}{6} - \frac{5}{6} = \frac{2}{6} = \frac{1}{3}$$

CAPÍTULO 7 **Frações e as Quatro Grandes** 141

Agora subtraia as partes inteiras:

$$8 - 3 = 5$$

Aqui está como o problema resolvido fica parecendo:

$$8\frac{7}{6}$$
$$-3\frac{5}{6}$$
$$\overline{5\frac{1}{3}}$$

P. Subtraia $19\frac{4}{11} - 6\frac{3}{8}$.

R. $12\frac{87}{88}$. Para iniciar, monte o problema em forma de coluna:

$$19\frac{4}{11}$$
$$-6\frac{3}{8}$$

As partes fracionárias têm denominadores diferentes, então mude-os para um denominador comum usando multiplicação cruzada. Os novos numeradores são $4 \times 8 = 32$ e $3 \times 11 = 33$, e os novos denominadores são $11 \times 8 = 88$.

$$\frac{4}{11} \quad \frac{3}{8}$$
$$\downarrow \quad \downarrow$$
$$\frac{32}{88} \quad \frac{33}{88}$$

Aqui está como o problema se parece agora:

$$19\frac{32}{88}$$
$$-6\frac{33}{88}$$

Como $\frac{32}{88}$ é menor que $\frac{33}{88}$, você precisa emprestar antes que você possa subtrair:

$$18\cancel{19}1\frac{32}{88}$$
$$-6\frac{33}{88}$$

Agora converta o número misto $1\frac{32}{88}$ em fração imprópria:

$$18\frac{120}{88}$$

$$-6\frac{33}{88}$$

Neste ponto, você pode subtrair as partes fracionárias e as partes inteiras:

$$18\frac{120}{88}$$

$$-6\frac{33}{88}$$

$$12\frac{87}{88}$$

37. Subtraia $5\frac{7}{9}-2\frac{4}{9}$.

`Resolva`

38. Ache $9\frac{1}{8}-7\frac{5}{8}$.

`Resolva`

39. Subtraia $11\frac{3}{4}-4\frac{2}{3}$.

`Resolva`

40. Descubra $16\frac{2}{5}-8\frac{4}{9}$.

`Resolva`

Respostas de Frações e as Quatro Grandes

O que segue são as respostas às questões práticas apresentadas neste capítulo.

1. $\dfrac{2}{3} \times \dfrac{7}{9} = \dfrac{(2 \times 7)}{(3 \times 9)} = \dfrac{\mathbf{14}}{\mathbf{27}}$

2. $\dfrac{3}{8} \times \dfrac{6}{11} = \dfrac{\mathbf{9}}{\mathbf{44}}$. Multiplique o numerador pelo numerador e o denominador pelo denominador:

$$\dfrac{3}{8} \times \dfrac{6}{11} = \dfrac{(3 \times 6)}{(8 \times 11)} = \dfrac{18}{88}$$

O numerador e o denominador são pares, por isso ambos podem ser reduzidos por um fator de 2:

$$= \dfrac{9}{44}$$

3. $\dfrac{2}{9} \times \dfrac{3}{10} = \dfrac{\mathbf{1}}{\mathbf{15}}$. Comece anulando fatores comuns. O numerador 2 e o denominador 10 são pares, então divida ambos por 2:

$$\dfrac{2}{9} \times \dfrac{3}{10} = \dfrac{1}{9} \times \dfrac{3}{5}$$

Em seguida, o numerador 3 e o denominador 9 são divisíveis por 3, portanto, divida-os por 3:

$$= \dfrac{1}{3} \times \dfrac{1}{5}$$

Agora multiplique direto:

$$= \dfrac{(1 \times 1)}{(3 \times 5)} = \dfrac{1}{15}$$

Como você cancelou todos os fatores comuns antes de multiplicar, esta resposta já está reduzida.

4. $\dfrac{9}{14} \times \dfrac{8}{15} = \dfrac{\mathbf{12}}{\mathbf{35}}$. Comece por anulando fatores comuns. Os números 14 e 8 são divisíveis por 2, e 9 e 15 são divisíveis por 3:

$$\dfrac{9}{14} \times \dfrac{8}{15}$$

$$= \dfrac{9}{7} \times \dfrac{4}{15}$$

$$= \dfrac{3}{7} \times \dfrac{4}{5}$$

144   PARTE 2 **Dividindo as Coisas: Frações, Decimais e Porcentagens**

Agora multiplique:

$$= \frac{(3 \times 4)}{(7 \times 5)} = \frac{12}{35}$$

5. $\frac{1}{4} \div \frac{6}{7} = \frac{\mathbf{7}}{\mathbf{24}}$. Primeiro, mude o problema para multiplicação, multiplicando pelo inverso (recíproco) da segunda fração:

$$\frac{1}{4} \div \frac{6}{7} = \frac{1}{4} \times \frac{7}{6}$$

Agora complete o problema usando multiplicação fração:

$$= \frac{(1 \times 7)}{(4 \times 6)} = \frac{7}{24}$$

6. $\frac{3}{5} \div \frac{9}{10} = \frac{\mathbf{2}}{\mathbf{3}}$. Mude o problema para multiplicação, utilizando o recíproco da segunda fração:

$$\frac{3}{5} \div \frac{9}{10} = \frac{3}{5} \times \frac{10}{9}$$

Conclua o problema usando multiplicação de fração:

$$= \frac{(3 \times 10)}{(5 \times 9)} = \frac{30}{45}$$

Tanto o numerador e o denominador são divisíveis por 5, assim, reduza a fração por este fator:

$$= \frac{6}{9}$$

Eles ainda são ambos divisíveis por 3, assim reduza a fração por este fator:

$$= \frac{2}{3}$$

7. $\frac{8}{9} \div \frac{3}{10} = 2\frac{\mathbf{26}}{\mathbf{27}}$. Mude o problema para multiplicação, utilizando o recíproco da segunda fração:

$$\frac{8}{9} \div \frac{3}{10} = \frac{8}{9} \times \frac{10}{3}$$

Conclua o problema usando multiplicação fração:

$$= \frac{(8 \times 10)}{(9 \times 3)} = \frac{80}{27}$$

O numerador é maior do que o denominador, assim mude esta fração imprópria para um número misto:

$$= 2\frac{26}{27}$$

8. $\frac{14}{15} \div \frac{7}{12} = \mathbf{1\frac{3}{5}}$. Mude o problema para multiplicação, utilizando o recíproco da segunda fração:

$$\frac{14}{15} \div \frac{7}{12} = \frac{14}{15} \times \frac{12}{7}$$

Conclua o problema usando multiplicação de fração:

$$= \frac{(14 \times 12)}{(15 \times 7)} = \frac{168}{105}$$

O numerador é maior do que o denominador, assim mude esta fração imprópria para um misto:

$$= 1\frac{63}{105}$$

Agora o numerador e o denominador são divisíveis por 3, assim reduza a parte fracionária deste número misto por um fator de 3:

$$= 1\frac{21}{35}$$

O numerador e o denominador são agora divisíveis por 7, então reduza a parte fracionária por este fator:

$$= 1\frac{3}{5}$$

9. $\frac{7}{9} + \frac{8}{9} = \mathbf{1\frac{2}{3}}$. Os denominadores são os mesmos, então adicione os numeradores:

$$\frac{7}{9} + \frac{8}{9} = \frac{15}{9}$$

Tanto o numerador e o denominador são divisíveis por 3, assim reduza a fração por 3:

$$= \frac{5}{3}$$

O resultado é uma fração imprópria, então converta-a em um número misto:

$$= 1\frac{2}{3}$$

10. $\frac{3}{7} + \frac{4}{11} = \frac{61}{77}$. Os denominadores são diferentes, então mude-os para um denominador comum por multiplicação cruzada. Os novos são numeradores são 3 × 11 = 33 e 4 × 7 = 28, e os novos denominadores são 7 × 11 = 77:

$$\frac{3}{7} \quad \frac{4}{11}$$
$$\downarrow \quad \downarrow$$
$$\frac{33}{77} \quad \frac{28}{77}$$

Agora você pode somar:

$$\frac{33}{77} + \frac{28}{77} = \frac{61}{77}$$

11. $\frac{5}{6} + \frac{7}{10} = 1\frac{8}{15}$. Os denominadores são diferentes, então mude-os para um denominador comum por multiplicação cruzada, os novos numeradores são 5 × 10 = 50 e 7 × 6 = 42, e os novos denominadores são 6 × 10 = 60:

$$\frac{5}{6} \quad \frac{7}{10}$$
$$\downarrow \quad \downarrow$$
$$\frac{50}{60} \quad \frac{42}{60}$$

Agora você pode adicionar:

$$\frac{50}{60} + \frac{42}{60} = \frac{92}{60}$$

Tanto o numerador e o denominador são pares, assim reduza a fração por 2:

$$= \frac{46}{30}$$

Eles são ainda pares, então reduza novamente por 2:

$$= \frac{23}{15}$$

O resultado é uma fração imprópria, então passe-o para um número misto:

$$= 1\frac{8}{15}$$

12. $\frac{8}{9} + \frac{17}{18} = 1\frac{5}{6}$. Os denominadores são diferentes, mas 18 é um múltiplo de 9, então você pode usar o truque rápido. Aumente os termos de $\frac{8}{9}$ de modo que o denominador seja 18, multiplicando o numerador e denominador por 2:

$$\frac{8}{9} = \frac{(8 \times 2)}{(9 \times 2)} = \frac{16}{18}$$

Agora ambas as frações têm o mesmo denominador, então adicione os numeradores e mantenha o mesmo denominador:

$$= \frac{16}{18} + \frac{17}{18} = \frac{33}{18}$$

Tanto o numerador e o denominador são divisíveis por 3, assim reduza a fração por 3:

$$= \frac{11}{6}$$

O resultado é uma fração imprópria, então transforme-o para um número misto:

$$= 1\frac{5}{6}$$

13. $\frac{12}{13} + \frac{9}{14} = 1\frac{103}{182}$. Os denominadores são diferentes, então dê às frações um denominador comum por multiplicação cruzada. Os novos são numeradores são 12 × 14 = 168 e 9 × 13 = 117, e os novos denominadores são 13 × 14 = 182:

$$\frac{12}{13} \quad \frac{9}{14}$$
$$\downarrow \quad \downarrow$$
$$\frac{168}{182} \quad \frac{117}{182}$$

Agora você pode adicionar:

$$\frac{168}{182} + \frac{117}{182} = \frac{285}{182}$$

O resultado é uma fração imprópria, então mude-o para um número misto:

$$= 1\frac{103}{182}$$

14. $\frac{9}{10} + \frac{47}{50} = 1\frac{21}{25}$. Os denominadores são diferentes, mas 50 é um múltiplo de 10, portanto você pode usar o truque rápido. Aumente os termos de $\dfrac{9}{10}$ de modo que o denominador seja 50, multiplicando o numerador e o denominador por 5:

$$\dfrac{9}{10} = \dfrac{(9 \times 5)}{(10 \times 5)} = \dfrac{45}{50}$$

Agora ambas as frações têm o mesmo denominador, então adicione os numeradores:

$$= \dfrac{45}{50} + \dfrac{47}{50} = \dfrac{92}{50}$$

Tanto o numerador e o denominador são pares, assim reduza a fração por 2:

$$= \dfrac{46}{25}$$

O resultado é uma fração imprópria, então mude-o para um número misto:

$$= 1\dfrac{21}{25}$$

15. $\dfrac{3}{17} + \dfrac{10}{19} = \dfrac{\mathbf{227}}{\mathbf{323}}$. Os denominadores são diferentes, então altere-os para um denominador comum por multiplicação cruzada. Os novos numeradores são 3 × 19 = 57 e 10 × 17 = 170, e os novos denominadores são 17 × 19 = 323:

$$\dfrac{3}{17} \quad \dfrac{10}{19}$$
$$\downarrow \quad \downarrow$$
$$\dfrac{57}{323} \quad \dfrac{170}{323}$$

Agora você pode adicionar:

$$\dfrac{57}{323} + \dfrac{170}{323} = \dfrac{227}{323}$$

16. $\dfrac{3}{11} + \dfrac{5}{99} = \dfrac{\mathbf{32}}{\mathbf{99}}$. Os denominadores são diferentes, mas 99 é um múltiplo de 11, assim você pode usar o truque rápido. Aumente os termos de $\dfrac{3}{11}$ para que o denominador seja 99, multiplicando tanto o numerador e denominador por 9:

$$\dfrac{3}{11} = \dfrac{(3 \times 9)}{(11 \times 9)} = \dfrac{27}{99}$$

CAPÍTULO 7 **Frações e as Quatro Grandes** 149

Agora você pode adicionar:

$$\frac{27}{99} + \frac{5}{99} = \frac{32}{99}$$

17. $\frac{7}{10} - \frac{3}{10} = \frac{2}{5}$. Os denominadores são os mesmos, então subtraia os numeradores e mantenha o mesmo denominador:

$$\frac{7}{10} - \frac{3}{10} = \frac{4}{10}$$

O numerador e o denominador são pares, então reduza esta fração por um fator igual a 2:

$$= \frac{2}{5}$$

18. $\frac{4}{5} - \frac{1}{3} = \frac{7}{15}$. Os denominadores são diferentes, então altere-os para um denominador comum por multiplicação cruzada. Os novos numeradores são $4 \times 3 = 12$ e $1 \times 5 = 5$ e os novos denominadores são $5 \times 3 = 15$:

$$\frac{4}{5} \quad \frac{1}{3}$$
$$\downarrow \quad \downarrow$$
$$\frac{12}{15} \quad \frac{5}{15}$$

Agora você pode subtrair:

$$\frac{12}{15} - \frac{5}{15} = \frac{7}{15}$$

19. $\frac{5}{6} - \frac{7}{12} = \frac{1}{4}$. Os denominadores são diferentes, mas 6 é um fator de 12, assim você pode usar o truque rápido. Aumente os termos de $\frac{5}{6}$ de modo que o denominador seja 12, multiplicando o numerador e o denominador por 2:

$$\frac{5}{6} = \frac{(5 \times 2)}{(6 \times 2)} = \frac{10}{12}$$

Agora, as duas frações têm o mesmo denominador, para que possa subtrair facilmente:

$$\frac{10}{12} - \frac{7}{12} = \frac{3}{12}$$

O numerador e o denominador são ambos divisíveis por 3, então reduza a fração por um fator de 3:

$$= \frac{1}{4}$$

20. $\frac{10}{11} - \frac{4}{7} = \frac{\mathbf{26}}{\mathbf{77}}$. Os denominadores são diferentes, então mude-os para um denominador comum pela multiplicação cruzada. Os novos numeradores são $10 \times 7 = 70$ e $4 \times 11 = 44$, e os novos denominadores são $11 \times 7 = 77$:

$$\frac{10}{11} \quad \frac{4}{7}$$
$$\downarrow \quad \downarrow$$
$$\frac{70}{77} \quad \frac{44}{77}$$

Agora você pode subtrair:

$$\frac{70}{77} - \frac{44}{77} = \frac{26}{77}$$

21. $\frac{1}{4} - \frac{5}{22} = \frac{\mathbf{1}}{\mathbf{44}}$. Os denominadores são diferentes, então mude-os para um denominador comum pela multiplicação cruzada. Os novos numeradores são $1 \times 22 = 22$ e $5 \times 4 = 20$, e os novos denominadores são $4 \times 22 = 88$:

$$\frac{1}{4} \quad \frac{5}{22}$$
$$\downarrow \quad \downarrow$$
$$\frac{22}{88} \quad \frac{20}{88}$$

Agora você pode subtrair:

$$\frac{22}{88} - \frac{20}{88} = \frac{2}{88}$$

O numerador e o denominador são ambos pares, então reduza esta fração dividindo por 2:

$$= \frac{1}{44}$$

22. $\frac{13}{15} - \frac{14}{45} = \frac{\mathbf{5}}{\mathbf{9}}$. Os denominadores são diferentes, mas 45 é um múltiplo de 15, então você pode usar o truque rápido. Aumente os termos de $\frac{13}{15}$ de modo que o denominador seja 45, multiplicando o numerador e o denominador por 3:

$$\frac{13}{15} = \frac{(13 \times 3)}{(15 \times 3)} = \frac{39}{45}$$

Agora as frações têm o mesmo denominador, então você pode subtrair facilmente:

$$\frac{39}{45} - \frac{14}{45} = \frac{25}{45}$$

O numerador e o denominador são ambos divisíveis por 5, então reduza a fração dividindo por 5:

$$= \frac{5}{9}$$

23. $\frac{11}{12} - \frac{73}{96} = \mathbf{\frac{5}{32}}$. Os denominadores são diferentes, mas 96 é um múltiplo de 12, então você pode usar o truque rápido. Aumente os termos de $\frac{11}{12}$ de modo que o denominador seja 96, multiplicando o numerador e o denominador por 8:

$$\frac{11}{12} = \frac{(11 \times 8)}{(12 \times 8)} = \frac{88}{96}$$

Agora você pode subtrair:

$$\frac{88}{96} - \frac{73}{96} = \frac{15}{96}$$

O numerador e o denominador são ambos divisíveis por 3, então reduza a fração dividindo por 3:

$$= \frac{5}{32}$$

24. $\frac{1}{999} - \frac{1}{1.000} = \mathbf{\frac{1}{999.000}}$. O numerador e o denominador são diferentes, então mude-os para um denominador comum pela multiplicação cruzada:

$$\frac{1}{999} \qquad \frac{1}{1.000}$$
$$\downarrow \qquad \downarrow$$
$$\frac{1.000}{999.000} \quad \frac{999}{999.000}$$

Agora você pode subtrair:

$$\frac{1.000}{999.000} - \frac{999}{999.000} = \frac{1}{999.000}$$

25. $2\frac{1}{3} \times 1\frac{3}{7} = \mathbf{3\frac{1}{3}}$. Passe ambos números mistos para frações impróprias:

152   PARTE 2 **Dividindo as Coisas: Frações, Decimais e Porcentagens**

$$2\frac{1}{3} = \frac{(2\times3+1)}{3} = \frac{7}{3}$$
$$1\frac{3}{7} = \frac{(1\times7+3)}{7} = \frac{10}{7}$$

Monte a multiplicação:

$$\frac{7}{3}\times\frac{10}{7}$$

Antes que você multiplique, você pode cancelar os 7 no numerador e denominador:

$$=\frac{1}{3}\times\frac{10}{1} = \frac{10}{3}$$

Como a resposta é uma fração imprópria, então mude-a para um número misto:

$$3\overline{)\overset{3}{10}}$$
$$\underline{-9}$$
$$1$$

Então a resposta final é: $3\frac{1}{3}$

26. $2\frac{2}{5}\times1\frac{5}{6} = \mathbf{4\frac{2}{5}}$. Passe ambos números mistos para frações impróprias:

$$2\frac{2}{5} = \frac{(2\times5+2)}{5} = \frac{12}{5}$$
$$1\frac{5}{6} = \frac{(1\times6+5)}{6} = \frac{11}{6}$$

Monte a multiplicação:

$$\frac{12}{5}\times\frac{11}{6}$$

Antes que você multiplique, você pode cancelar o 6 no numerador e denominador:

$$=\frac{2}{5}\times\frac{11}{1} = \frac{22}{5}$$

Como a resposta é uma fração imprópria, então mude-a para um número misto:

$$5\overline{)\overset{4}{22}}$$
$$\underline{-20}$$
$$2$$

Então a resposta final é: $4\frac{2}{5}$

27. $4\frac{4}{5} \times 3\frac{1}{8} = \mathbf{15}$. Passe ambos números mistos para frações impróprias:

$$4\frac{4}{5} = \frac{(4 \times 5 + 4)}{5} = \frac{24}{5}$$
$$3\frac{1}{8} = \frac{(3 \times 8 + 1)}{8} = \frac{25}{8}$$

Monte a multiplicação:

$$\frac{24}{5} \times \frac{25}{8}$$

Antes que você multiplique, você pode cancelar o 5 e o 8 no numerador e denominador:

$$= \frac{24}{1} \times \frac{5}{8} = \frac{3}{1} \times \frac{5}{1} = 15$$

28. $4\frac{1}{2} \div 1\frac{5}{8} = \mathbf{2\frac{10}{13}}$. Passe ambos números mistos para frações impróprias:

$$4\frac{1}{2} = \frac{(4 \times 2 + 1)}{2} = \frac{9}{2}$$
$$1\frac{5}{8} = \frac{(1 \times 8 + 5)}{8} = \frac{13}{8}$$

Monte a divisão:

$$\frac{9}{2} \div \frac{13}{8}$$

Passe o problema para multiplicação, usando o recíproco da segunda fração:

$$= \frac{9}{2} \times \frac{8}{13}$$

Reduza por 2 e multiplique:

$$= \frac{9}{1} \times \frac{4}{13} = \frac{36}{13}$$

Como a resposta é uma fração imprópria, então mude-a para um número misto:

$$= 2\frac{10}{13}$$

29. $2\frac{1}{10} \div 2\frac{1}{4} = \mathbf{\frac{14}{15}}$. Passe ambos números mistos para frações impróprias:

$$2\frac{1}{10} = \frac{(2 \times 10 + 1)}{10} = \frac{21}{10}$$
$$2\frac{1}{4} = \frac{(2 \times 4 + 1)}{4} = \frac{9}{4}$$

Monte a divisão:

$$\frac{21}{10} \div \frac{9}{4}$$

Passe o problema para multiplicação, usando o recíproco da segunda fração:

$$= \frac{21}{10} \times \frac{4}{9}$$

Antes que você multiplique, cancele o 2 e o 3 no numerador e denominador:

$$= \frac{21}{5} \times \frac{2}{9} = \frac{7}{5} \times \frac{2}{3} = \frac{14}{15}$$

30. $1\frac{2}{7} \div 6\frac{3}{10} = \mathbf{\frac{10}{49}}$. Passe ambos números mistos para frações impróprias:

$$1\frac{2}{7} = \frac{(1 \times 7 + 2)}{7} = \frac{9}{7}$$

$$6\frac{3}{10} = \frac{(6 \times 10 + 3)}{10} = \frac{63}{10}$$

Monte a divisão:

$$\frac{9}{7} \div \frac{63}{10}$$

Passe o problema para multiplicação, usando o recíproco da segunda fração:

$$= \frac{9}{7} \times \frac{10}{63}$$

Antes que você multiplique, cancele o 9 no numerador e denominador:

$$= \frac{1}{7} \times \frac{10}{7} = \frac{10}{49}$$

31. $3\frac{1}{5} + 4\frac{2}{5} = \mathbf{7\frac{3}{5}}$. Monte o problema sob a forma de coluna:

$$3\frac{1}{5}$$
$$+4\frac{2}{5}$$

Adicione as partes fracionárias:

$$\frac{1}{5} + \frac{2}{5} = \frac{3}{5}$$

Como o resultado é uma fração própria, você não precisa se preocupar em transportar. Em seguida, adicione os números da parte inteira:

$$3 + 4 = 7$$

Aqui está como o problema completo parece:

$$3\frac{1}{5}$$
$$+4\frac{2}{5}$$
$$\overline{7\frac{3}{5}}$$

32. $7\frac{1}{3}+1\frac{1}{6} = \mathbf{8\frac{1}{2}}$. Para iniciar, monte o problema sob a forma de coluna:

$$7\frac{1}{3}$$
$$+1\frac{1}{6}$$
$$\overline{}$$

Em seguida adicione as partes fracionárias. Os denominadores são diferentes, mas 3 é um fator de 6, assim você pode utilizar o truque rápido. Aumente os termos de $\frac{1}{3}$ tal que o denominador seja 6 multiplicando o numerador e o denominador por 2:

$$\frac{1}{3} = \frac{2}{6}$$

Agora você pode adicionar e reduzir o resultado:

$$\frac{2}{6} + \frac{1}{6} = \frac{3}{6} = \frac{1}{2}$$

Como o resultado é uma fração própria, você não precisa se preocupar em transportar. Em seguida, adicione os números da parte inteira:

$$7 + 1 = 8$$

Aqui está como o problema parece:

$$7\frac{2}{6}$$
$$+1\frac{1}{6}$$
$$\overline{8\frac{1}{2}}$$

33. $12\frac{4}{9}+7\frac{8}{9} = \mathbf{20\frac{1}{3}}$. Monte o problema sob a forma de coluna:

156 PARTE 2 **Dividindo as Coisas: Frações, Decimais e Porcentagens**

$$12\frac{4}{9}$$

$$+7\frac{8}{9}$$

Adicione a parte fracionária e reduza o resultado:

$$\frac{4}{9}+\frac{8}{9}=\frac{12}{9}=\frac{4}{3}$$

Como o resultado é uma fração imprópria, converta-a em um número misto:

$$=1\frac{1}{3}$$

Transporte o 1 deste número misto para a coluna de números inteiros e adicione:

$$1+12+7=20$$

Aqui está como o problema parece:

$$12\overset{1}{}\frac{4}{9}$$

$$+7\frac{8}{9}$$

$$20\frac{1}{3}$$

34. $5\frac{2}{3}+9\frac{3}{5}=\mathbf{15\frac{4}{15}}$. Monte o problema sob a forma de coluna:

$$5\frac{2}{3}$$

$$+9\frac{3}{5}$$

Inicie adicionando as partes fracionárias. Como os denominadores são diferentes, mude-os para um denominador comum por multiplicação cruzada. Os novos numeradores são 2 × 5 = 10 e 3 × 3 = 9, e os novos denominadores são 3 × 5 = 15:

$$\frac{2}{3}\quad\frac{3}{5}$$

$$\downarrow\quad\downarrow$$

$$\frac{10}{15}\quad\frac{9}{15}$$

Agora você pode adicionar:

$$\frac{10}{15}+\frac{9}{15}=\frac{19}{15}$$

CAPÍTULO 7 **Frações e as Quatro Grandes** 157

Como o resultado é uma fração imprópria, converta-a em um número misto:

$$= 1\frac{4}{15}$$

Transporte o 1 deste número misto para a coluna de números inteiros e adicione:

1 + 5 + 9 = 15

Aqui está como o problema parece:

$$5\overset{1}{}\frac{10}{15}$$
$$+9\frac{9}{15}$$
$$\overline{15\frac{4}{15}}$$

35. $13\frac{6}{7} + 2\frac{5}{14} = \mathbf{16\frac{3}{14}}$. Monte o problema sob a forma de coluna:

$$13\frac{6}{7}$$
$$+2\frac{5}{14}$$

Inicie adicionando as partes fracionárias. Como o denominador 7 é um fator do denominador 14, você pode usar o truque rápido. Aumente os termos de $\frac{6}{7}$ de modo que o denominador seja 14, multiplicando o numerador e o denominador por 2:

$$\frac{6}{7} = \frac{12}{14}$$

Agora você pode adicionar:

$$\frac{12}{14} + \frac{5}{14} = \frac{17}{14}$$

Como o resultado é uma fração imprópria, converta-a em um número misto:

$$= 1\frac{3}{14}$$

Transporte o 1 deste número misto para a coluna de números inteiros e adicione:

1 + 13 + 2 = 16

Aqui está como o problema parece:

$$13\frac{1}{14}\frac{12}{14}$$

$$+2\frac{5}{14}$$

$$16\frac{3}{14}$$

36. $21\frac{9}{10} + 38\frac{3}{4} = \mathbf{60\frac{13}{20}}$. Monte o problema sob a forma de coluna:

$$21\frac{9}{10}$$

$$+38\frac{3}{4}$$

Para adicionar as partes fracionárias, troque o denominador por um denominador comum usando multiplicação cruzada. Os novos numeradores são $9 \times 4 = 36$ e $3 \times 10 = 30$, e os novos denominadores são $10 \times 4 = 40$:

$$\frac{9}{10} \quad \frac{3}{4}$$
$$\downarrow \quad \downarrow$$
$$\frac{36}{40} \quad \frac{30}{40}$$

Agora você pode adicionar:

$$\frac{36}{40} + \frac{30}{40} = \frac{66}{40}$$

O numerador e o denominador são ambos pares, então reduza esta fração pelo fator de 2:

$$= \frac{33}{20}$$

Como o resultado é uma fração imprópria, converta-a em um número misto:

$$= 1\frac{13}{20}$$

Transporte o 1 deste número misto para a coluna de números inteiros e adicione:

$$1 + 21 + 38 = 60$$

Aqui está como o problema completo se parece:

$$21\frac{1}{40}\frac{36}{40}$$

$$+38\frac{30}{40}$$

$$60\frac{13}{20}$$

CAPÍTULO 7 **Frações e as Quatro Grandes**

37. $5\frac{7}{9} - 2\frac{4}{9} = \mathbf{3\frac{1}{3}}$. Monte o problema sob a forma de coluna:

$$5\frac{7}{9}$$
$$-2\frac{4}{9}$$

Subtraia as partes fracionárias:

$$\frac{7}{9} - \frac{4}{9} = \frac{3}{9} = \frac{1}{3}$$

Subtraia as partes inteiras:

$$5 - 2 = 3$$

Aqui está como o problema parece:

$$5\frac{7}{9}$$
$$-2\frac{4}{9}$$
$$\overline{3\frac{1}{3}}$$

38. $9\frac{1}{8} - 7\frac{5}{8} = \mathbf{1\frac{1}{2}}$. Monte o problema sob a forma de coluna:

$$9\frac{1}{8}$$
$$-7\frac{5}{8}$$

A primeira fração $\left(\frac{1}{8}\right)$ é menor que a segunda fração $\left(\frac{5}{8}\right)$, então você precisa emprestar 1 de 9, antes que você possa subtrair:

$$8\cancel{9}1\frac{1}{8}$$
$$-7\frac{5}{8}$$

Transforme o número misto $1\frac{1}{8}$ em uma fração imprópria:

$$8\frac{9}{8}$$
$$-7\frac{5}{8}$$

Agora você pode subtrair as partes fracionárias e reduzir:

$$\frac{9}{8} - \frac{5}{8} = \frac{4}{8} = \frac{1}{2}$$

Subtraia as partes inteiras:

$$8 - 7 = 1$$

Aqui está como o problema parece:

$$8\frac{9}{8}$$
$$-7\frac{5}{8}$$
$$\overline{1\frac{1}{2}}$$

39. $11\frac{3}{4} - 4\frac{2}{3} = \mathbf{7\frac{1}{12}}$. Monte o problema sob a forma de coluna:

$$11\frac{3}{4}$$
$$-4\frac{2}{3}$$

Os denominadores são diferentes, então obtenha um denominador comum usando multiplicação cruzada. Os novos numeradores são $3 \times 3 = 9$ e $2 \times 4 = 8$, e os novos denominadores são $4 \times 3 = 12$:

$$\frac{3}{4} \quad \frac{2}{3}$$
$$\downarrow \quad \downarrow$$
$$\frac{9}{12} \quad \frac{8}{12}$$

Como $\frac{9}{12}$ é maior que $\frac{8}{12}$, você não precisa emprestar antes que você possa subtrair as frações:

$$11\frac{9}{12}$$
$$-4\frac{8}{12}$$
$$\overline{7\frac{1}{12}}$$

40. $16\frac{2}{5} - 8\frac{4}{9} = \mathbf{7\frac{43}{45}}$. Para iniciar, monte o problema em forma de coluna:

$$16\frac{2}{5}$$
$$-8\frac{4}{9}$$

CAPÍTULO 7 **Frações e as Quatro Grandes** 161

Os denominadores são diferentes, então encontre um denominador comum usando multiplicação cruzada. Os novos numeradores são 2 × 9 = 18 e 4 × 5 = 20, e os novos denominadores são 5 × 9 = 45:

$$\frac{2}{5} \quad \frac{4}{9}$$
$$\downarrow \quad \downarrow$$
$$\frac{18}{45} \quad \frac{20}{45}$$

Como $\frac{18}{45}$ é menor que $\frac{20}{45}$, você precisar emprestar 1 de 16 antes que você possa subtrair as frações:

$$15\cancel{16}1\frac{18}{45}$$
$$-8\frac{20}{45}$$

Mude o número misto $1\frac{18}{45}$ para uma fração imprópria:

$$15\frac{63}{45}$$
$$-8\frac{20}{45}$$

Agora você pode subtrair:

$$15\frac{63}{45}$$
$$-8\frac{20}{45}$$
$$7\frac{43}{45}$$

NESTE CAPÍTULO

Entendendo como os valores das posições funcionam com decimais

Movendo a vírgula para multiplicar ou dividir um decimal por uma potência de dez

Arredondando decimais para uma dada posição decimal

Aplicando as Quatro Grandes operações a decimais

Convertendo entre frações e decimais

Capítulo 8

Chegando ao Ponto com Decimais

Decimais, como frações, são um modo de representar partes de um todo — isto é, números positivos menores que 1. Você pode usar um decimal para representar qualquer valor fracionário. Decimais são comumente utilizados para valores de dinheiro, então você está provavelmente familiarizado com a vírgula (,), que indica um valor menor que um real.

Neste capítulo, primeiro eu vou rapidamente te levar a alguns fatos básicos sobre decimais. Então vou te mostrar como fazer conversões básicas entre frações e decimais. Depois disso, você descobrirá como aplicar as Quatro Grandes operações (adição, subtração, multiplicação e divisão) a decimais. Para finalizar o capítulo, tenho certeza de que você entenderá como converter qualquer fração em um decimal e qualquer decimal em fração. Isto inclui te informar sobre a diferença entre um *decimal finito* (um decimal com um número limitado de dígitos) e um *decimal periódico* (um decimal que repete um padrão de dígitos interminavelmente).

Chegando ao Lugar: Material Decimal Básico

Decimais são mais fáceis de trabalhar do que com frações, porque eles parecem números inteiros muito mais que frações parecem. Decimais utilizam atribuição de valor de um modo similar aos números inteiros. Em um decimal, porém, cada posição representa a parte de um todo. Dê uma olhada na tabela abaixo:

Milhares	Centenas	Dezenas	Unidades	Vírgula	Décimos	Centésimos	Milésimos

Note que o nome de cada posição decimal, da esquerda para a direita, está ligado com o nome de uma fração diferente: décimos $\left(\frac{1}{10}\right)$, centésimos $\left(\frac{1}{100}\right)$, milésimos $\left(\frac{1}{1.000}\right)$, e assim por diante.

Você pode usar esta tabela para *expandir* um decimal como uma soma. Expandir um decimal te dá um senso melhor de como ele é construído. Por exemplo: 12,011 é igual a $10 + 2 + \frac{0}{10} + \frac{1}{100} + \frac{1}{1.000}$.

Em um decimal, qualquer zero à direita da vírgula de todo dígito diferente de zero é chamado de zero à direita. Por exemplo, no decimal 0,070, o último zero é um zero à direita. Você pode seguramente dispensar este zero sem mudar o valor do decimal. Porém, o primeiro zero após a vírgula — que está preso entre a vírgula e o número diferente de zero — é um zero de reserva de posição, o qual você não pode dispensar.

DICA

Você pode expressar qualquer número inteiro como um decimal adicionando uma vírgula e um zero à direita para finalizá-lo. Por exemplo:

7 = 7,0   12 = 12,0   1.568 = 1.568,0

No Capítulo 2, apresentei as potências de 10: 1, 10, 100, 1.000 e assim por diante. Mover o ponto decimal para a *direita* é o mesmo que multiplicar o decimal por uma potência de 10. Por exemplo,

» Mover a vírgula uma posição para a direita é o mesmo que multiplicar por 10.

» Mover a vírgula duas posições para a direita é o mesmo que multiplicar por 100.

» Mover a vírgula três posições para a direita é o mesmo que multiplicar por 1.000.

Similarmente, mover a vírgula para a esquerda é o mesmo que dividir o decimal por uma potência de 10. Por exemplo,

» Mover a vírgula uma posição para a esquerda é o mesmo que dividir por 10.

» Mover a vírgula duas posições para a esquerda é o mesmo que dividir por 100.

» Mover a vírgula três posições para a esquerda é o mesmo que dividir por 1.000.

Para multiplicar um decimal por qualquer potência de 10, conte o número de zeros e desloque a vírgula do mesmo número de posições para a direita. Para dividir um decimal por qualquer potência de 10, conte o número de zeros e mova a vírgula do mesmo número de posições para a esquerda.

Arredondar decimais é similar ao arredondamento de números inteiros (se você precisa de uma recapitulação, veja o Capítulo 1). Geralmente, para arredondar um número para um da posição decimal, foque naquela posição decimal e na posição imediatamente à sua direita; então arredonde como você faria com números inteiros:

» **Arredondar para baixo:** Se o dígito à direita for 0, 1, 2, 3 ou 4, dispense esse dígito e todo dígito à sua direita.

» **Arredondar para cima:** Se o dígito à direita for 5, 6, 7, 8, 9, adicione 1 ao dígito que você está arredondando e então dispense todo dígito à sua direita.

Ao arredondar, pessoas frequentemente se referem a três posições decimais de duas maneiras diferentes — pelo número da posição decimal e pelo nome:

» Arredondar para *uma posição decimal* é o mesmo que arredondar *para o mais próximo décimo*.

» Arredondar para *duas posições decimais* é o mesmo que arredondar *para o mais próximo centésimo*.

» Arredondar para *três posições decimais* é o mesmo que arredondar *para o mais próximo milésimo*.

Ao arredondar para quatro ou mais posições decimais, os nomes ficam longos, então eles não são normalmente utilizados.

EXEMPLO

P. Expanda o decimal 7.358,293.

R. $7.358,293 = 7.000 + 300 + 50 + 8 + \frac{2}{10} + \frac{9}{100} + \frac{3}{1.000}$

P. Simplifique o decimal 0400,0600 removendo todos os zeros à esquerda e à direita, sem remover os zeros de reserva de espaço.

R. **400,06**. O primeiro zero é um zero à esquerda e que aparece à esquerda de um dígito não zero. Os últimos dois zeros são zeros à direita que aparecem à direita de dígitos não zero. Os três zeros remanescentes são reservas de espaço.

P. Multiplique 3,458 × 100.

R. **345,8**. O número 100 tem dois zeros, então para multiplicar por 100, mova a vírgula duas posições para a direita.

P. Divida 29,81 ÷ 10.000.

R. **0,002981**. O número 10.000 tem quatro zeros, então, para dividir por 10.000, mova a vírgula quatro posições para a esquerda.

1. Expanda os seguintes decimais:
(A) 2,7
(B) 31,4
(C) 86,52
(D) 103,759
(E) 1.040,005
(F) 16.821,1384

Resolva

2. Simplifique cada um dos seguintes decimais removendo todos os zeros à esquerda e os zeros à direita, sempre que possível, sem remover os zeros reserva de espaço:
(A) 5,80
(B) 7,030
(C) 90,0400
(D) 9.000,005
(E) 0108,0060
(F) 00100,0102000

Resolva

PARTE 2 **Dividindo as Coisas: Frações, Decimais e Porcentagens**

3. Faça as seguintes multiplicações e divisões decimais, movendo a vírgula pelo número correto de posições:

(A) $7,32 \times 10$

(B) $9,04 \times 100$

(C) $51,6 \times 100.000$

(D) $2,786 \div 1.000$

(E) $943,812 \div 1.000.000$

> Resolva

4. Arredonde cada um dos seguintes decimais para o número de posições indicado:

(A) Arredonde $4,777$ para uma posição decimal.

(B) Arredonde $52,305$ para o mais próximo décimo.

(C) Arredonde $191,2839$ para duas posições decimais.

(D) Arredonde $99,995$ para o mais próximo centésimo.

(E) Arredonde $0,00791$ para três posições decimais.

(F) Arredonde $909,9996$ para o mais próximo milésimo.

> Resolva

Conversões Simples Decimal-Fração

Algumas conversões entre decimais e frações são simples de fazer. As conversões na Tabela 8-1 são todas tão comuns que vale a pena memorizá-las. Você pode também usá-las para converter alguns decimais maiores que um para números mistos e vice-versa.

TABELA 8-1   Equivalência entre Decimais e Frações

Décimos	Oitavos	Quintos	Quartos	Meio
$0,1=\frac{1}{10}$	$0,125=\frac{1}{8}$			
		$0,2=\frac{1}{5}$	$0,25=\frac{1}{4}$	
$0,3=\frac{3}{10}$	$0,375=\frac{3}{8}$			
		$0,4=\frac{2}{5}$		

(continua)

Décimos	Oitavos	Quintos	Quartos	Meio
				$0,5 = \frac{1}{2}$
	$0,625 = \frac{5}{8}$	$0,6 = \frac{3}{5}$		
$0,7 = \frac{7}{10}$			$0,75 = \frac{3}{4}$	
	$0,875 = \frac{7}{8}$	$0,8 = \frac{4}{5}$		
$0,9 = \frac{9}{10}$				

EXEMPLO

P. Converta 13,7 em um número misto.

R. $13\frac{7}{10}$. A parte inteira do número decimal se torna a parte inteira do número misto. Use a tabela de conversão para mudar o restante do decimal (0,7) para uma fração.

P. Mude $9\frac{4}{5}$ para um decimal.

R. **9,8**. A parte inteira do número misto (9) se torna a parte inteira do número decimal. Use a tabela de conversão para mudar a parte fracionária do número misto $\left(\frac{4}{5}\right)$ para um decimal.

5. Converta os seguintes decimais em frações:

(A) 0,7

(B) 0,4

(C) 0,25

(D) 1,125

(E) 0,1

(F) 0,75

Resolva

6. Mude essas frações para decimais:

(A) $\frac{9}{10}$

(B) $\frac{2}{5}$

(C) $\frac{3}{4}$

(D) $\frac{3}{8}$

(E) $\frac{7}{8}$

(F) $\frac{1}{2}$

Resolva

7. Mude estes decimais para números mistos:

(A) 1,6

(B) 3,3

(C) 14,5

(D) 20,75

(E) 100,625

(F) 375,375

Resolva

8. Mude estes números mistos para decimais:

(A) $1\frac{1}{5}$

(B) $2\frac{1}{10}$

(C) $3\frac{1}{2}$

(D) $5\frac{1}{4}$

(E) $7\frac{1}{8}$

(F) $12\frac{5}{8}$

Resolva

Novo Alinhamento: Adicionando e Subtraindo Decimais

Você não deveria perder muito o sono à noite, preocupando-se em adicionar e subtrair decimais, porque é quase tão fácil como adicionar ou subtrair números inteiros. Simplesmente alinhe as vírgulas e então adicione ou subtraia justamente como você faria com números inteiros. A vírgula cai direto em sua resposta.

DICA

Para evitar erros (e fazer seu professor feliz), assegure-se que suas colunas são nítidas. Se você achar útil, preencha as colunas da direita com zeros de modo que todos os números tenham a mesma quantidade de posições decimais. Você pode precisar adicionar esses zeros à direita se você estiver subtraindo um decimal de um número que tenha menos posições decimais.

EXEMPLO

P. Adicione os seguintes decimais: 321,81 + 24,5 + 0,006 = ?

R. 346,316. Posicione os números decimais em coluna (como você faria para adição de coluna), com as vírgulas alinhadas:

```
 321,810
  24,500
+  0,006
```

Note que a vírgula na resposta se alinha com as demais.

Como você pode ver, eu também preenchi as colunas com zeros à direita. Isto é opcional, mas fazê-lo te ajuda a ver como as colunas de alinham.

Agora adicione como você faria somando números inteiros, transportando quando necessário (veja Capítulo 2 para mais sobre transporte na adição):

$$32\overset{1}{1},810$$
$$24,500$$
$$\underline{+0,006}$$
$$346,316$$

P. Subtraia os seguintes decimais: 978,245 − 29,03 = ?

R. **949,215**. Posicione os números decimais um sobre o outro com as vírgulas alinhadas, descendo a vírgula direto na resposta:

$$978,245$$
$$\underline{-29,030}$$

Agora subtraia como você faria subtraindo números inteiros, emprestando quando necessário (veja Capítulo 2 para mais sobre emprestando na subtração):

$$9\overset{6}{\not{7}}\,\overset{1}{8},245$$
$$\underline{-29,030}$$
$$949,215$$

9. Adicione estes decimais: 17,4 + 2,18 = ?

`Resolva`

10. Compute a seguinte adição decimal: 0,0098 + 10,101 + 0,07 + 33 = ?

`Resolva`

11. Adicione os seguintes decimais:
1.000,001 + 75 + 0,03 + 800,2 = ?

Resolva

12. Subtraia estes decimais:
0,748 − 0,23 = ?

Resolva

13. Compute o seguinte: 674,9 − 5,0001.

Resolva

14. Encontre a solução para este problema de subtração decimal:
100,009 − 0,68 = ?

Resolva

Contando Posições Decimais: Multiplicando Decimais

Para multiplicar dois decimais, não se preocupe em alinhar as vírgulas. De fato, para iniciar, ignore-as. Aqui está como a multiplicação funciona:

1. Execute a multiplicação tal como você faria para números inteiros.

2. Quando tiver acabado, conte o número de dígitos à direita da vírgula em cada um dos fatores e some os resultados.

3. Posicione a vírgula em sua resposta, de modo que ela tenha o mesmo número de dígitos após a vírgula.

LEMBRE-SE

Mesmo se o último dígito da resposta for 0, você ainda precisa contá-lo como um dígito para posicionar a vírgula em um problema de multiplicação. Após a vírgula estar posicionada, você pode dispensar os zeros à direita.

CAPÍTULO 8 **Chegando ao Ponto com Decimais**   171

EXEMPLO

P. Multiplique os seguintes decimais: 74,2 × 0,35 = ?

R. 25,97. Ignorando as vírgulas, faça a multiplicação justamente como você faria para números inteiros:

```
   74,2
  ×0,35
  ─────
   3710
 +22260
  ─────
  25970
```

Neste ponto, você está pronto para encontrar onde a vírgula entra na resposta.

Conte o número de posições decimais nos dois fatores (74,2 e 0,35), adicione estes dois números (1 + 2 = 3) e posicione a vírgula decimal de modo que ela tenha três dígitos à sua direita:

```
   74,2  ← 1 dígito após a decimal
  ×0,35  ← 2 dígitos após a decimal
  ─────
   3710
 +22260
  ─────
  25,970 ← 1 + 2 = 3 dígitos após a decimal
```

15. Multiplique estes decimais: 0,635 × 0,42 = ?

Resolva

16. Execute a seguinte multiplicação decimal: 0,675 × 34,8 = ?

Resolva

17. Solucione o seguinte problema de multiplicação: 943 × 0,0012 = ?

Resolva

18. Encontre a solução para esta multiplicação decimal: 1,006 × 0,0807 = ?

Resolva

Pontos em Movimento: Dividindo Decimais

Dividir decimais é similar a dividir números inteiros, exceto que você tem de lidar com a vírgula antes de iniciar a divisão. Aqui está como dividir decimais passo a passo:

1. Mova a vírgula do divisor e do dividendo.

Mude o *divisor* (o número pelo qual você está dividindo) para um número inteiro movendo a vírgula totalmente para a direita. Ao mesmo tempo, mova a vírgula do *dividendo* (o número que você está dividindo) o mesmo número de posições para a direita.

2. Posicione a vírgula no *quociente* (a resposta) diretamente sobre onde a vírgula aparece agora no dividendo.

3. Divida como o usual, tomando cuidado para alinhar o quociente devidamente, de modo que a vírgula fique na posição.

Alinhe cada dígito no quociente justamente acima do último dígito no dividendo utilizado neste ciclo. Volte ao Capítulo 1 se você precisar relembrar sobre divisão longa.

LEMBRE-SE

Assim como a divisão de número inteiro, algumas vezes a divisão decimal não funciona sem deixar um resto no final. Com decimais, porém, você nunca escreve um resto. Em vez disso, adicione zeros à direita para arredondar o quociente para um certo número de posições decimais. O dígito à direita do dígito que você está arredondando te diz se arredonda para cima ou para baixo, assim você sempre tem de descobrir a divisão para uma posição extra (veja "Chegando ao Lugar: Material Decimal Básico" anteriormente neste capítulo para mais sobre como arredondar decimais). Veja o seguinte quadro:

Para arredondar um Decimal para	Complete o Dividendo com Zeros à Direita para
Um número inteiro	Uma posição decimal
Uma posição decimal	Duas posições decimais
Duas posições decimais	Três posições decimais

EXEMPLO

P. Divida o seguinte: 9,152 ÷ 0,8 = ?

R. 11,44. Para começar, escreva o problema como de costume:

0,8)9,152

Mude 0,8 para um número inteiro movendo a vírgula uma posição para a direita. Ao mesmo tempo, mova a vírgula de 9,1526 uma posição para a direita. Coloque sua vírgula no quociente, diretamente acima onde fica em 91,25:

$$8,\overline{)91{,}52}$$

Agora você está pronto para dividir. Apenas seja cuidadoso para linhar o quociente corretamente de modo que a vírgula caia no lugar.

$$
\begin{array}{r}
11{,}44 \\
8,\overline{)91{,}52} \\
\underline{-8} \\
11 \\
\underline{-8} \\
35 \\
\underline{-32} \\
32 \\
\underline{-32} \\
0
\end{array}
$$

P. Divida o seguinte: $21,9 \div 0,015 = ?$

R. **1,460**. Para começar, escreva o problema como de costume:

$$0,015\overline{)21{,}900}$$

Note que adiciono ao dividendo dois zeros à direita. Faço isso porque preciso mover a vírgula três posições para a direita em cada número. Outra vez, coloque a vírgula no quociente, diretamente onde agora aparece o dividendo 21900:

$$15,\overline{)21900,}$$

Agora você está pronto para dividir. Alinhe o quociente corretamente de modo que a vírgula caia no lugar.

$$
\begin{array}{r}
1460, \\
15,\overline{)21900,} \\
\underline{-15} \\
69 \\
\underline{-60} \\
90 \\
\underline{-90} \\
0
\end{array}
$$

Ainda que a divisão saia mesmo depois de escrever o dígito 6 no quociente, você ainda precisa adicionar uma reserva de posição de modo que a vírgula apareça no local correto.

174   PARTE 2 **Dividindo as Coisas: Frações, Decimais e Porcentagens**

19. Divida estes dois decimais:
9,345 ÷ 0,05 = ?

Resolva

20. Solucione a seguinte divisão:
3,15 ÷ 0,021 = ?

Resolva

21. Execute a seguinte divisão decimal, arredondando para uma posição decimal: 6,7 ÷ 10,1.

Resolva

22. Encontre a solução, arredondando para o centésimo mais próximo: 9,13 ÷ 4,25.

Resolva

Decimais para Frações

Algumas conversões de decimais muito comuns para frações são fáceis (veja "Conversões Simples: Decimal-Fração", neste capítulo). Em outros casos, você precisa realizar um pouquinho mais de trabalho. Aqui está como mudar qualquer decimal para uma fração:

1. Crie uma "fração" com o decimal no numerador e 1,0 no denominador.

Isto não é realmente uma fração, porque uma fração sempre tem números inteiros em ambos numerador e denominador, mas você transforma em uma fração no Passo 2.

Ao converter um decimal que é maior que 1 em uma fração, separe a parte inteira do decimal antes de começar; trabalhe somente com a parte decimal. A fração resultante é um número misto.

1. Mova a vírgula no numerador posições suficientes para a direita para torná-lo um número inteiro. E mova a vírgula no denominador o mesmo número de posições.

2. Dispense as vírgulas e quaisquer zeros à direita.

3. Reduza a fração aos menores termos se necessário.

Veja Capítulo 6 para informação sobre redução de frações.

CAPÍTULO 8 **Chegando ao Ponto com Decimais** 175

Um modo rápido de passar uma fração para um decimal é utilizar o nome da menor posição decimal naquele decimal. Por exemplo,

» No decimal 0,3, a menor posição decimal é décimo, então a fração equivalente é $\frac{3}{10}$.

» No decimal 0,29, a menor posição decimal é o centésimo, então a fração equivalente é $\frac{29}{100}$.

» No decimal 0,817, a menor posição decimal é o milésimo, então a fração equivalente é $\frac{817}{1.000}$.

P. Passe o decimal 0,83 para uma fração.

R. $\frac{83}{100}$. Crie uma "fração" com 0,83 no numerador e 1,0 no denominador:

$$\frac{0,83}{1,0}$$

Mova a vírgula em 0,83, duas posições para a direita para transformar em um número inteiro; mova a vírgula no denominador o mesmo número de posições. Eu faço uma posição decimal de cada vez:

$$\frac{0,83}{1,0} = \frac{8,3}{10,0} = \frac{83,0}{100,0}$$

Neste ponto, você pode dispensar as vírgulas e os zeros à direita em ambos numerador e denominador.

P. Passe o decimal 0,0205 para uma fração.

R. $\frac{41}{2.000}$. Crie uma "fração" com 0,0205 no numerador e 1,0 no denominador:

$$\frac{0,0205}{1,0}$$

Mova a vírgula em 0,0205 quatro posições para a direita para transformar em um número inteiro; mova a vírgula no denominador o mesmo número de posições:

$$\frac{0,0205}{1,0}$$
$$= \frac{0,205}{10,0}$$
$$= \frac{02,05}{100,0}$$
$$= \frac{020,5}{1.000,0}$$
$$= \frac{0205,0}{10.000,0}$$

176 PARTE 2 **Dividindo as Coisas: Frações, Decimais e Porcentagens**

Dispense as vírgulas, mais quaisquer zeros à esquerda ou à direita em ambos numerador e denominador.

$$= \frac{205}{10.000}$$

Tanto o numerador quanto o denominador são divisíveis por 5, então reduza esta fração:

$$= \frac{41}{2.000}$$

23. Passe o decimal 0,27 para uma fração.

Resolva

24. Converta o decimal 0,0315 para uma fração.

Resolva

25. Escreva 45,12 como um número misto.

Resolva

26. Mude o decimal 100,001 para um número misto.

Resolva

Frações para Decimais

Para mudar qualquer fração para um decimal, apenas divida o numerador pelo denominador.

Frequentemente você precisa encontrar o valor decimal exato de uma fração. Você pode representar toda fração exatamente como um decimal em terminação ou como um decimal periódico:

» **Decimal com terminação:** um decimal com terminação é simplesmente um decimal que tem uma finita (limitada) quantidade de dígitos. Por exemplo, o decimal 0,125 é um decimal com terminação de 3 dígitos. Similarmente, o decimal 0,9837596944883383 é um decimal com terminação de 16 dígitos.

CAPÍTULO 8 **Chegando ao Ponto com Decimais** 177

» **Decimal periódico:** Um decimal periódico é um decimal que repete os mesmos dígitos para sempre. Por exemplo, o decimal 0,$\overline{7}$ é um decimal periódico. A barra sobre o 7 significa que ele é repetido para sempre: 0,777777777... Similarmente, o decimal 0,34$\overline{591}$ é também um decimal periódico. A barra sobre o 91 significa que esses dois dígitos são repetidos para sempre: 0,345919191919191919...

LEMBRE-SE

Sempre que a resposta de problema de divisão é um decimal periódico, você notará um padrão desenvolvendo como você divide: Quando você subtrai, você encontra os mesmos números aparecendo alternadamente. Quando isto acontece, verifique o quociente para ver se você pode localizar o padrão de repetição e colocar uma barra sobre esses números.

Quando você é solicitado a encontrar o valor decimal exato de uma fração, sinta-se à vontade para agregar zeros à direita ao *dividendo* (o número que você está dividindo) à medida que avança. Continue dividindo até que a divisão ou funcione uniformemente (assim, o quociente é um decimal com terminação) ou desenvolva um padrão repetitivo (assim, é um decimal periódico).

EXEMPLO

P. Converta a fração $\frac{9}{16}$ em um valor decimal exato.

R. **0,5625**. Divida 9 ÷ 16:

$$16\overline{)9{,}000}$$

Como 16 é muito grande para ir com 9, adicionei uma vírgula e alguns zeros à direita do 9. Agora você pode dividir como mostrei antes nesse capítulo:

```
        0,5625
    16)9,0000
       -80
        100
        -96
         40
        -32
         80
        -80
          0
```

P. Qual é o valor decimal exato da fração $\frac{5}{6}$?

R. **0,8$\overline{3}$**. Divida 5 ÷ 6:

Como 6 é muito grande para caber em 5, adicionei uma vírgula e alguns zeros à direita do 5. Agora divida:

$$
\begin{array}{r}
,8333 \\
6\overline{)5,0000} \\
-48 \\
\hline
20 \\
-18 \\
\hline
20 \\
-18 \\
\hline
20 \\
-18 \\
\hline
2
\end{array}
$$

Como você pode ver, um padrão se desenvolveu. Não importa quantos zeros à direita você acrescente, o quociente nunca sairá desse padrão. Em vez disso, o quociente é o decimal periódico $0,08\overline{3}$. A barra acima do 3 indica que o dígito 3 se repete infinitamente: 0,833333333....

27. Mude $\frac{13}{16}$ para um valor decimal exato.

<u>Resolva</u>

28. Expresse $\frac{7}{9}$ exatamente como um decimal.

<u>Resolva</u>

Respostas de Chegando ao Ponto com Decimais

O que segue são as respostas às questões práticas apresentadas neste capítulo.

1. Expanda os seguintes decimais:

   (A) $2,7 = 2 + \dfrac{7}{10}$

   (B) $31,4 = 30 + 1 + \dfrac{4}{10}$

   (C) $86,52 = 80 + 6 + \dfrac{5}{10} + \dfrac{2}{100}$

   (D) $103,759 = 100 + 3 + \dfrac{7}{10} + \dfrac{5}{100} + \dfrac{9}{1.000}$

   (E) $1.040,0005 = 1.000 + 40 + \dfrac{5}{10.000}$

   (F) $16.821,1384 = 10.000 + 6.000 + 800 + 20 + 1 + \dfrac{1}{10} + \dfrac{3}{100} + \dfrac{8}{1.000} + \dfrac{4}{10.000}$

2. Simplifique os seguintes decimais sem remover os zeros reserva de espaço:

   (A) $5,80 = \mathbf{5,8}$

   (B) $7,030 = \mathbf{7,03}$

   (C) $90,0400 = \mathbf{90,04}$

   (D) $9.000,005 = \mathbf{9.000,005}$

   (E) $0108,0060 = \mathbf{108,006}$

   (F) $00100,0102000 = \mathbf{100,0102}$

3. Faça as seguintes multiplicações e divisões:

   (A) $7,32 \times 10 = \mathbf{73,2}$

   (B) $9,04 \times 100 = \mathbf{904}$

   (C) $51,6 \times 100.000 = \mathbf{5.160.000}$

   (D) $183 \div 100 = \mathbf{1,83}$

   (E) $2,786 \div 1.000 = \mathbf{0,002786}$

   (F) $943,812 \div 1.000.000 = \mathbf{0,000943812}$

4. Arredonde cada um dos seguintes decimais para o número de posições indicado:

   (A) Uma posição decimal: $\mathbf{4,8}$

   (B) Décimo mais próximo: $\mathbf{52,3}$

   (C) Duas posições decimais: $\mathbf{191,28}$

(D) Centésimo mais próximo: 99.99<u>5</u> → **100,00**

(E) Três posições decimais: 0,00<u>791</u> → **0,008**

(F) Milésimo mais próximo: 909,99<u>96</u> → **910,000**

5. Converta os decimais em frações:

(A) $0,7 = \dfrac{7}{10}$

(B) $0,4 = \dfrac{2}{5}$

(C) $0,25 = \dfrac{1}{4}$

(D) $0,125 = \dfrac{1}{8}$

(E) $0,1 = \dfrac{1}{10}$

(F) $0,75 = \dfrac{3}{4}$

6. Mude as frações para decimais:

(A) $\dfrac{9}{10} = \mathbf{0,9}$

(B) $\dfrac{2}{5} = \mathbf{0,4}$

(C) $\dfrac{3}{4} = \mathbf{0,75}$

(D) $\dfrac{3}{8} = \mathbf{0,375}$

(E) $\dfrac{7}{8} = \mathbf{0,875}$

(F) $\dfrac{1}{2} = \mathbf{0,5}$

7. Mude os decimais para números mistos:

(A) $1,6 = \mathbf{1\dfrac{3}{5}}$

(B) $3,3 = \mathbf{3\dfrac{3}{10}}$

(C) $14,5 = \mathbf{14\dfrac{1}{2}}$

(D) $20,75 = \mathbf{20\dfrac{3}{4}}$

(E) $100,625 = \mathbf{100\dfrac{5}{8}}$

(F) $375,375 = \mathbf{375\dfrac{3}{8}}$

8. Mude os números mistos para decimais:

(A) $1\dfrac{1}{5} = \mathbf{1,2}$

(B) $2\dfrac{1}{10} = \mathbf{2,1}$

(C) $3\dfrac{1}{2} = \mathbf{3,5}$

(D) $5\frac{1}{4} = \mathbf{5,25}$

(E) $7\frac{1}{8} = \mathbf{7,125}$

(F) $12\frac{5}{8} = \mathbf{12,625}$

9. $17,4 + 2,18 = \mathbf{19,58}$. Posicione os números em forma de coluna como você faria para adicionar com números inteiros, mas com as vírgulas alinhadas. Eu preenchi as colunas com zeros à direita para ajudar a mostrar como as colunas se alinham:

$$17,40$$
$$\underline{+2,18}$$
$$19,58$$

Note que a vírgula da resposta se alinha com as demais.

10. $0,0098 + 10,101 + 0,07 + 33 = \mathbf{43,1808}$. Alinhe as vírgulas e faça a adição em coluna:

$$\overset{1}{,0}098$$
$$10,1010$$
$$,0700$$
$$\underline{+33,0000}$$
$$43,1808$$

11. $1.000,001 + 75 + 0,03 + 800,2 = \mathbf{1.875,231}$. Posicione os números decimais em coluna, alinhando as vírgulas:

$$1.000,001$$
$$75,000$$
$$0,030$$
$$\underline{+800,200}$$
$$1.875,231$$

12. $0,748 - 0,23 = \mathbf{0,518}$. Posicione o primeiro número acima do segundo, com as vírgulas alinhadas. Eu também adicionei zeros à direita ao segundo número para preencher o lado direito da coluna e enfatizar como as colunas se alinham:

$$0,748$$
$$\underline{-0,230}$$
$$0,518$$

Note que a vírgula da resposta se alinha com as demais.

13. $674,9 - 5,0001 = \mathbf{669,8999}$. Posicione o primeiro número acima do segundo, com as vírgulas alinhadas. Eu também adicionei zeros à direita ao lado direito da coluna, assim posso completar o cálculo:

$$
\begin{array}{r}
6\ \overset{6}{\cancel{7}}\ 4,\ \overset{8}{\cancel{9}}\ \overset{9}{\cancel{0}}\ \overset{9}{\cancel{0}}\ \overset{1}{0} \\
-5,\ 0\ \ 0\ \ 0\ \ 1 \\
\hline
6\ 6\ 9,\ 8\ 9\ 9\ 9
\end{array}
$$

14. 100,009 − 0,68 = **99,329.** Posicione o primeiro número acima do segundo, com as vírgulas alinhadas:

$$
\begin{array}{r}
\overset{0}{\cancel{1}}\ \overset{1}{\cancel{0}}\ \overset{9}{\cancel{0}},\ \overset{9}{\cancel{0}}\ \overset{1}{0}\ 9 \\
-0,\ 6\ 8\ 0 \\
\hline
9\ 9,\ 3\ 2\ 9
\end{array}
$$

15. 0,635 × 0,42 = **0,2667.** Posicione o primeiro número acima do segundo, ignorando as vírgulas. Complete a multiplicação como você faria para números inteiros:

$$
\begin{array}{r}
0,635 \leftarrow 3 \text{ dígitos após a vírgula} \\
\times 0,42 \leftarrow 2 \text{ dígitos após a vírgula} \\
\hline
1270 \\
+25400 \\
\hline
0,26670 \leftarrow 3 + 2 = 5 \text{ dígitos após a vírgula}
\end{array}
$$

Neste ponto, você está pronto para encontrar onde vai a vírgula na resposta. Conte o número de posições decimais dos dois fatores, adicione estes dois números (3 + 2 = 5), e posicione a vírgula de modo que a resposta tenha cinco dígitos depois dela. Após ter posicionado a vírgula (mas não antes!), você pode dispensar o zero à direita.

16. 0,675 × 34,8 = **23,49.** Ignore as vírgulas e simplesmente posicione o primeiro número acima do segundo. Complete a multiplicação como você faria para números inteiros:

$$
\begin{array}{r}
0,675 \\
\times 34,8 \\
\hline
5400 \\
27000 \\
+202500 \\
\hline
23,4900
\end{array}
$$

Conte o número de posições decimais dos dois fatores, adicione estes dois números (3 + 1 = 4) e posicione a vírgula de modo que a resposta tenha quatro dígitos depois dela. Por último, você pode dispensar os zeros à direita.

CAPÍTULO 8 **Chegando ao Ponto com Decimais**

17. $943 \times 0{,}0012 = \mathbf{1{,}1316}$. Complete a multiplicação como você faria para números inteiros:

$$943 \leftarrow 0 \text{ dígitos após a vírgula}$$
$$\times 0{,}0012 \leftarrow 4 \text{ dígitos após a vírgula}$$
$$1886$$
$$+\,9430$$
$$\overline{1{,}1316} \leftarrow 0 + 4 = 4 \text{ dígitos após a vírgula}$$

Zero dígitos vêm após a vírgula no primeiro número, e você tem quatro posições decimais após a vírgula no segundo número. Para um total de 4 (0 + 4 = 4); posicione a vírgula de modo que a resposta tenha quatro dígitos depois dela.

18. $1{,}006 \times 0{,}0807 = \mathbf{0{,}0811842}$. Complete a multiplicação como você faria para números inteiros:

$$1{,}006 \leftarrow 3 \text{ dígitos após a vírgula}$$
$$\times 0{,}0807 \leftarrow 4 \text{ dígitos após a vírgula}$$
$$7042$$
$$+\,804800$$
$$\overline{0{,}0811842} \leftarrow 3 + 4 = 7 \text{ dígitos após a vírgula}$$

Você tem um total de sete dígitos após a vírgula nos dois fatores — três no primeiro e quatro no segundo (3 + 4 = 7) — então posicione a vírgula de modo que a resposta tenha sete dígitos depois dela. Note que, neste caso, eu preciso criar uma posição decimal extra, adicionando um 0 à esquerda.

19. $9{,}345 \div 0{,}05 = \mathbf{186{,}9}$. Para iniciar, escreva o problema como de costume:

$$0{,}05\overline{)9{,}345}$$

Passe o divisor (0,05) para um número inteiro movendo a vírgula duas posições para a direita. Ao mesmo tempo, mova a vírgula do dividendo (9,345) duas posições para a direita. Posicione a vírgula no quociente diretamente acima onde aparece no dividendo:

$$5{,}\overline{)934{,}5}$$

Agora você está pronto para dividir. Cuidado para alinhar o quociente corretamente de modo que a vírgula fique no lugar:

$$5,\overline{)934,5}^{\,186,9}$$

$$\begin{array}{r} 186,9 \\ 5,\overline{)934,5} \\ -5 \\ \hline 43 \\ -40 \\ \hline 34 \\ -30 \\ \hline 45 \\ -45 \\ \hline 0 \end{array}$$

20. $3,15 \div 0,021 = \mathbf{150}$. Escreva o problema como de costume:

$$0,021\overline{)3,15}$$

Você precisa mover a vírgula no divisor (0,021) três posições para a direita, então adicione um zero à direita ao dividendo (3,15) para estendê-lo para três posições decimais:

$$0,021\overline{)3,150}$$

Você pode mover ambas as vírgulas três posições para a direita. Posicione a vírgula no quociente acima daquela no dividendo:

$$21,\overline{)3150,}$$

Divida, cuidando para alinhar o quociente corretamente:

$$\begin{array}{r} 150, \\ 21\overline{)3150,} \\ -21 \\ \hline 105 \\ -105 \\ \hline 0 \end{array}$$

Lembre-se de inserir um zero de reserva de posição no quociente, de modo que a vírgula acabe na posição correta.

21. $6,7 \div 10,1 = \mathbf{0,7}$. Para iniciar, escreva o problema como de costume:

$$10,1\overline{)6,7}$$

Passe o divisor (10,1) para um número inteiro movendo a vírgula uma posição para a direita. Ao mesmo tempo, mova a vírgula no dividendo (6,7) uma posição para a direita:

$$101,\overline{)67,}$$

CAPÍTULO 8 **Chegando ao Ponto com Decimais** 185

O problema pede para arredondar o quociente para uma posição decimal, então preencha duas posições do dividendo com dois zeros à direita:

$$101,\overline{)67{,}00}$$

Agora você está pronto para dividir:

$$
\begin{array}{r}
0{,}66 \\
101,\overline{)67{,}00} \\
-606 \\
\hline
640 \\
-606 \\
\hline
34
\end{array}
$$

Arredonde o quociente para uma posição decimal:

$$0{,}\underline{66} \to 0{,}7$$

22. $9{,}13 \div 4{,}25 = \mathbf{2{,}15}.$ Primeiro, escreva o problema como de costume:

$$4{,}25\overline{)9{,}13}$$

Passe o divisor (4,25) para um número inteiro movendo a vírgula duas posições para a direita. Ao mesmo tempo, mova a vírgula no dividendo (9,13) duas posições para a direita:

$$425\overline{)913,}$$

O problema pede para arredondar o quociente para o centésimo mais próximo, então preencha três posições do dividendo com três zeros à direita:

$$425,\overline{)913{,}000}$$

Agora, divida cuidadosamente alinhando o quociente:

$$
\begin{array}{r}
2{,}148 \\
425,\overline{)913{,}000} \\
-850 \\
\hline
630 \\
-425 \\
\hline
2050 \\
-1700 \\
\hline
3500 \\
-3400 \\
\hline
100
\end{array}
$$

Arredonde o quociente para o centésimo mais próximo:

$$2,1\underline{48} \to 2,15$$

23. $0,27 = \dfrac{27}{\textbf{100}}$. Crie uma "fração" com 0,27 no numerador e 1,0 no denominador. Então mova a vírgula para a direita até que ambos, numerador e denominador, sejam números inteiros:

$$\frac{0,27}{1,0} = \frac{2,7}{10,0} = \frac{27,0}{100,0}$$

Neste ponto, você pode dispensar a vírgula e os zeros à direita.

24. $0,0315 = \dfrac{63}{\textbf{2.000}}$. Crie uma "fração" com 0,0315 no numerador e 1,0 no denominador. Então mova a vírgula em ambos, numerador e denominador, para a direita uma posição de cada vez. Continue até que ambos sejam números inteiros:

$$\frac{0,0315}{1,0} = \frac{0,315}{10,0} = \frac{3,15}{100,0} = \frac{31,5}{1.000,0} = \frac{315,0}{10.000,0}$$

Dispense as vírgulas e os zeros à direita. O numerador e o denominador são ambos divisíveis por 5, então reduza a fração:

$$\frac{315}{10.000} = \frac{63}{2.000}$$

25. $45,12 = 45\,\dfrac{3}{25}$. Antes que você comece, separe a parte de número inteiro do decimal (45). Crie uma "fração" com 0,12 no numerador e 1,0 no denominador. Mova a vírgula em ambos, numerador e denominador, para a direita até que ambos sejam números inteiros:

$$\frac{0,12}{1,0} = \frac{1,2}{10,0} = \frac{12,0}{100,0}$$

Dispense as vírgulas e os zeros à direita. Como o numerador e o denominador são ambos divisíveis por 2 (isto é, números pares), você pode reduzir esta fração:

$$\frac{12}{100} = \frac{6}{50} = \frac{3}{25}$$

Para finalizar, acrescente a parte de número inteiro que você separou no início.

26. $100,001 = \mathbf{100\dfrac{1}{1.000}}$. Separe a parte de número inteiro do decimal (100) e crie uma "fração" com 0,001 no numerador e 1,0 no denominador. Mova a vírgula em ambos, numerador e denominador, para a direita, uma posição de cada vez, até que ambos sejam números inteiros:

$$\frac{0,001}{1,0} = \frac{0,01}{10,0} = \frac{0,1}{100,0} = \frac{1,0}{1.000,0}$$

Dispense as vírgulas e os zeros à direita e acrescente a parte de número inteiro com a qual você iniciou:

$$100\frac{1}{1.000}$$

27. $\dfrac{13}{16} = \mathbf{0,8125}$. Divida 13 ÷ 16, acrescentando vários zeros à direita do 13:

$$
\begin{array}{r}
0,8125 \\
16\overline{)13,00000} \\
-128 \\
\hline
20 \\
-16 \\
\hline
40 \\
-32 \\
\hline
80 \\
-80 \\
\hline
0
\end{array}
$$

Esta divisão eventualmente termina, assim o quociente é um decimal com terminação.

28. $\dfrac{7}{9} = \mathbf{0,\overline{7}}$. Divida 7 ÷ 9, acrescentando vários zeros à direita ao 7:

$$
\begin{array}{r}
0,77 \\
9\overline{)7,000} \\
-63 \\
\hline
70 \\
-63 \\
\hline
70
\end{array}
$$

Um padrão se desenvolveu na subtração: 70 − 63 = 7, assim, quando você trouxer para baixo o próximo 0, você terá 70 outra vez. Portanto, o quociente é um decimal periódico.

188   PARTE 2 **Dividindo as Coisas: Frações, Decimais e Porcentagens**

NESTE CAPÍTULO

Conversão entre percentuais e decimais

Alternando entre percentuais e frações

Solucionando todos os três tipos de problemas percentuais

Capítulo 9

Jogando com as Porcentagens

omo frações e decimais (que vimos nos Capítulos 6, 7 e 8), porcentagens são uma maneira de descrever partes de um todo. A palavra *percentual* literalmente significa "por 100", mas, na prática, significa "de 100". Assim, quando eu digo 50% de minhas camisas são azuis, quero dizer 50 das 100 — isto é, metade delas — são azuis. Certamente, você não precisa realmente ter tantas camisas quanto eu afirmo para fazer esta declaração. Se você possui 8 camisas e 50% delas são azuis, então você tem 4 camisas azuis.

Neste capítulo, vou mostrar como converter percentuais para e de decimais e frações. Na última seção, te mostro como traduzir problemas de porcentagem para equações para solucionar os três principais tipos de problemas de porcentagem. Torne-se íntimo das porcentagens e você será capaz de descobrir descontos, taxas de vendas, gorjetas para garçons, e meu favorito: juros sobre o dinheiro no banco.

Convertendo Porcentagens em Decimais

Porcentagens e decimais são formas muito similares, então tudo que você conhece de decimais (veja Capítulo 8) se transfere quando você está trabalhando com porcentagens. Tudo o que você precisa fazer é converter sua porcentagem em decimal, e você está bom para isso.

Para mudar um número inteiro percentual para decimal, simplesmente substitua o símbolo de porcentagem pela vírgula e a mova duas posições para a esquerda; após isto, você pode dispensar quaisquer zeros à direita. Aqui estão algumas conversões comuns entre porcentagens e decimais:

100% = 1	75% = 0,75	50% = 0,5
25% = 0,25	20% = 0,2	10% = 0,1

Algumas vezes uma porcentagem já tem uma vírgula. Neste caso, apenas dispense o símbolo de porcentagem e mova a vírgula duas posições para a esquerda. Por exemplo: 12,5% = 0,125

EXEMPLO

P. Mude 80% para um decimal.

R. **0,8.** Substitua o símbolo de porcentagem por uma vírgula — passando 80% para 80, —então mova a vírgula duas posições para a esquerda:

80% = 0,80

No fim, você pode dispensar o zero à direita, para ter 0,8.

P. Mude 37,5% para um decimal.

R. **0,375.** Dispense o símbolo de porcentagem e mova a vírgula duas posições para a esquerda:

37,5% = 0,375

1. Mude 90% para decimal.

Resolva

2. Uma taxa de juros comum sobre um investimento tem como limite 4%. Converta 4% para decimal.

Resolva

3. Encontre o decimal equivalente de 99,44%.

Resolva

4. O que são 243,1% expressos como um decimal?

Resolva

Mudando Decimais para Porcentagens

Calcular com porcentagens é o mais fácil quando você converte para decimais primeiro. Quando você tiver feito o cálculo, de qualquer maneira, você frequentemente precisará mudar sua resposta de um decimal de volta para uma porcentagem. Isto é especialmente verdade quando você está trabalhando com taxas de juros, taxas, ou a probabilidade de uma grande nevasca na noite anterior a uma grande prova. Todos esses números são mais comumente expressos com porcentagens.

Para mudar um decimal para uma porcentagem, mova a vírgula duas posições para a direita e junte um símbolo de porcentagem. Se o resultado for um número inteiro, você pode dispensar a vírgula.

EXEMPLO

P. Mude 0,6 para uma porcentagem.

R. 60%. Mova a vírgula duas posições para a direita e inclua o sinal de porcentagem:

0,6 = 60%

5. Converta 0,57 para uma porcentagem.

Resolva

6. O que são 0,3 expressos como uma porcentagem?

Resolva

CAPÍTULO 9 Jogando com as Porcentagens   191

7. Mude 0,015 para uma porcentagem.
Resolva

8. Expresse 2,222 como uma porcentagem.
Resolva

Alternando de Porcentagens para Frações

Algumas porcentagens são fáceis de converter para frações. Aqui estão algumas conversões rápidas que valem a pena conhecer:

$1\% = \frac{1}{100}$ $5\% = \frac{1}{20}$ $10\% = \frac{1}{10}$ $20\% = \frac{1}{5}$

$25\% = \frac{1}{4}$ $50\% = \frac{1}{2}$ $75\% = \frac{3}{4}$ $100\% = 1$

Além destas simples conversões, mudar uma porcentagem para uma fração não é uma habilidade que você provavelmente usará muito fora de um curso de matemática. Decimais são muito mais fáceis para se trabalhar.

Contudo, professores frequentemente te testam nessa habilidade para assegurar que entende as entradas e as saídas de porcentagens, então aqui está o escopo sobre a conversão de porcentagens para frações: Para mudar uma porcentagem para uma fração, use a porcentagem sem a vírgula como o *numerador* (número de cima) da fração e use 100 como o *denominador* (número de baixo). Quando necessário, reduza esta fração aos menores termos ou passe-a para um número misto. (Para recapitular sobre redução de frações, veja o Capítulo 6.)

EXEMPLO

P. Mude 35% para uma fração.

R. $\frac{7}{20}$. Coloque 35 no numerador e 100 no denominador:

$35\% = \frac{35}{100}$

Você pode reduzir esta fração, porque o numerador e o denominador são ambos divisíveis por 5:

$\frac{7}{20}$

9. Mude 19% para uma fração.

Resolva

10. Uma taxa de juros comum sobre cartões de crédito e outros tipos de empréstimos é de 8%. O que são 8% expressos como uma fração?

Resolva

11. Troque 123% para uma fração.

Resolva

12. Converta 375% para uma fração.

Resolva

Convertendo Frações para Porcentagens

Saber fazer algumas simples conversões de frações para porcentagens é uma habilidade útil do mundo real. Aqui estão algumas das conversões mais comuns.

$$\frac{1}{100} = 1\% \qquad \frac{1}{20} = 5\% \qquad \frac{1}{10} = 10\% \qquad \frac{1}{5} = 20\%$$

$$\frac{1}{4} = 25\% \qquad \frac{1}{2} = 50\% \qquad \frac{3}{4} = 75\% \qquad 1 = 100\%$$

Além dessas, você provavelmente não precisará converter uma fração para uma porcentagem fora de uma curso de matemática. Mas ser aprovado no curso é importante, assim nesta seção te mosto como fazer este tipo de conversão.

Converter uma fração para uma porcentagem é um processo de dois passos:

1. **Converta a fração para um decimal, como mostrei no Capítulo 8.**

   Em alguns problemas, o resultado deste passo pode ser um decimal periódico. Tudo bem — neste caso, a porcentagem também conterá um decimal periódico.

2. **Converta o decimal para uma porcentagem.**

   Mova a vírgula duas posições para a direita e adicione o símbolo de porcentagem.

P. Mude a fração $\frac{1}{9}$ para uma porcentagem.

R. $11,\bar{1}\%$. Primeiro, mude $\frac{1}{9}$ para um decimal:

$$\begin{array}{r} 0{,}111 \\ 9\overline{)1{,}000} \\ -9 \\ \hline 10 \\ -9 \\ \hline 10 \\ -9 \\ \hline 1 \end{array}$$

O resultado é o decimal periódico $0,\bar{1}$. Agora mude este decimal periódico para porcentagem:

$$0,\bar{1} = 11,\bar{1}\%$$

13. Expresse $\frac{2}{5}$ como uma porcentagem.

Resolva

14. Mude $\frac{3}{20}$ para uma porcentagem.

Resolva

15. Converta $\frac{7}{8}$ para uma porcentagem.

Resolva

16. Mude $\frac{2}{11}$ para uma porcentagem.

Resolva

Solucionando uma Variedade de Problemas de Porcentagem Usando Equações Literais

Nesta seção, vou mostrar como reconhecer os três principais tipos de problemas de porcentagem. Assim, vou mostrar como solucionar todos, usando equações literais.

Problemas de porcentagem te dão duas partes de informação e te pedem para encontrar a terceira parte. Estas são as três partes — e os tipos de perguntas que pedem cada parte:

» **A porcentagem:** O problema pode te dar os números inicial e o final e te pedir para encontrar a porcentagem. Aqui estão algumas maneiras como este problema pode ser perguntado:

?% de 4 é 1.

Qual porcentagem de 4 é 1?

1 é qual porcentagem de 4?

A resposta é 25%, porque 25% × 4 = 1.

» **O número inicial:** O problema pode te dar a porcentagem e o número final e te pedir para encontrar o número inicial:

10% de ? é 40

10% de qual número é 40?

40 é 10% de qual número?

Desta vez, a resposta é 400, porque 10% × 400 = 40.

CAPÍTULO 9 **Jogando com as Porcentagens** 195

> **O número final:** O tipo mais comum de problema de porcentagem te dá a porcentagem e um número inicial e te pede para descobrir o número final:
>
> *50% de 6 é?*
>
> *50% de 6 é igual a qual número?*
>
> *Você pode encontrar 50% de 6?*
>
> Não importa como eu o enunciei, note que o problema sempre inclui *50% de 6*. A resposta é 3, porque 50% × 6 = 3.

LEMBRE-SE

Cada tipo de problema de porcentagem te dá *duas* partes da informação e te pede para encontrar a terceira. Coloque a informação em uma equação, seguindo as traduções das palavras para símbolos:

Qual (número) → n

é → =

por cento → × 0,01

de → ×

EXEMPLO

P. Coloque o enunciado 25% de 12 é 3 em uma equação.

R. **25 × 0,01 × 12 = 3.**

Esta é uma tradução direta, como segue:

25	5%	de	12	é	3
25	×0,01	×	12	=	3

P. Quanto é 18% de 90?

R. **16,2.** Traduza o problema para uma equação:

Quanto	é	18	%	de	90
n	=	18	×0,01	×	90

Solucione esta equação:

$n = 18 \times 0{,}01 \times 90 = 16{,}2$

17. Coloque o enunciado *20% de 350 é 70* em uma equação. Verifique sua resposta simplificando a equação.

Resolva

18. Qual porcentagem de 150 é 25,5?

Resolva

19. Quanto é 79% de 11?

Resolva

20. 30% de qual número é 10?

Resolva

Respostas de Jogando com as Porcentagens

O que segue são as respostas às questões práticas apresentadas neste capítulo.

1. **0,9**. Substitua o símbolo de porcentagem por uma vírgula e então mova-a duas posições para a esquerda:

   90% = 0,90

   No fim, dispense o zero à direita para ter 0,9.

2. **0,04**. Substitua o símbolo de porcentagem por uma vírgula e então mova-a duas posições para a esquerda:

   4% = 0,04

3. **0,9944**. Dispense o símbolo de porcentagem e mova a vírgula duas posições para a esquerda:

   99,44% = 0,9944

4. **2,431**. Dispense o símbolo de porcentagem e mova a vírgula duas posições para a esquerda:

   243,1% = 2,431

5. **57%**. Mova a vírgula duas posições para a direita e adicione o símbolo de porcentagem:

   0,57 = 057%

   No final, dispense o zero à esquerda para ter 57%.

6. **30%**. Mova a vírgula duas posições para a direita e adicione o símbolo de porcentagem:

   0,3 = 030%

   No final, dispense o zero à esquerda para ter 30%.

7. **1,5%**. Mova a vírgula duas posições para a direita e adicione o símbolo de porcentagem:

   0,015 = 01,5%

   No final, dispense o zero à esquerda para ter 1,5%.

8. **222,2%**. Mova a vírgula duas posições para a direita e adicione o símbolo de porcentagem:

$$2,222 = 222,2\%$$

9. $\dfrac{19}{100}$. Coloque 19 no numerador e 100 no denominador.

10. $\dfrac{2}{25}$. Coloque 8 no numerador e 100 no denominador:

$$\frac{8}{100}$$

Você pode reduzir esta fração dividindo por 2, duas vezes:

$$= \frac{4}{50} = \frac{2}{25}$$

11. $1\dfrac{23}{100}$. Coloque 123 no numerador e 100 no denominador:

$$\frac{123}{100}$$

Você pode passar esta fração imprópria para um número misto:

$$= 1\frac{23}{100}$$

12. $3\dfrac{3}{4}$. Coloque 375 no numerador e 100 no denominador:

$$\frac{375}{100}$$

Mude esta fração imprópria para um número misto:

$$= 3\frac{75}{100}$$

Reduza a parte fracionária deste número misto, primeiro dividindo por 5 e em seguida por outro 5:

$$= 3\frac{15}{20} = 3\frac{3}{4}$$

13. **40%**. Primeiro, mude $\dfrac{2}{5}$ para um decimal:

$$2,0 \div 5 = 0,4$$

Agora mude 0,4 para uma porcentagem movendo a vírgula duas posições para a direita e adicionando o símbolo de porcentagem.

$$0,4 = 40\%$$

14. **14%**. Primeiro, mude para um decimal:

$$3,00 \div 20 = 0,15$$

Então mude 0,15 para uma porcentagem:

$$0,15 = 15\%$$

15. **87,5%**. Primeiro, mude para um decimal:

$$7,000 \div 8 = 0,875$$

Agora mude 0,875 para uma porcentagem:

$$0,875 = 87,5\%$$

16. **18,$\overline{18}$%**. Primeiro, mude $\frac{2}{11}$ para um decimal:

$$
\begin{array}{r}
0,1818 \\
11{\overline{)2,0000}} \\
-\;11 \\ \hline
90 \\
-\;88 \\ \hline
20 \\
-\;11 \\ \hline
90 \\
-\;88 \\ \hline
2
\end{array}
$$

O resultado é um decimal periódico $0,\overline{18}$. Agora mude este decimal periódico para uma porcentagem:

$$0,\overline{18} = 18,\overline{18}\%$$

17. $20 \times 0,01 \times 350 = $ **70**.

Transforme o problema em uma equação:

20	por cento	de	350	é	70
20	$\times 0,01$	$\times$	350	$=$	70

Verifique esta equação:

$$20 \times 0,01 \times 350 = 70$$
$$0,2 \times 350 = 70$$
$$70 = 70$$

18. **17%**.

Transforme o problema em uma equação:

Qual	por cento	de	150	é	25,5
n	$\times\, 0,01$	$\times$	150	$=$	25,5

Solucione a equação para n:

$$n \times 0,01 \times 150 = 25,5$$
$$1,5n = 25,5$$
$$\frac{1,5n}{1,5} = \frac{25,5}{1,5}$$
$$n = 17$$

19. **8,69**.

Transforme o problema em uma equação:

Quanto	é	79	%	de	11
n	$=$	79	$\times\, 0,01$	$\times$	11

Para achar a resposta, solucione a equação para n:

$$n = 79 \times 0,01 \times 11 = 8,69$$

20. **$33,\overline{3}$**.

Transforme o problema em uma equação:

30	%	de	qual número	é	10
30	$\times\, 0,01$	$\times$	n	$=$	10

Solucione para n:

$$30 \times 0,01 \times n = 10$$
$$0,3n = 10$$
$$\frac{0,3n}{0,3} = \frac{10}{0,3}$$
$$n = 33,\overline{3}$$

A resposta é um decimal periódico $33,\overline{3}$.

CAPÍTULO 9 **Jogando com as Porcentagens**

202   PARTE 2 **Dividindo as Coisas: Frações, Decimais e Porcentagens**

3
Um Passo Gigante Adiante: Tópicos Intermediários

NESTA PARTE . . .

Entenda como notação científica te permite representar números muito grandes e muito pequenos de maneira simples.

Trabalhe com pesos e medidas usando ambos sistemas, o Inglês e o métrico.

Solucione problemas básicos de geometria envolvendo ângulos, formas e sólidos.

Use o gráfico *xy*.

NESTE CAPÍTULO

Entendendo potências de dez

Multiplicando e dividindo potências de dez

Convertendo número para e fora de notação científica

Multiplicando e dividindo em notação científica

Capítulo 10

Procurando uma Potência Maior por meio da Notação Científica

Potências de dez — o número 10 multiplicado por ele mesmo qualquer quantidade de vezes — formam a base do sistema numérico Hindu Arábico (o sistema numérico decimal) com o qual você está familiarizado. No Capítulo 1, você descobre como este sistema utiliza zeros como reservas de posição, te dando a casa das unidades, a casa das dezenas, a casa das dezenas de trilhões e assim vai. Este sistema trabalha bem para números relativamente pequenos, mas como os números crescem, usar zeros se torna incômodo. Por exemplo, dez quintilhões é representado com o número 10.000.000.000.000.000.000.

Similarmente, no Capítulo 8, você também encontra zeros que trabalham como reservas de espaço em decimais. Neste caso, o sistema trabalha bem para decimais que não são excessivamente precisos, mas se torna inconveniente quando você necessita de um alto nível de precisão. Por exemplo, 2 *trilionésimos* são representados com decimal assim: 0,000000000002.

E, realmente, pessoas estão ocupadas, então quem tem tempo para escrever todos esses espaços reservados de zeros quando elas podem estar olhando pássaros, assando uma torta, desenvolvendo um sistema de segurança robô--tubarão, ou alguma coisa que é mais divertida? Bem, agora nós podemos saltar alguns daqueles zeros e dedicar teu tempo a atividades mais importantes. Neste capítulo, você descobrirá a *notação científica* como um modo conveniente de escrever números muito grandes e decimais muito pequenos. Não surpreendentemente, notação científica é mais comumente utilizada em ciências em que grandes números e decimais precisos se apresentam todo o tempo.

Na Contagem de Zero: Entendendo Potências de Dez

Como você descobriu no Capítulo 2, elevar um número a uma potência é multiplicar o número na base (o número de baixo) por ele mesmo, tantas vezes quantas indicadas pelo expoente (o número de cima). Por exemplo, $2^3 = 2 \times 2 \times 2 = 8$.

Potências frequentemente tomam um longo tempo porque os números crescem muito rapidamente. Por exemplo, 7^6 pode parecer pequeno, mas é igual a 117.649. Porém, as mais fáceis potências para calcular são as potências com uma base de 10 — chamadas, naturalmente, as *potências de dez*. Você pode escrever toda *potência de dez* de duas maneiras:

>> **Notação Padrão:** Como um número, tal como 100.000.000

>> **Notação Exponencial:** Como um número 10 elevado a uma potência, tal como 10^8.

DICA

Potências de dez são fáceis de detectar, porque, em notação padrão, toda potência de dez é simplesmente o dígito 1 seguido por todos os zeros. Para elevar 10 a potência de qualquer número, apenas escreva um 1 com aquele número de 0 após ele. Por exemplo,

$10^0 = 1$ 1 sem nenhum 0

$10^1 = 10$ 1 com um 0

$10^2 = 100$ — 1 com dois 0

$10^3 = 1.000$ — 1 com três 0

Para passar do padrão para a notação exponencial, você simplesmente conta os zeros e usa esse número como expoente sobre o número 10.

Você pode sempre elevar 10 a potência de um número negativo. O resultado dessa operação é sempre um decimal, com os zeros vindo antes do 1. Por exemplo,

$10^{-1} = 0,1$ — 1 com um 0

$10^{-2} = 0,01$ — 1 com dois 0

$10^{-3} = 0,001$ — 1 com três 0

$10^{-4} = 0,0001$ — 1 com quatro 0

Quando se expressa uma potência negativa de dez na forma padrão, sempre conte o zero à esquerda — isto é, o 0 à esquerda da vírgula. Por exemplo, $10^{-3} = 0,001$ tem três zeros, contando o zero à esquerda.

P. Escreva 10^6 em notação padrão.

R. **1.000.000.** O expoente é 6, então a notação padrão é um 1 com seis 0 após ele.

P. Escreva 100.000 em notação exponencial.

R. 10^5. O número 100.000 tem cinco 0, assim a notação exponencial tem 5 como expoente.

P. Escreva 10^{-5} em notação padrão.

R. **0,00001.** O expoente é -5, assim, na notação padrão, é um decimal com cinco 0 (incluindo o zero à esquerda) seguidos por um 1.

P. Escreva 0,0000001 em notação exponencial.

R. 10^{-7}. O decimal possui sete 0 (incluindo o zero à esquerda), então a notação exponencial tem -7 como expoente.

1. Escreva cada uma das potências de dez em notação padrão:

(A) 10^4

(B) 10^7

(C) 10^{14}

(D) 10^{22}

Resolva

2. Escreva cada uma das potências de dez em notação exponencial:

(A) 1.000.000.000

(B) 1.000.000.000.000

(C) 10.000.000.000.000.000

(D) 100.000.000.000.000.000.000.0 00.000.000.000

Resolva

3. Escreva cada uma das potências de dez em notação padrão:

(A) 10^{-1}

(B) 10^{-5}

(C) 10^{-11}

(D) 10^{-16}

Resolva

4. Escreva cada uma das potências de dez em notação exponencial:

(A) 0,01

(B) 0,000001

(C) 0,000000000001

(D) 0,000000000000000001

Resolva

208   PARTE 3 **Um Passo Gigante Adiante: Tópicos Intermediários**

Aritmética Exponencial: Multiplicando e Dividindo Potências de Dez

DICA

Multiplicar e dividir potências de dez é um piscar de olhos, porque você não tem de fazer absolutamente nenhuma multiplicação ou divisão — nada mais é que simples adição e subtração:

» **Multiplicação:** Para multiplicar duas potências de dez em notação exponencial, ache a soma dos expoentes; então escreva a potência de dez usando como expoente o resultado dessa soma.

» **Divisão:** Para dividir uma potência de dez por outra, subtraia o segundo expoente do primeiro; então escreva a potência de dez usando este resultado como expoente.

Esta regra funciona igualmente bem quando um ou dois expoentes são negativos — apenas use as regras para adição de números negativos, que eu discuti no Capítulo 3.

EXEMPLO

P. Multiplique 10^7 por 10^4.

R. 10^{11}. Adicione os expoentes $7 + 4 = 11$ e use como o expoente de sua resposta:

$$10^7 \times 10^4 = 10^{7+4} = 10^{11}$$

P. Encontre $10^9 \div 10^6$.

R. 10^3. Para divisão, você subtrai. Subtraia os expoentes $9 - 6 = 3$ e use como o expoente de sua resposta:

$$10^9 \div 10^6 = 10^{(9-6)} = 10^3$$

5. Multiplique cada das seguintes potências de dez:

(A) $10^9 \times 10^2$

(B) $10^5 \times 10^5$

(C) $10^{13} \times 10^{-16}$

(D) $10^{100} \times 10^{21}$

(E) $10^{-15} \times 10^0$

(F) $10^{-10} \times 10^{-10}$

Resolva

6. Divida cada das seguintes potências de dez:

(A) $10^6 \div 10^4$

(B) $10^{12} \div 10^1$

(C) $10^{-7} \div 10^{-7}$

(D) $10^{18} \div 10^0$

(E) $10^{100} \div 10^{-19}$

(F) $10^{-50} \div 10^{50}$

Resolva

Representando Números em Notação Científica

Números com muitos zeros são inconvenientes de se trabalhar, e cometer erros com eles é fácil. *Notação Científica* é uma maneira alternativa mais clara para representar grandes e pequenos números. Todo número pode ser representado em notação científica como o *produto* de dois números (dois números juntos multiplicados):

» Um decimal maior ou igual a 1 e menor que 10

» Uma potência de dez, escrita na forma exponencial

Use os seguintes passos para escrever qualquer número em notação científica:

1. **Escreva o número como um decimal (se ele já não for um) juntando uma vírgula e um zero à direita.**

2. **Mova a vírgula de posição apenas o suficiente para mudar este decimal para um novo decimal que seja maior ou igual a 1 e menor que 10. (Esteja seguro ao contar o número de posições movidas.)**

   Um dígito não zero deve vir à esquerda da vírgula.

3. **Multiplique o novo decimal por 10 elevado a potência igual ao número de posições que você moveu a vírgula no Passo 2.**

4. **Se você moveu a vírgula para a esquerda no Passo 2, o expoente é positivo. Se você a moveu para a direita (seu número original era menor que 1), coloque um sinal de menos antes do expoente.**

EXEMPLO

P. Passe o número 70.000 para notação científica.

R. $7{,}0 \times 10^4$. Primeiro, escreva o número como um decimal:

   70.000,0

Mova a vírgula apenas as posições suficientes para passar este decimal para um novo que esteja entre 1 e 10. Neste caso, mova a vírgula quatro posições para a esquerda. Você pode dispensar todos menos um zero à direita:

   7,0

Você moveu a vírgula quatro posições, então multiplique o novo número por 10^4:

   $7{,}0 \times 10^4$

Como você moveu a vírgula para a esquerda (você iniciou com um grande número), o expoente é um número positivo, então está pronto.

P. Mude o decimal 0,000000439 para notação científica.

R. $4,39 \times 10^{-7}$. Você está começando com um decimal, então o Passo 1 — escrever o número como um decimal — já está resolvido:

0,000000439

Para passar 0,000000439 para um decimal que esteja entre 1 e 10, desloque a vírgula sete posições para a direita e dispense os zeros à esquerda:

4,39

Como você moveu a vírgula para a direita, multiplique o novo número por 10^{-7}:

$4,39 \times 10^{-7}$

---

7. Passe 2.591 para notação científica.

Resolva

8. Escreva o decimal 0,087 em notação científica.

Resolva

9. Escreva 1,00000783 em notação científica.

Resolva

10. Converta 20.002,00002 para notação científica.

Resolva

Multiplicando e Dividindo com Notação Científica

Como a notação científica mantém o controle dos zeros de posição de reserva para você, multiplicar e dividir por notação científica é realmente muito mais fácil que trabalhar com grandes números e minúsculos decimais que têm toneladas de zeros.

Para multiplicar dois números em notação científica, siga estes passos:

1. **Multiplique as duas partes decimais para achar a parte decimal da resposta.**

   Veja Capítulo 8 para informação sobre multiplicação de decimais.

2. **Adicione os expoentes das bases 10 para achar a potência de dez da resposta.**

   Você está simplesmente multiplicando as potências de 10, como apresentei anteriormente em "Aritmética Exponencial: Multiplicando e Dividindo Potências de Dez".

3. **Se a parte decimal do resultado for 10 ou superior, ajuste o resultado movendo a vírgula uma posição para a esquerda e adicione 1 ao expoente.**

Aqui está como dividir dois números em notação científica:

1. **Divida a parte decimal do primeiro número pela parte decimal do segundo número para achar a parte decimal da resposta.**

2. **Para achar a potência de dez da resposta, subtraia o expoente da segunda potência do expoente da primeira.**

   Você está realmente apenas dividindo a primeira potência de dez pela segunda.

3. **Se a parte decimal do resultado for menor que 1, ajuste o resultado movendo a vírgula uma posição para a direita e subtraia 1 do expoente.**

P. Multiplique $2,0 \times 10^3$ por $4,1 \times 10^4$.

R. $8,2 \times 10^7$. Multiplique as duas partes decimais:

$2,0 \times 4,1 = 8,2$

Agora multiplique as potências de dez, adicionando os expoentes:

$10^3 \times 10^4 = 10^{3+4} = 10^7$

Neste caso, nenhum ajuste é necessário, porque a parte decimal resultante é menor que 10.

P. Divida $3,4 \times 104$ por $2,0 \times 109$.

R. $1,7 \times 10^{-5}$. Divida a primeira parte decimal pela segunda:

$$3,4 \div 2,0 = 1,7$$

Então divida a primeira potência de dez pela segunda, subtraindo os expoentes:

$$104 \div 109 = 104 - 9 = 10 - 5.$$

Neste caso, nenhum ajuste é necessário, porque a parte decimal resultante não é menor que 1.

---

11. Multiplique $1,5 \times 10^7$ por $6,0 \times 10^5$.

Resolva

12. Divida $6,6 \times 10^8$ por $1,1 \times 10^3$.

Resolva

CAPÍTULO 10 **Procurando uma Potência Maior por meio da Notação Científica** 213

Respostas de Problemas de Procurando uma Potência Maior por meio de Notação Científica

O que segue são as respostas às questões práticas apresentadas neste capítulo.

1. Em cada caso, escreva o dígito 1 seguido pelo número de 0 indicado pelo expoente:

   (A) 104 = 10.000

   (B) 107 = 10.000.000

   (C) 1014 = 100.000.000.000.000

   (D) 10^{22} = **10.000.000.000.000.000.000.000**

2. Em cada caso, conte o número de 0; então escreva uma potência de dez com este número como expoente:

   (A) 1.000.000.000 = **10^9**

   (B) 1.000.000.000.000 = **10^{12}**

   (C) 10.000.000.000.000.000 = **10^{16}**

   (D) 100.000.000.000.000.000.000.000.000.000.000 = **10^{32}**

3. Escreva um decimal iniciando com todos os 0 e terminando em 1. O expoente indica o número de 0 para cada decimal (incluindo o zero à esquerda):

   (A) 10^{-1} = **0,1**

   (B) 10^{-5} = **0,00001**

   (C) 10^{-11} = **0,00000000001**

   (D) 10^{-16} = **0,0000000000000001**

4. Em cada caso, conte o número de 0 (incluindo o zero à esquerda); então escreva uma potência de dez com este número negativo (com sinal de menos) como expoente:

   (A) 0,01 = **10^{-2}**

   (B) 0,000001 = **10^{-6}**

   (C) 0,000000000001 = **10^{-12}**

   (D) 0,000000000000000001 = **10^{-18}**

5. Adicione os expoentes e use esta soma como o expoente da resposta.

(A) $10^9 \times 10^2 = 10^{9+2} = \mathbf{10^{11}}$

(B) $10^5 \times 10^5 = 10^{5+5} = \mathbf{10^{10}}$

(C) $10^{13} \times 10^{-16} = 10^{13-16} = \mathbf{10^{-3}}$

(D) $10^{100} \times 10^{21} = 10^{100+21} = \mathbf{10^{121}}$

(E) $10^{-15} \times 10^0 = 10^{-15+0} = \mathbf{10^{-15}}$

(F) $10^{-10} \times 10^{-10} = 10^{-10-10} = \mathbf{10^{-20}}$

6. Em cada caso, subtraia o segundo expoente do primeiro e use este resultado como o expoente da resposta.

(A) $10^6 \div 10^4 = 10^{6-4} = \mathbf{10^2}$

(B) $10^{12} \div 10^1 = 10^{12-1} = \mathbf{10^{11}}$

(C) $10^{-7} \div 10^{-7} = 10^{-7-(-7)} = 10^{-7+7} = \mathbf{10^0}$

(D) $10^{18} \div 10^0 = 10^{18-0} = \mathbf{10^{18}}$

(E) $10^{100} \div 10^{-19} = 10^{100-(-19)} = 10^{100+19} = \mathbf{10^{119}}$

(F) $10^{-50} \div 10^{50} = 10^{-50-50} = \mathbf{10^{-100}}$

7. $2.591 = \mathbf{2{,}591 \times 10^3}$. Escreva 2.591 como um decimal:

2.591,0

Para passar 2.591 a um decimal entre 1 e 10, mova a vírgula três posições para a esquerda e dispense o zero à direita.

2,591

Como você moveu a vírgula três posições, multiplique o novo decimal por 10^3:

$2{,}591 \times 10^3$

Você moveu a vírgula para a esquerda, então o expoente permanece positivo. A resposta é $2{,}591 \times 10^3$

8. $0{,}087 = \mathbf{8{,}7 \times 10^{-2}}$. Para passar 0,087 a um decimal entre 1 e 10, mova a vírgula duas posições para a direita e dispense o zero à esquerda:

8,7

Como você moveu a vírgula duas posições para a direita, multiplique o novo decimal por 10^{-2}:

$8{,}7 \times 10^{-2}$

CAPÍTULO 10 **Procurando uma Potência Maior por meio da Notação Científica** 215

9. 1,00000783 = **1,00000783**. O decimal 1,00000783 já está entre 1 e 10, então nenhuma mudança é necessária.

10. 20.002,00002 = **2,000200002 × 10^4**. O número 20.002,00002 já é um decimal. Para passar a um decimal entre 1 e 10, mova a vírgula quatro posições para a esquerda:

    2,000200002

    Como você moveu a vírgula quatro posições para a direita, multiplique o novo decimal por 10^4:

    2,000200002 × 10^4

    Você moveu a vírgula para a esquerda, então a resposta é 2,000200002 × 10^4

11. $(1,5 \times 10^7)$ $(6,0 \times 10^5)$ = **9,0 × 10^{12}**. Multiplique as duas partes decimais:

    1,6 × 6,0 = 9,0

    Multiplique as duas potências de dez:

    $10^7 \times 10^5 = 10^{7+5} = 10^{12}$

    Neste caso, nenhum ajuste é necessário, porque o decimal é menor que 10.

12. $(6,6 \times 10^8) \div (1,1 \times 10^3)$ = 6 × 10^5. Divida a primeira parte decimal pela segunda:

    6,6 ÷ 1,1 = 6,0

    Divida a primeira potência de dez pela segunda:

    $10^8 \div 10^3 = 10^{8-3} = 10^5$

    Neste caso, nenhum ajuste é necessário, porque o decimal é maior que 1.

NESTE CAPÍTULO

Revisando o sistema Inglês de medidas

Entendendo o sistema métrico de medidas

Conhecendo novos truques para aproximar unidades métricas em unidades Inglesas

Convertendo mais precisamente entre unidades métricas e Inglesas

Capítulo 11

Questões Pesadas sobre Pesos e Medidas

Unidades conectam números ao mundo real. Por exemplo, o número 2 é apenas uma ideia até você agregar uma unidade: 2 maçãs, 2 crianças, 2 casas, 2 lulas gigantes, e assim por diante. Maças, crianças, casas e lulas gigantes são fáceis para fazer contas porque elas são todas distintas — isto é, elas estão separadas e fáceis de contar uma a uma. Por exemplo, se você está trabalhando com uma cesta de maçãs, aplicar as Quatro Grandes operações, é muito simples. Você pode adicionar algumas maçãs ao cesto, dividi-las em pilhas separadas, ou executar qualquer outra operação que você queira.

Contudo, muitas coisas não são distintas mas, ao contrário, *contínuas* — isto é, elas são difíceis de separar e contar uma por uma. Para medir o comprimento de uma estrada, o total de água em um balde, o peso de uma criança, o tempo total que um trabalho demanda para ser feito, ou a temperatura do Monte Erebus (e outros vulcões Antárticos), você precisa de *unidades de medida*.

Os dois sistemas mais comuns de medida são o Inglês (utilizado nos Estados Unidos) e o sistema métrico (utilizado pelo resto do mundo afora). Neste capítulo, vou te familiarizar com ambos os sistemas. Então vou te mostrar como fazer conversões entre os dois.

O Básico do Sistema Inglês

O sistema Inglês de medidas é o mais comumente utilizado nos Estados Unidos. Se você foi educado nos *"States"*, você está provavelmente familiarizado com a maioria dessas unidades. A Tabela 11-1 te mostra as unidades mais comuns e algumas equações, assim você poderá fazer conversões simples de uma unidade para outra.

TABELA 11-1 Unidades Inglesas Comumente Utilizadas

Medida de Distância	Unidades Inglesas	Equações de Conversão
Distância (comprimento)	Polegadas (pol.)	
	Pés (ft.)	12 polegadas = 1 pé
	Jardas (yd.)	3 pés = 1 jarda
	Milhas (mi.)	5.280 pés = 1 milha
Volume Fluido (capacidade)	Onças Fluidas (fl. oz.)	
	Copos (c.)	8 onças fluidas = 1 copo
	Quartilho (pt.)	2 copos = 1 quartilho
	Quarto (qt.)	2 quartilhos = 1 quarto
	Galões (gal.)	4 quartos = 1 galão
Peso	Onças (oz.)	
	Libras (lb.)	16 onças = 1 libra
	Toneladas	2.000 libras = 1 tonelada
Tempo	Segundos	
	Minutos	60 segundos = 1 minuto
	Horas	60 minutos = 1 hora
	Dias	24 horas = 1 dia
	Semanas	7 dias = 1 semana
	Anos	365 dias = 1 ano
Temperatura	Graus Fahrenheit (°F)	
Velocidade (taxa)	Milhas por hora (mph)	

Para usar este quadro, lembre-se das seguintes regras:

> » Ao converter de uma unidade maior para uma menor, sempre multiplique. Por exemplo, 2 quartilhos são iguais a 1 quarto, assim para converter 10 quartos para quartilhos, multiplique por 2:
>
>   10 quartos × 2 = 20 quartilhos
>
> » Ao converter de uma unidade menor para uma maior, divida sempre. Por exemplo, 3 pés são iguais a 1 jarda, assim para converter 12 pés em jardas, divida por 3:
>
>   12 pés ÷ 3 = 4 jardas

Quando se convertem grandes unidades para outras muito pequenas (por exemplo, de toneladas para onças), você precisa multiplicar muito mais que uma vez. Similarmente, quando se convertem pequenas unidades em unidades muito maiores (por exemplo, de minutos para dias), você pode precisar dividir mais que uma vez.

DICA

Após fazer a conversão, dê um passo atrás e aplique o *teste de razoabilidade* à sua resposta — isto é, pense se sua resposta faz sentido. Por exemplo, quando você converte pés para polegadas, o número com o qual você termina deve ser muito maior que o número com que começou, porque há muitas polegadas em um pé.

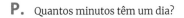
EXEMPLO

P. Quantos minutos têm um dia?

R. 1.440 minutos. Você está indo de uma unidade maior (um dia) para uma unidade menor (minutos); uma hora tem 60 minutos e um dia tem 24 horas, então você simplesmente multiplica:

60 × 24 = 1.440 minutos

Portanto, um dia tem 1.440 minutos.

P. Se você tem 32 onças fluidas, quantos quartilhos você tem?

R. 2 quartilhos. 8 onças fluidas cabem num copo, então divida como a seguir:

32 onças fluidas ÷ 8 = 4 copos

E 2 copos cabem num quartilho, então divida de novo:

4 copos ÷ 2 = 2 quartilhos

Portanto, 32 onças fluidas equivalem a 2 quartilhos.

P. 5 quartilhos = _____ onças fluidas.

R. 80 onças fluidas. 8 onças fluidas equivalem a um copo e 2 copos cabem em um quartilho, então

$8 \times 2 = 16$ fl. oz.

16 onças fluidas equivalem a um quartilho, então

5 quartilhos = 5 × 16 onças fluidas = 80 fl. oz.

P. 504 horas = _____ semanas.

R. **3 semanas.** Um dia tem 24 horas, então divida como segue:

$504 \div 24 = 21$ dias

E 7 dias correspondem a 1 semana, então divida outra vez:

21 dias ÷ 7 = 3 semanas

Portanto, 504 horas são iguais a 3 semanas.

1. Responda a cada uma das questões:

(A) Quantas polegadas têm uma jarda?

(B) Quantas horas têm uma semana?

(C) Quantas onças têm uma tonelada?

(D) Quantos copos têm um galão?

Resolva

2. Calcule cada uma das seguintes:

(A) 7 quartos = _____ copos

(B) 5 milhas = _____ polegadas

(C) 3 galões = _____ onças fluidas

(D) 4 dias = _____ segundos

Resolva

3. Responda a cada uma das questões:

(A) Se você tem 420 minutos, quantas horas você tem?

(B) Se você tem 144 polegadas, quantas jardas você tem?

(C) Se você tem 22.000 libras, quantas toneladas você tem?

(D) Se você tem 256 onças fluidas, quantos galões você tem?

Resolva

4. Calcule cada uma das seguintes:

(A) 168 polegadas = _____ pés

(B) 100 quartos = _____ galões

(C) 288 onças = _____ libras

(D) 76 copos = _____ quartos

Resolva

Internacionalização com o Sistema Métrico

O sistema métrico é o sistema mais comumente utilizado pelo mundo afora. Cientistas e outros que gostam de manter a mais recente linguagem (desde 1960) frequentemente se referem a ele como o *Sistema Internacional de Unidades*, ou *SI*. Diferentemente do sistema Inglês, o sistema métrico é baseado exclusivamente em potências de dez (veja Capítulo 10). Esta característica torna o sistema métrico muito mais fácil de ser utilizado (depois que você pega o seu jeito) que o sistema Inglês, porque você pode fazer muitos cálculos simplesmente movendo o ponto decimal.

O sistema métrico inclui cinco unidades básicas mostradas na Tabela 11-2.

TABELA 11-2   Cinco Unidades Métricas Básicas

Medida de	Unidades Métricas
Distância (comprimento)	Metros (m)
Volume Fluido (capacidade)	Litros (L)
Massa (peso)	Gramas (g)
Tempo	Segundos (s)
Temperatura	Graus Celsius / Centígrados (°C)

Você pode modificar cada unidade métrica básica com os prefixos mostrados na Tabela 11-3. Quando você sabe como os prefixos métricos funcionam, você pode utilizá-los, para fazer sentido, mesmo com as unidades com as quais você não está familiarizado.

TABELA 11-3   Prefixos Métricos

Prefixo	Significado	Número	Potência de Dez
Tera-	Um trilhão	1.000.000.000.000	10^{12}
Giga-	Um bilhão	1.000.000.000	10^9
Mega-	Um milhão	1.000.000	10^6
Kilo-	Um mil	1.000	10^3
Hecta-	Cem	100	10^2
Deca-	Dez	10	10^1

(continua)

Prefixo	Significado	Número	Potência de Dez
(Nenhum)	Um	1	10^0
Deci-	Um décimo	0,1	10^{-1}
Centi-	Um centésimo	0,01	10^{-2}
Mili-	Um milésimo	0,001	10^{-3}
Micro-	Um milionésimo	0,000001	10^{-6}
Nano-	Um bilionésimo	0,000000001	10^{-9}

EXEMPLO

P. Quantos milímetros têm um metro?

R. 1.000. O prefixo *mili-* significa *um milésimo*, assim, um milímetro é $\frac{1}{1.000}$ de um metro. Portanto, um metro contém 1.000 milímetros.

P. Uma *dina* é uma antiga unidade de força, a empurrar ou puxar um objeto. Usando o que você conhece sobre prefixos métricos, quantas dinas você acha que têm 14 teradinas?

R. 14.000.000.000.000 (quatorze trilhões). Prefixo *tera-* significa *um trilhão*, então 1.000.000.000.000 de dinas são um teradina; portanto,

14 teradinas = 14 × 1.000.000.000.000 dinas = 14.000.000.000.000 dinas

5. Dê a unidade métrica básica para cada tipo de medida listado abaixo:

(A) A quantidade de óleo vegetal para uma receita

(B) O peso de um elefante

(C) Quanta água uma piscina pode conter

(D) Quão quente uma piscina é

(E) Quanto tempo você consegue segurar seu fôlego

(F) Sua altura

(G) Seu peso

(H) O quão longe você consegue correr

Resolva

6. Anote, abaixo, o número ou decimal associado a cada um dos seguintes prefixos métricos:

(A) kilo-

(B) mili-

(C) centi-

(D) mega-

(E) micro-

(F) giga-

(G) nano-

(H) sem prefixo

Resolva

7. Responda cada uma das seguintes questões:

(A) Quantos centímetros têm em um metro?

(B) Quantos mililitros têm em um litro?

(C) Quantos miligramas têm em um quilograma?

(D) Quantos centímetros têm em um quilômetro?

Resolva

8. Utilizando o que você sabe sobre prefixos métricos, calcule cada um destes:

(A) 75 quilowatts = _____ watts

(B) 12 segundos = _____ microssegundos

(C) 7 megatoneladas = _____ toneladas

(D) 400 gigaHertz = _____ Hertz

Resolva

Conversão entre Unidades Inglesas e Métricas

Para converter entre unidades métricas e unidades Inglesas, utilize as equações de conversão mostradas na primeira coluna da Tabela 11-4.

TABELA 11-4 **Fatores de Conversão para Unidades Inglesas e Métricas**

Equação de Conversão	Inglesa para Métrica	Métrica para Inglesa
1 metro ≈ 3,26 pés	$\dfrac{1\,m}{3,26\,ft}$	$\dfrac{3,26\,ft}{1\,m}$
1 quilômetro ≈ 0,62 milhas	$\dfrac{1\,km}{0,62\,mi.}$	$\dfrac{0,62\,mi.}{1\,km}$
1 litro ≈ 0,26 galões	$\dfrac{1\,L}{0,26\,gal.}$	$\dfrac{0,26\,gal.}{1\,L}$
1 quilograma ≈ 2,20 libras	$\dfrac{1\,kg}{2,20\,lb.}$	$\dfrac{2,20\,lb.}{1\,kg}$

CAPÍTULO 11 **Questões Pesadas sobre Pesos e Medidas** 223

As colunas restantes da Tabela 11-4 mostram os fatores de conversão (frações) que você multiplica para converter de unidades métricas para as Inglesas ou das unidades Inglesas para as métricas. Para converter de uma unidade para outra, multiplique pelo fator de conversão e cancele qualquer unidade que aparece no numerador e denominador.

Use sempre o fator de conversão que tem unidades *das quais* você está convertendo no *denominador*. Por exemplo, para converter de milhas para quilômetros, use o fator de conversão que tem milhas no denominador, isto é, $\dfrac{1 \text{ km}}{0{,}62 \text{ mi.}}$

Algumas vezes, você poderá querer converter entre unidades para as quais não há nenhum fator de conversão direto. Nesses casos, monte uma *cadeia de conversão* para converter uma ou mais unidades intermediárias. Por exemplo, para converter centímetros em polegadas, você pode ir de centímetros a metros daí para pés e destes para polegadas.

Quando a cadeia de conversão está montada corretamente, toda unidade se cancela, exceto aquela para a qual você está convertendo. Você pode montar uma cadeia de conversão de qualquer extensão para solucionar o problema.

Com uma longa cadeia de conversão, algumas vezes é útil dar um passo extra e transformar a cadeia inteira em uma única fração. Coloque todos os numeradores acima de uma barra de fração e todos os denominadores sob ela, mantendo os sinais de multiplicação entre os números.

Uma cadeia pode incluir fatores de conversão construídos a partir de qualquer equação de conversão neste capítulo. Por exemplo, você sabe de "O Básico do Sistema Inglês" que 2 quartilhos = 1 quarto, assim você pode utilizar as duas frações seguintes:

$$\dfrac{2 \text{ pt.}}{1 \text{ qt.}} \quad \dfrac{1 \text{ qt.}}{2 \text{ pt.}}$$

Similarmente, você sabe de "Internacionalização com o Sistema Métrico" que 1 quilograma = 1.000 gramas, então você pode usar estas duas frações:

$$\dfrac{1 \text{ kg}}{1.000 \text{ g}} \quad \dfrac{1.000 \text{ g}}{1 \text{ kg}}$$

P. Converta 5 km em milhas.

R. 3,1 milhas. Para converter *de* quilômetros, multiplique 5 pelo fator de conversão com quilômetros no denominador:

$$5 \text{ km} \times \dfrac{0{,}62 \text{ mi.}}{1 \text{ km}}$$

Agora você pode cancelar a unidade *quilômetro* tanto no numerador como no denominador:

$$= 5 \; \cancel{\text{km}} \times \dfrac{0{,}62 \text{ mi.}}{1 \; \cancel{\text{km}}}$$

Calcule o resultado:

$$= 5 \times \frac{0,62 \text{ mi.}}{1} = 3,1 \text{ mi.}$$

Note que, quando você monta corretamente a conversão, você não tem de pensar na unidade — ela muda de quilômetros para milhas automaticamente.

P. Converta 21 gramas em libras.

R. **0,0462 libras.** Você não tem um fator de conversão para passar de gramas a libras diretamente, então monte uma cadeia de conversão que faça o seguinte caminho:

gramas → quilogramas → libras

Para converter gramas para quilogramas, use a equação 1.000 g = 1 kg.

Multiplique pela fração com quilogramas no numerador e gramas no denominador:

$$21 \text{ g} \times \frac{1 \text{ kg}}{1.000 \text{ g}}$$

Para converter quilogramas para libras, use a equação 1 kg = 2,2 lb. e multiplique pela fração com libras no denominador:

$$= 21 \text{ g} \times \frac{1 \text{ kg}}{1.000 \text{ g}} \times \frac{2,2 \text{ lb.}}{1 \text{ kg}}$$

Cancele *gramas* e *quilogramas* no numerador e denominador:

$$= 21 \ \cancel{\text{g}} \times \frac{1 \ \cancel{\text{kg}}}{1.000 \ \cancel{\text{g}}} \times \frac{2,2 \text{ lb.}}{1 \ \cancel{\text{kg}}}$$

Finalmente, calcule o resultado:

$$= 21 \times \frac{1}{1.000} \times \frac{2,2 \text{ lb.}}{1}$$
$$= 0,021 \times 2,2 \text{ lbs} = 0,0462 \text{ lb.}$$

Após fazer a conversão, dê um passo atrás e aplique o teste de razoabilidade às suas respostas. Cada reposta faz sentido? Por exemplo, quando você converte gramas para quilogramas, o número com que você termina deve ser muito menor que o número com que você começou, porque cada quilograma contém muitos gramas.

9. Converta 8 km em milhas.

Resolva

10. Se você pesa 72 quilogramas, qual é seu peso em libras ao mais próximo inteiro de libra?

Resolva

11. Se você tem 1,8 metros de altura, qual sua altura em polegadas, na polegada inteira mais próxima.

Resolva

12. Passe 100 copos para litros, arredondando o mais próximo inteiro em litros.

Resolva

Respostas de Problemas de Questões Pesadas sobre Pesos e Medidas

O que segue são as respostas às questões práticas apresentadas neste capítulo.

1. Todos estes problemas pedem para você converter uma unidade grande para uma menor, então use multiplicação.

   (A) Quantas polegadas têm uma jarda? **36 polegadas**. 12 polegadas são um pé e 3 pés são uma jarda, assim

   $$3 \times 12 = 36 \text{ pol.}$$

   (B) Quantas horas têm uma semana? **168 horas**. 24h são um dia e 7 dias são uma semana, então

   $$24 \times 7 = 168 \text{ horas}$$

   (C) Quantas onças têm em uma tonelada? *32.000 onças*. 16 onças estão em uma libra e 2.000 libras estão em uma tonelada, assim

   $$16 \times 2.000 = 32.000 \text{ oz.}$$

   (D) Quantos copos têm um galão? **16 copos**. 2 copos dão um quartilho, 2 quartilhos estão em um quarto e 4 quartos estão em um galão, então

   $$2 \times 2 \times 4 = 16 \text{ c.}$$

2. Todos estes problemas pedem para você converter uma unidade grande para uma menor, então use multiplicação.

   (A) 7 quartos = **28 copos**. 2 copos dão um quartilho, 2 quartilhos estão em um quarto, assim

   $$2 \times 2 = 4 \text{ c.}$$

   Então 4 copos estão em um quarto, portanto

   $$7 \text{ qt.} = 7 \times 4 \text{ c.} = 28 \text{ c.}$$

   (B) 5 milhas = **316.800 polegadas**. 12 polegadas são um pé e 5.280 pés são uma milha, assim

   $$12 \times 5.280 = 63.360 \text{ polegadas}$$

   63.360 polegadas estão em uma milha então

   $$5 \text{ mi.} = 5 \times 63.360 \text{ polegadas} = 316.800 \text{ polegadas}$$

CAPÍTULO 11 **Questões Pesadas sobre Pesos e Medidas** 227

(C) 3 galões = **384 onças fluidas**. 8 onças fluidas são um copo, 2 copos estão em um quartilho, 2 quartilhos estão em um quarto e 4 quartos estão em um galão, assim

$$8 \times 2 \times 2 \times 4 = 128 \text{ fl. oz.}$$

Portanto, 128 onças fluidas estão em um galão, assim

$$3 \text{ gal.} = 3 \times 128 \text{ fl. oz.} = 384 \text{ fl. oz.}$$

(D) 4 dias = **345.600 segundos**. 60 segundos são um minuto, 60 minutos estão em uma hora e 24 horas são um dia, então

$$60 \times 60 \times 24 = 86.400 \text{ segundos}$$

86.400 segundos estão em um dia, assim

$$4 \text{ dias} = 4 \times 86.400 \text{ segundos} = 345.600 \text{ segundos}$$

3. Todos estes problemas pedem para você converter uma unidade menor para uma maior, então use divisão:

(A) Se você tem 420 minutos, quantas horas você tem? **7 horas**. Há 60 minutos em uma hora, então divida por 60:

$$420 \text{ minutos} \div 60 = 7 \text{ horas}$$

(B) Se você tem 144 polegadas, quantas jardas você tem? **4 jardas**. Há 12 polegadas em um pé, então divida por 12:

$$144 \text{ pol.} \div 12 = 12 \text{ ft.}$$

Há 3 pés em uma jarda, então divida por 3:

$$12 \text{ ft.} \div 3 = 4 \text{ yd.}$$

(C) Se você tem 22.000 libras, quantas toneladas você tem? **11 toneladas**. Há 2.000 libras em uma tonelada, então divida por 2.000

$$22.000 \text{ lb.} \div 2.000 = 11 \text{ toneladas}$$

(D) Se você tem 256 onças fluidas, quantos galões você tem? **2 galões**. Existem 8 onças fluidas em um copo, então divida por 8:

$$256 \text{ fl. oz. C } 8 = 32 \text{ c.}$$

Há 2 copos em um quartilho, então divida por 2:

$$32 \text{ c.} \div 2 = 16 \text{ pt.}$$

Há 2 quartilhos em um quarto, então divida por 2:

$$16 \text{ pt.} \div 2 = 8 \text{ qt.}$$

Existem 4 quartos em um galão, então divida por 4:

8 qt. ÷ 4 = 2 galões

4. Todos estes problemas pedem para você converter uma unidade menor para uma maior, então use divisão:

(A) 168 polegadas = **14 pés**. Existem 12 polegadas em um pé, então divida por 12:

168 pol. ÷ 12 = 14 ft.

(B) 100 quartos = **25 galões**. Há 4 quartos em um galão, então divida por 4:

100 qt. ÷ 4 = 25 gal.

(C) 288 onças = **18 libras**. Cada libra tem 16 onças, então divida por 16:

288 oz. ÷ 16 = 18 lb.

(D) 76 copos = **19 quartos**. Há 2 copos em cada quartilho, então divida por 2:

76 copos ÷ 2 = 38 quartilhos

Existem dois quartilhos em um quarto, então divida por 2

38 quartilhos ÷ 2 = 19 quartos

5. Dê a *unidade métrica básica* para cada tipo de medida listado abaixo. Note que você quer apenas a unidade de base, sem quaisquer prefixos.

(A) A quantidade de óleo vegetal para uma receita: **litros**

(B) O peso de um elefante: **gramas**

(C) Quanta água uma piscina pode conter: **litros**

(D) Quão quente uma piscina é: **graus Celsius (Centígrados)**

(E) Quanto tempo você consegue segurar seu fôlego: **segundos**

(F) Sua altura: **metros**

(G) Seu peso: **gramas**

(H) O quão longe você consegue correr: **metros**

6. Anote abaixo, o número ou decimal associado a cada um dos seguintes prefixos métricos:

(A) quilo-: **1.000 (um mil ou 10^3)**

(B) mili-: **0,001 (um milésimo ou 10^{-3})**

(C) centi-: **0,01 (um centésimo ou 10^{-2})**

(D) mega-: **1.000.000 (um milhão ou 10^6)**

(E) micro-: **0,000001 (um milionésimo ou 10^{-6})**

(F) giga-: **1.000.000.000 (um bilhão ou 10^9)**

(G) nano-: **0,000000001 (um bilionésimo ou 10^{-9})**

(H) sem prefixo: **1 (um ou 10^0)**

7. Responda cada uma das seguintes questões:

   (A) Quantos centímetros têm um metro? **100 centímetros**

   (B) Quantos mililitros têm um litro? **1.000 mililitros**

   (C) Quantos miligramas têm um quilograma? **1.000.000 miligramas**. 1.000 miligramas estão em um grama e 1.000 gramas estão em um quilograma

   $$1.000 \times 1.000 = 1.000.000 \text{ mg.}$$

   Portanto, 1.000.000 miligramas estão em um quilograma

   (D) Quantos centímetros têm um quilômetro? **100.000 centímetros**. 100 centímetros estão em um metro e 1.000 metros estão em um quilômetro, estão

   $$100 \times 1.000 = 100.000 \text{ cm}$$

   Portanto, 100.000 centímetros estão em um quilômetro.

8. Utilizando o que você sabe sobre prefixos métricos, calcule o que segue:

   (A) 75 quilowatts = **75.000 watts**. O prefixo *quilo-* significa *um mil*, então 1.000 watts estão em um kilowatt; portanto,

   $$75 \text{ quilowatts} = 75 \times 1.000 \text{ watts} = 75.000 \text{ watts}$$

   (B) 12 segundos = **12.000.000 microssegundos**. O prefixo *micro-* significa *um milionésimo*, então 1 microssegundo é um milionésimo de um segundo. Portanto, 1.000.000 microssegundos estão em um segundo. Assim,

   $$12 \text{ segundos} = 12 \times 1.000.000 \text{ microssegundos} = 12.000.000 \text{ microssegundos}$$

   (C) 7 megatoneladas = **7.000.000 de toneladas**. O prefixo *mega-* significa *um milhão*, então 1.000.000 de toneladas estão em uma megatonelada; portanto,

   $$7 \text{ megatoneladas} = 7 \times 1.000.000 \text{ toneladas} = 7.000.000 \text{ toneladas}$$

   (D) 400 Giga Hertz = **400.000.000.000 Hertz**. O prefixo *giga-* significa *um bilhão*, então 1.000.000.000 de Hertz estão em um gigaHertz; assim

   $$400 \text{ gigaHertz} = 400 \times 1.000.000.000 \text{ Hertz} = 400.000.000.000 \text{ Hertz}$$

9. 8 quilômetros = **4,96 milhas**. Para converter quilômetros para milhas, multiplique pela fração de conversão com milhas no numerador e quilômetros no denominador:

$$8 \text{ km} \times \frac{0,62 \text{ mi.}}{1 \text{ km}}$$

Cancele a unidade *quilômetro* em ambos, numerador e denominador:

$$= 8 \ \cancel{\text{km}} \times \frac{0,62 \text{ mi.}}{1 \ \cancel{\text{km}}}$$

Agora calcule o resultado: = 8 × 0,62 mi. = 4,96 mi.

10. Para a libra mais próxima, 72 quilogramas = **158 libras**. Para converter quilogramas em libras, multiplique pelo fator de conversão com libras no numerador e quilogramas no denominador:

$$72 \text{ kg} \times \frac{2,2 \text{ lb.}}{1 \text{ kg}}$$

Cancele a unidade *quilogramas* em ambos, numerador e denominador:

$$= 72 \ \cancel{\text{kg}} \times \frac{2,2 \text{ lb.}}{1 \ \cancel{\text{kg}}}$$

$$= 72 \times 2,2 \text{ lb.}$$

Multiplique para encontrar a resposta: = 158,4 lb.

Arredondando para a libra inteira mais próxima: ≈ 158 lb.

11. Ao mais próximo inteiro da polegada, 1,8 metro = **70 polegadas**. Você não tem um fator de conversão para mudar de metros para polegadas diretamente, então monte uma cadeia de conversão com a seguir:

metros → pés → polegadas

Converta metros em pés com a fração que coloca metros no denominador:

$$1,8 \text{ m} \times \frac{3,26 \text{ ft.}}{1 \text{ m}}$$

Converta os pés com o fator de conversão que possui pé no denominador:

$$= 1,8 \text{ m} \times \frac{3,26 \text{ ft.}}{1 \text{ m}} \times \frac{12 \text{pol.}}{1 \text{ ft.}}$$

Cancele as unidades *metros* e *pés* em ambos, numerador e denominador:

$$= 1,8 \ \cancel{\text{m}} \times \frac{3,26 \ \cancel{\text{ft.}}}{1 \ \cancel{\text{m}}} \times \frac{12 \text{pol.}}{1 \ \cancel{\text{ft.}}}$$

Multiplique para encontrar a resposta: = 70,416 pol.

Arredonde para a polegada inteira mais próxima: ≈ 70 pol.

12. Ao mais próximo inteiro do litro, 100 copos = **24 litros**. Você não tem um fator de conversão para passar de copos a litros diretamente, então monte uma cadeia de conversão:

copos → quartilhos → quartos → galões → litros

Converta copos para quartilhos:

$$100 \text{ c.} \times \frac{1 \text{ pt.}}{2 \text{ c.}}$$

Converta quartilhos para quartos:

$$= 100 \text{ c.} \times \frac{1 \text{ pt.}}{2 \text{ c.}} \times \frac{1 \text{ qt.}}{2 \text{ pt.}}$$

Converta quartos para galões:

$$= 100 \text{ c.} \times \frac{1 \text{ pt.}}{2 \text{ c.}} \times \frac{1 \text{ qt.}}{2 \text{ pt.}} \times \frac{1 \text{ gal.}}{4 \text{ qt.}}$$

Converta galões para litros:

$$= 100 \text{ c.} \times \frac{1 \text{ pt.}}{2 \text{ c.}} \times \frac{1 \text{ qt.}}{2 \text{ pt.}} \times \frac{1 \text{ gal.}}{4 \text{ qt.}} \times \frac{1 \text{ L}}{0,26 \text{ gal.}}$$

Agora todas as unidades *exceto* litros, podem ser canceladas:

$$= 100 \text{ c.} \times \frac{1 \text{ pt.}}{2 \text{ c.}} \times \frac{1 \text{ qt.}}{2 \text{ pt.}} \times \frac{1 \text{ gal.}}{4 \text{ qt.}} \times \frac{1 \text{ L}}{0,26 \text{ gal.}}$$

$$= 100 \times \frac{1}{2} \times \frac{1}{2} \times \frac{1}{4} \times \frac{1 \text{ L}}{0,26}$$

Para evitar confusão, passe essa cadeia a um simples fração:

$$\frac{100 \times 1 \times 1 \times 1 \times 1 \text{ L}}{2 \times 2 \times 4 \times 0,26}$$

$$= \frac{100 \text{ L}}{4,16}$$

Use a divisão decimal para encontrar a resposta até pelo menos uma posição decimal:

$$\approx 24,04 \text{ L}$$

Arredondando ao mais próximo inteiro de litro:

$$\approx 24 \text{ L}$$

NESTE CAPÍTULO

Medindo quadriláteros

Encontrando a área de um triângulo

Usando o Teorema de Pitágoras

Encontrando a área e a circunferência de um círculo

Calculando o volume de uma variedade de sólidos

Capítulo 12

Modelando com Geometria

Geometria é o estudo de formas e figuras, e é realmente popular com os Gregos Antigos, arquitetos, engenheiros, marceneiros, projetistas robóticos e professores de faculdade de matemática.

Uma *forma* é qualquer figura geométrica fechada bidimensional (2-D) que tem um interior e um exterior, e um *sólido* é justo como uma forma, só que é tridimensional (em 3-D). Neste capítulo, você trabalhará com três formas importantes: quadriláteros, triângulos e círculos. Vou mostrar como encontrar a área e, em alguns casos, o *perímetro* (o comprimento da borda) dessas formas. Vou focar também sobre uma variedade de sólidos, mostrando como calcular o volume de cada um deles.

CAPÍTULO 12 **Modelando com Geometria** 233

Ficando em Forma: Básico de Polígono (e Não Polígono)

Você pode dividir as formas em dois tipos básicos: polígonos e não polígonos. Um *polígono* possui todos os lados retos, e você pode facilmente classificá-lo pelo número de lados que ele possui:

Polígono	Número de Lados
Triângulo	3
Quadrilátero	4
Pentágono	5
Hexágono	6
Heptágono	7
Octógono	8

Qualquer forma que tem ao menos uma extremidade curva é um *não polígono*. O não polígono mais comum é o círculo.

LEMBRE-SE

A área de uma forma — o espaço interno — é usualmente medido em unidades quadradas, tais como polegadas quadradas (pol^2), metros quadrados (m^2) ou quilômetros quadrados (km^2). Se um problema mistura unidades de medida, tais como polegadas e pés, você tem de converter para uma ou para outra antes de fazer o cálculo (para mais sobre conversões, veja o Capítulo 11).

Quadradura com Quadriláteros

Qualquer forma com quatro lados é um *quadrilátero*. Quadriláteros incluem quadrados, retângulos, losangos, paralelogramos e trapézios, mais uma gama de mais formas irregulares. Nesta seção, vou mostrar como encontrar a área (**A**) e em alguns casos o perímetro (*P*) destes cinco tipos de quadriláteros.

Um *quadrado* tem quatro ângulos retos e quatro lados iguais. Para encontrar a área e perímetro de um quadrado, use as seguintes fórmulas, onde *s* representa o comprimento de um lado (veja Figura 12-1):

$A = s^2$

$P = 4 \times s$

FIGURA 12-1: A área e o perímetro de um quadrado usando o comprimento de um lado (s).

Um *retângulo* tem quatro ângulos retos e lados opostos iguais. O lado maior de um retângulo é chamado *comprimento*, e o menor lado é chamado *largura*. Para encontrar a área e o perímetro de um retângulo, use as seguintes fórmulas, onde l representa o comprimento e w a largura (veja Figura 12-2):

$A = l \times w$

$P = 2 \times (l + w)$

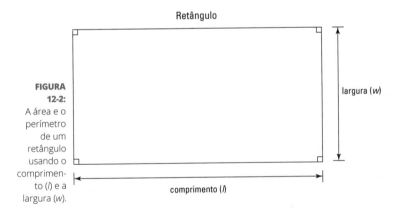

FIGURA 12-2: A área e o perímetro de um retângulo usando o comprimento (*l*) e a largura (*w*).

Um *losango* se parece com um quadrado desmoronando. Ele tem quatro lados iguais mas, seus quatro ângulos não são necessariamente ângulos retos. Similarmente, um *paralelogramo* se parece com um retângulo desmoronando. Seus lados opostos são iguais, mas os quatro ângulos não são necessariamente ângulos retos. Para achar a área de um losango ou um paralelogramo, use a seguinte fórmula, onde b representa o comprimento da base (ou do topo no lado de cima) e h representa a altura (a menor distância entre as duas bases); veja também a Figura 12-3.

$A = b \times h$

CAPÍTULO 12 **Modelando com Geometria**   235

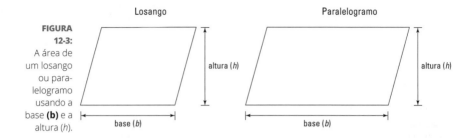

FIGURA 12-3: A área de um losango ou paralelogramo usando a base **(b)** e a altura (h).

Um *trapézio* é um quadrilátero do qual se distingue somente uma característica que é a de ter duas bases paralelas (lado de cima e lado debaixo). Para achar a área de um trapézio, use a seguinte fórmula, onde b1 e b2 representam os comprimentos das duas bases e h a altura (a menor distância entre as duas bases); veja também a Figura 12-4.

$$A = \frac{1}{2} \times (b_1 + b_2) \times h$$

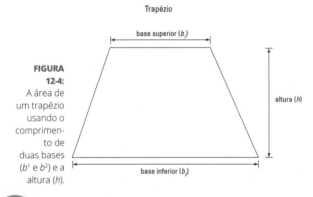

FIGURA 12-4: A área de um trapézio usando o comprimento de duas bases (b^1 e b^2) e a altura (h).

P. Encontre a área e perímetro de um quadrado com lado que mede 5 polegadas.

R. A área é 25 polegadas quadradas e o perímetro é 20 polegadas.

$A = s^2 = (5 \text{ pol.})^2 = 25 \text{ pol.}^2$

$P = 4 \times s = 4 \times 5 \text{ pol.} = 20 \text{ pol.}$

P. Encontre a área de um paralelogramo com base de 4 pés e a altura de 3 pés.

R. A área é 12 ft. quadrados.

$A = b \times h = (4 \text{ ft.} \times 3 \text{ ft.}) = 12 \text{ ft}^2$

P. Encontre a área e perímetro de um retângulo com um comprimento de 9 centímetros e uma largura de 4 centímetros.

R. **A área é 36 centímetros quadrados e o perímetro é 26 centímetros.**

$A = l \times w = 9 \text{ cm} \times 4 \text{ cm} = 36 \text{ cm}^2$

$P = 2 \times (l + w) = 2 \times (9 \text{ cm} + 4 \text{ cm}) = 2 \times 13 \text{ cm} = 26 \text{ cm}$

P. Encontre a área de um trapézio com bases de 3 metros e 5 metros, e uma altura de 2 metros.

R. **A área é 8 metros quadrados.**

$$A = \frac{1}{2} \times (b_1 + b_2) \times h$$

$$= \frac{1}{2} \times (3 \text{ m} + 5 \text{ m}) \times 2 \text{ m}$$

$$= \frac{1}{2} \times (8 \text{ m}) \times 2 \text{ m} = 8 \text{ m}^2$$

1. Qual é a área e o perímetro de um quadrado com um lado de 9 milhas?

Resolva

2. Encontre a área e o perímetro de um quadrado com um lado de 31 centímetros.

Resolva

3. Descubra a área e o perímetro de um retângulo com comprimento de 10 polegadas e uma largura de 5 polegadas.

Resolva

4. Determine a área e o perímetro de um retângulo com comprimento de 23 quilômetros e uma largura de 19 quilômetros.

Resolva

CAPÍTULO 12 **Modelando com Geometria** 237

5. Qual é a área de um losango com uma base de 9 metros e uma altura de 6 metros?

Resolva

6. Descubra a área de um paralelogramo com uma base de 17 jardas e uma altura de 13 jardas.

Resolva

7. Anote a área de um trapézio com bases de 6 e 8 pés e uma altura de 5 pés.

Resolva

8. Qual é a área de trapézio que tem bases de 15 e 35 milímetros e uma altura de 21 milímetros?

Resolva

Fazendo uma Jogada Tripla com Triângulos

Qualquer forma com três lados retos é um *triângulo*. Para achar a área de um triângulo, use a seguinte fórmula onde b é o comprimento da base (algum lado do triângulo) e h é a altura do triângulo (a menor distância da base ao canto oposto); veja também a Figura 12−5:

$$A = \frac{1}{2} \times b \times h$$

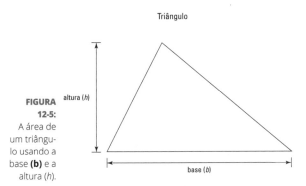

FIGURA 12-5: A área de um triângulo usando a base (*b*) e a altura (*h*).

Qualquer triângulo que tem um ângulo de 90° (graus) é chamado de *triângulo retângulo*. O triângulo retângulo é a mais importante das formas em geometria. De fato, a *trigonometria*, a qual é dedicada inteiramente ao estudo de triângulos, inicia com um conjunto de introspecções e observações sobre triângulos retângulos.

O lado mais longo de um triângulo retângulo (*c*) é chamado *hipotenusa* e os dois lados mais curtos (*a* e *b*) são chamados de *catetos*. A mais importante fórmula do triângulo retângulo — chamada de *Teorema de Pitágoras* — te permite achar o comprimento da hipotenusa dados apenas os comprimentos dos catetos.

$a^2 + b^2 = c^2$

Figura 12-6 mostra o teorema em ação.

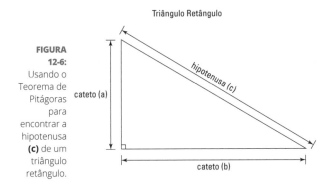

FIGURA 12-6: Usando o Teorema de Pitágoras para encontrar a hipotenusa (*c*) de um triângulo retângulo.

P. Encontre a área de um triângulo com uma base de 5 metros e uma altura de 6 metros.

R. **15 metros quadrados.**

$$A = \frac{1}{2} \times 5 \text{ m} \times 6 \text{ m} = 15 \text{ m}^2$$

P. Encontre a hipotenusa de um triângulo retângulo com catetos que são de 6 e 8 polegadas de comprimento.

R. **10 polegadas.** Use o Teorema de Pitágoras para encontrar o valor de c como segue:

$$a^2 + b^2 = c^2$$

$$6^2 + 8^2 = c^2$$

$$36 + 64 = c^2$$

$$100 = c^2$$

Então, quando você multiplica c por ele mesmo, o resultado é 100. Portanto, $c = 10$ pol., porque $10 \times 10 = 100$.

9. Qual é a área de um triângulo com uma base de 7 centímetros e uma altura de 4 centímetros?

Resolva

10. Encontre a área de um triângulo com uma base de 10 quilômetros e uma altura de 17 quilômetros.

Resolva

11. Encontre a área de um triângulo com uma base de 2 pés e uma altura de 33 polegadas.

Resolva

12. Descubra a hipotenusa de um triângulo retângulo cujos catetos medem 3 milhas e 4 milhas.

Resolva

13. Qual a hipotenusa de um triângulo retângulo com dois catetos medindo 5 milímetros e 12 milímetros?

Resolva

14. Descubra a hipotenusa de um triângulo retângulo com dois catetos medindo 8 pés e 15 pés.

Resolva

Chegando com Medidas Circulares

Um *círculo* é o conjunto de pontos que estão a uma distância constante de um ponto em seu interior. Aqui estão alguns termos que são convenientes quando se fala sobre círculos (veja Figura 12-7):

» O *centro (c)* de um círculo é o ponto que está a mesma distância de qualquer ponto sobre o próprio círculo.

» O *raio (r)* de um círculo é a distância do centro a qualquer ponto sobre o círculo.

» O *diâmetro (d)* de um círculo é a distância de qualquer ponto sobre o círculo passando pelo centro ao ponto oposto sobre o círculo.

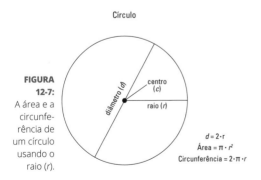

FIGURA 12-7: A área e a circunferência de um círculo usando o raio (r).

CAPÍTULO 12 **Modelando com Geometria** 241

Para encontrar a área (A) de um círculo, use a seguinte fórmula:

$$A = \pi \times r^2$$

LEMBRE-SE

O símbolo π é chamado *pi*. É um decimal que segue para sempre, assim você não pode ter um valor exato para π. Contudo, o número 3,14 é uma boa aproximação de π que você pode utilizar quando resolver problemas que envolvam círculos. (Note que, quando você usa uma aproximação, o símbolo $\approx$ substitui o sinal = nos problemas.)

O perímetro de um círculo tem um nome especial: a *circunferência (C)*. As fórmulas para a circunferência de um círculo também incluem π:

$$C = 2 \times \pi \times r$$

$$C = \pi \times d$$

Estas fórmulas de circunferência dizem a mesma coisa porque, como você pode ver na Figura 12–7, o diâmetro de um círculo é sempre duas vezes seu raio. O que te dá a seguinte fórmula:

$$d = 2 \times r$$

EXEMPLO

P. Qual o diâmetro de um círculo que tem um raio de 3 polegadas?

R. 6 polegadas.

$$D = 2 \times r = 2 \times 3 \text{ pol.} = 6 \text{ pol.}$$

P. Qual é a área aproximada de um círculo que tem um raio de 10 milímetros?

R. 314 milímetros quadrados.

$$A = \pi \times r^2$$
$$\approx 3{,}14 \times (10 \text{ mm})^2$$
$$\approx 3{,}14 \times 100 \text{ mm}^2$$
$$\approx 314 \text{ mm}^2$$

P. Qual é a circunferência aproximada de um círculo que tem um raio de 4 pés?

R. 25,12 ft.

$$C = 2\pi \times r$$
$$\approx 2 \times 3{,}14 \times 4 \text{ ft}$$
$$\approx 25{,}12 \text{ ft}$$

15. Qual é a área aproximada e a circunferência de um círculo que tem um raio de 3 quilômetros?

Resolva

16. Descubra a área aproximada e a circunferência de um círculo que tem um raio de 12 jardas.

Resolva

17. Escreva a área aproximada e a circunferência de um círculo com um diâmetro de 52 centímetros.

Resolva

18. Encontre a área aproximada e a circunferência de um círculo com um diâmetro de 86 polegadas.

Resolva

Construindo Habilidades de Medidas Sólidas

Sólidos te levam ao mundo real, à terceira dimensão. Um dos sólidos mais simples é o *cubo*, um sólido com seis faces quadradas idênticas. Para achar o volume de um cubo, use a fórmula seguinte, onde s é o comprimento do lado de qualquer face (veja Figura 12-8):

$$V = s^3$$

Uma *caixa* (também chamada um *sólido retangular*) é um sólido com seis faces retangulares. Para achar o volume de uma caixa, use a seguinte fórmula, onde l é o comprimento, w é a largura e h é a altura (veja Figura 12-9):

$$V = l \times w \times h$$

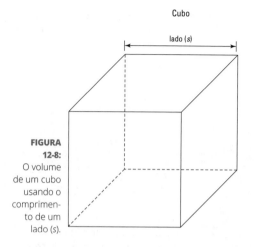

FIGURA 12-8: O volume de um cubo usando o comprimento de um lado (s).

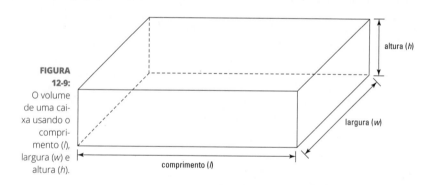

FIGURA 12-9: O volume de uma caixa usando o comprimento (*l*), largura (*w*) e altura (*h*).

Um *prisma* é um sólido com duas bases idênticas e seção transversal constante — isto é, sempre que você fatiar um prisma paralelamente às bases, a seção transversal é do mesmo tamanho e forma como as bases. Um *cilindro* é um sólido com duas bases circulares idênticas e uma seção transversal constante. Para achar o volume de um prisma ou de um cilindro, use a seguinte fórmula, onde A^b é a área da base e h é a altura (veja Figura 12-10). Você pode encontrar as fórmulas de áreas por este capítulo:

$V = A_b \times h$

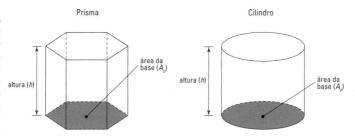

FIGURA 12-10: O volume de um prisma ou cilindro usando a área da base (A_b) e a altura (h).

Uma *pirâmide* é um sólido que tem uma base que é um polígono (uma forma com lados retos), com linhas retas que se estendem a partir dos lados da base para se encontrarem em um ponto comum. Similarmente, um *cone* é um sólido que tem uma base que é um círculo, com linhas retas se estendendo a partir de todos os pontos sobre a extremidade da base, para se encontrarem em ponto comum. A fórmula para o volume de uma pirâmide é a mesma para o volume de um cone. Nesta fórmula, ilustrada na Figura 12-11, A_b é a área da base e h é a altura:

$$V = \frac{1}{3} \times A_b \times h$$

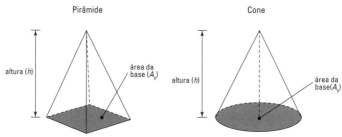

FIGURA 12-11: O volume de uma pirâmide ou de um cone usando a área da base (A_b) e a altura (h).

LEMBRE-SE

Medidas de volume são usualmente em unidades cúbicas, tais como centímetros cúbicos (cm³) ou pés cúbicos (ft³).

EXEMPLO

P. Qual o volume de um cubo com um lado que mede 4 centímetros?

R. 64 centímetros cúbicos.

$V = s^3 = (4 \text{ cm})^3 = 4 \text{ cm} \times 4 \text{ cm} \times 4 \text{ cm} = 64 \text{ cm}^3$

P. Calcule o volume de uma caixa com um comprimento de 7 polegadas, uma largura de 4 polegadas e uma altura de 2 polegadas.

R. 56 polegadas cúbicas.

$V = l \times w \times h = 7 \text{ pol.} \times 4 \text{ pol.} \times 2 \text{ pol.} = 56 \text{ pol.}^3$

P. Encontre o volume de um prisma com uma base que tem uma área de 6 centímetros quadrados e uma altura de 3 centímetros.

R. 18 centímetros cúbicos.

$$V = A_b \times h = 6 \text{ cm}^2 \times 3 \text{ cm} = 18 \text{ cm}^3$$

P. Descubra o volume aproximado de um cilindro com uma base que tem um raio de 2 pés e uma altura de 8 pés.

R. 100,48 pés cúbicos. Para iniciar, ache a área aproximada da base usando a fórmula para a área de um círculo:

$$A_b = \pi \times r^2$$
$$= 3,14 \times (2 \text{ ft})^2$$
$$\approx 3,14 \times 4 \text{ ft}^2$$
$$\approx 12,56 \text{ ft}^2$$

Agora, insira esse resultado na fórmula para o volume de um prisma / cilindro:

$$V = A_b \times h$$
$$\approx 12,56 \text{ ft}^2 \times 8 \text{ ft.}$$
$$\approx 100,48 \text{ ft}^3.$$

P. Encontre o volume de uma pirâmide com uma base quadrada cujo lado tem 10 polegadas e com uma altura de 6 polegadas.

R. 200 polegadas cúbicas. Primeiro, encontre a área da base usando a fórmula para a área de um quadrado:

$$A_b = s^2 = (10 \text{ pol.})^2 = 100 \text{ pol.}^2$$

Agora insira esse resultado na fórmula para o volume de uma pirâmide / cone:

$$V = \frac{1}{3} \times A_b \times h$$
$$= \frac{1}{3} \times 100 \text{ pol.}^2 \times 6 \text{ pol.}$$
$$= 200 \text{ pol.}^3$$

P. Descubra o volume aproximado de um cone com uma base que tem um raio de 2 metros e com uma altura de 3 metros.

R. 12,56 metros cúbicos. Primeiro, ache a área aproximada da base usando a fórmula para a área de um círculo:

$$A_b = \pi \times r^2$$
$$\approx 3,14 \times (2 \text{ m})^2$$
$$\approx 3,14 \times 4 \text{ m}^2$$
$$\approx 12,56 \text{ m}^2$$

Agora insira esse resultado na fórmula para o volume de uma pirâmide / cone:

$$V = \frac{1}{3} \times A_b \times h$$
$$= \frac{1}{3} \times 12,56 \text{ m}^2 \times 3 \text{ m}$$
$$= 12,56 \text{ m}^3$$

19. Encontre o volume de um cubo que tem um lado de 19 metros.

`Resolva`

20. Descubra o volume de uma caixa com um comprimento de 18 centímetros, uma largura de 14 centímetros e uma altura de 10 centímetros.

`Resolva`

21. Descubra o volume aproximado de um cilindro cuja base tem um raio de 7 milímetros e altura de 16 milímetros.

`Resolva`

22. Encontre o volume aproximado de um cone cuja base tem um raio de 3 polegadas e altura de 8 polegadas.

`Resolva`

CAPÍTULO 12 **Modelando com Geometria**

Respostas de Problemas de Modelando com Geometria

O que segue são as respostas às questões práticas apresentadas neste capítulo.

1. **Área: 81 milhas quadradas; perímetro: 36 milhas.** Use as fórmulas para área e perímetro de um quadrado:

   $A = s^2 = (9 \text{ mi.})^2 = 81 \text{ mi.}^2$

   $P = 4 \times s = 4 \times 9 \text{ mi.} = 36 \text{ mi.}$

2. **Área: 961 centímetros quadrados; perímetro: 124 centímetros.** Insira 31 cm para s nas fórmulas para área e perímetro de um quadrado:

   $A = s^2 = (31 \text{ cm})^2 = 961 \text{ cm}^2$

   $P = 4 \times s = 4 \times 31 \text{ cm} = 124 \text{ cm}$

3. **Área: 50 polegadas quadradas; perímetro: 30 polegadas.** Insira o comprimento e largura nas fórmulas para área e perímetro de um retângulo:

   $A = l \times w = 10 \text{ pol.} \times 5 \text{ pol.} = 50 \text{ pol.}^2$

   $P = 2 \times (l + w) = 2 \times (10 \text{ pol.} + 5 \text{ pol.}) = 30 \text{ pol.}$

4. **Área: 437 quilômetros quadrados; perímetro: 84 quilômetros.** Use as fórmulas para área e perímetro de um retângulo:

   $A = l \times w = 23 \text{ km} \times 19 \text{ km} = 437 \text{ km}^2$

   $P = 2 \times (l + w) = 2 \times (23 \text{ km} + 19 \text{ km}) = 84 \text{ km.}$

5. **54 metros quadrados.** Use a fórmula para a área de paralelogramo/losango:

   $A = b \times h = 9 \text{ m} \times 6 \text{ m} = 54 \text{ m}^2$

6. **221 jardas quadradas.** Use a fórmula para a área de paralelogramo/losango:

   $A = b \times h = 17 \text{ yd.} \times 13 \text{ yd.} = 221 \text{ yd.}^2$

7. **35 pés quadrados**. Insira seus números na fórmula para a área do trapézio:

$$A = \frac{1}{2} \times (b_1 + b_2) \times h$$

$$= \frac{1}{2} \times (6 \text{ ft.} + 8 \text{ ft.}) \times 5 \text{ ft.}$$

$$= \frac{1}{2} \times 14 \text{ ft.} \times 5 \text{ ft.}$$

$$= 35 \text{ ft.}^2$$

8. **525 milímetros quadrados**. Use a fórmula para a área do trapézio:

$$A = \frac{1}{2} \times (b_1 + b_2) \times h$$

$$= \frac{1}{2} \times (15 \text{ mm} + 35 \text{ mm}) \times 21 \text{ mm}$$

$$= \frac{1}{2} \times 50 \text{ mm} \times 21 \text{ mm}$$

$$= 525 \text{ mm}^2$$

9. **14 centímetros quadrados**. Use a fórmula para a área do triângulo:

$$A = \frac{1}{2} \times b \times h = \frac{1}{2} \times 7 \text{ cm} \times 4 \text{ cm} = 14 \text{ cm}^2$$

10. **85 quilômetros quadrados**. Insira os números para a base e a altura do triângulo:

$$A = \frac{1}{2} \times b \times h = \frac{1}{2} \times 10 \text{ km} \times 17 \text{ km} = 85 \text{ km}^2$$

11. **396 polegadas quadradas**. Primeiro, converta pés para polegadas. Doze polegadas são iguais a 1 pé:

2 ft. = 24 pol.

Agora use a fórmula para a área do triângulo:

$$A = \frac{1}{2} \times b \times h$$

$$= \frac{1}{2} \times 24 \text{ pol.} \times 33 \text{ pol.}$$

$$= 396 \text{ pol.}^2$$

Nota: Se em vez disso converter de polegadas para pés, a resposta 2,75 pés quadrados também está correta.

12. **5 milhas**. Use o Teorema de Pitágoras para encontrar o valor de c como a seguir:

$$a^2 + b^2 = c^2$$

$$3^2 + 4^2 = c^2$$

$$9 + 16 = c^2$$

$$25 = c^2$$

Quando você multiplica c por ele mesmo, o resultado é 25. Portanto,

$$c = 5 \text{ mi.}$$

13. **13 milímetros**. Use o Teorema de Pitágoras para encontrar o valor de c:

$$a^2 + b^2 = c^2$$

$$5^2 + 12^2 = c^2$$

$$25 + 144 = c^2$$

$$169 = c^2$$

Quando você multiplica c por ele mesmo, o resultado é 169. A hipotenusa é mais longa que o maior dos catetos, assim c tem de ser maior que 12. Por tentativa e erro, inicie com 13:

$$13^2 = 169$$

Portanto, a hipotenusa tem 13 mm.

14. **17 pés**. Use o Teorema de Pitágoras para encontrar o valor de c:

$$a^2 + b^2 = c^2$$

$$8^2 + 15^2 = c^2$$

$$64 + 225 = c^2$$

$$289 = c^2$$

Quando você multiplica c por ele mesmo, o resultado é 289. A hipotenusa é mais longa que o maior dos catetos, assim c tem de ser maior que 15. Por tentativa e erro, inicie com 16:

$$16^2 = 256$$

$$17^2 = 289$$

Portanto, a hipotenusa tem 17 ft.

15. **Área aproximada de 28,26 quilômetros quadrados; circunferência aproximada de 18,84 quilômetros.** Use a fórmula para a área do círculo:

$$A = \pi \times r^2$$
$$\approx 3,14 \times (3\text{ km})^2$$
$$\approx 3,14 \times 9\text{ km}^2$$
$$\approx 28,26\text{ km}^2$$

Use a fórmula para a circunferência do círculo:

$$C = 2\pi \times r$$
$$\approx 2 \times 3,14 \times 3\text{ km}$$
$$\approx 18,84\text{ km}$$

16. **Área aproximada de 452,16 jardas quadradas; circunferência aproximada de 75,36 jardas.** Use a fórmula para a área do círculo:

$$A = \pi \times r^2$$
$$\approx 3,14 \times (12\text{ yd.})^2$$
$$\approx 3,14 \times 144\text{ yd.}^2$$
$$\approx 452,16\text{ yd.}^2$$

Use a fórmula para a circunferência do círculo:

$$C = 2\pi \times r$$
$$\approx 2 \times 3,14 \times 12\text{ yd.}$$
$$\approx 75,36\text{ yd.}$$

17. **Área aproximada de 2.122,64 centímetros quadrados; circunferência aproximada de 163,28 jardas.** O diâmetro tem 52 cm, assim o raio é sua metade, que é 26 cm. Use a fórmula para a área do círculo:

$$A = \pi \times r^2$$
$$\approx 3,14 \times (26\text{ cm})^2$$
$$\approx 3,14 \times 676\text{ cm}^2$$
$$\approx 2.122,64\text{ cm}^2$$

Use a fórmula para a circunferência do círculo:

$$C = 2\pi \times r$$
$$\approx 2 \times 3,14 \times 26\text{ cm}$$
$$\approx 163,27\text{ cm}$$

18. **Área aproximada de 5.805,86 polegadas quadradas; circunferência aproximada de 270,04 polegadas**. O diâmetro tem 86 pol., assim o raio é sua metade, que é 43 pol.. Use a fórmula para a área do círculo:

$$A = \pi \times r^2$$
$$\approx 3,14 \times (43 \text{ pol.})^2$$
$$\approx 3,14 \times 1.849 \text{ pol.cm}^2$$
$$\approx 5.805,86 \text{ pol.}^2$$

Use a fórmula para a circunferência do círculo:

$$C = 2\pi \times r$$
$$\approx 2 \times 3,14 \times 43 \text{ pol.}$$
$$\approx 270,04 \text{ pol.}$$

19. **6.859 metros cúbicos**. Substitua 19 m por s na fórmula do volume do cubo:

$$V = s^3 = (19 \text{ m})^3 = 6.859 \text{ m}^3$$

20. **2.520 centímetros cúbicos**. Use a fórmula para o volume da caixa:

$$V = l \times w \times h$$
$$= 18 \text{ cm} \times 14 \text{ cm} \times 10 \text{ cm} = 2.520 \text{ cm}^2$$

21. **Aproximadamente 2.461,76 milímetros cúbicos**. Primeiro, use a fórmula do círculo para encontrar a área da base:

$$A_b = \pi \times r^2$$
$$\approx 3,14 \times (7 \text{ mm})^2$$
$$\approx 3,14 \times 49 \text{ mm}^2$$
$$\approx 153,86 \text{ mm}^2$$

Insira este resultado na fórmula para o volume de um prisma/cilindro:

$$V = A_b \times h$$
$$= 153,86 \text{ mm}^2 \times 16 \text{ mm} = 2.461,76 \text{ mm}^3$$

22. **Aproximadamente 75,36 polegadas cúbicas**. Use a fórmula do círculo para encontrar a área da base:

$$A_b = \pi \times r^2$$
$$\approx 3,14 \times (3 \text{ pol.})^2$$
$$\approx 3,14 \times 9 \text{ pol.}^2$$
$$\approx 28,26 \text{ pol.}^2$$

Insira este resultado na fórmula para o volume de uma pirâmide/cone:

$$V = \frac{1}{3} \times A_b \times h$$
$$= \frac{1}{3} \times 28,26 \text{ pol.}^2 \times 8 \text{ pol.} = 75,36 \text{ pol.}^3$$

NESTE CAPÍTULO

Entendendo as bases do gráfico *xy*

Identificando pontos e desenhando linhas nos gráficos *xy*

Capítulo 13

Obtendo Gráfico: Gráficos XY

U m *gráfico* é uma ferramenta visual para fornecer informações sobre números. Gráficos comumente aparecem em relatórios de negócios, brochuras de vendas, jornais e revistas — qualquer local em que a transmissão de informação numérica rapidamente e claramente é importante.

Neste capítulo, vou mostrar como trabalhar com o gráfico que é mais comumente utilizado em matemática: o gráfico *xy*.

CAPÍTULO 13 **Obtendo Gráfico: Gráficos XY** 253

Obtendo o Ponto do Gráfico XY

Em matemática, o gráfico mais comumente utilizado é o *gráfico xy* (também chamado de *sistema de coordenadas Cartesianas* ou o *plano Cartesiano*). O gráfico *xy* é basicamente duas linhas numéricas que se cruzam em 0. Essas linhas numéricas são chamadas de *eixo x* (eixo das abscissas que se estende horizontalmente) e o *eixo y* (eixo das ordenadas que se estende verticalmente). Esses dois eixos se cruzam em um ponto chamado *origem*.

Todo ponto sobre o gráfico *xy* é representado por um par de números entre parênteses, chamado um conjunto de *coordenadas xy* (ou um *par ordenado*). O primeiro número é chamado *coordenada x* e o segundo é chamado *coordenada y*.

Para localizar um ponto sobre o gráfico *xy*, inicie na origem (0,0) e siga as coordenadas:

» **A coordenada *x*:** o primeiro número diz quão longe ir para a direita (se positivo) ou para a esquerda (se negativo), ao longo do eixo *x*.

» **A coordenada *y*:** o segundo número diz quão longe ir para cima (se positivo) ou para baixo (se negativo) ao longo do eixo *y*.

Por exemplo, para localizar o ponto $P = (3, -4)$, inicie na origem e conte três pontos para a direita; então viaje para baixo quatro pontos e coloque seu ponto lá.

P. Identifique os seguintes pontos sobre o gráfico xy:

(A) $A = (2, 5)$
(B) $B = (-3, 1)$
(C) $C = (-2, -4)$
(D) $D = (6, 0)$
(E) $E = (-5, -5)$
(F) $F = (0, -1)$

R.

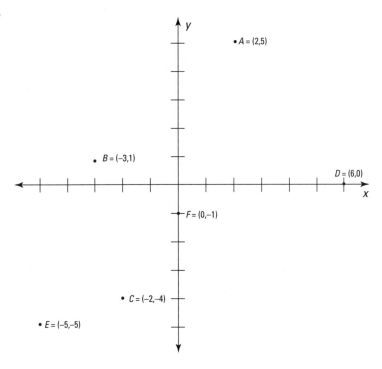

P. Anote as coordenadas xy dos pontos G até L.

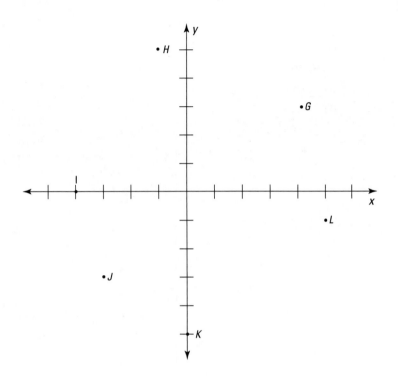

R. G = (4,3), H =(−1,5), I = (−4,0), J = (−3,−3), K = (0,−5) e L = (5,−1).

1. Identifique cada dos seguintes pontos sobre o gráfico xy.

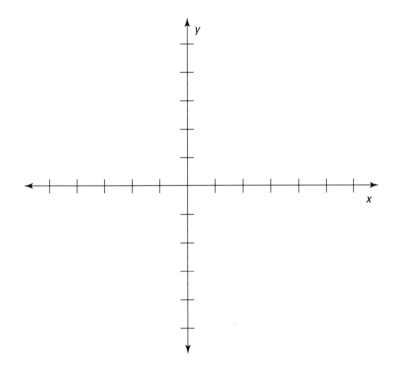

(A) $M = (5,6)$
(B) $N = (-6,-2)$
(C) $O = (0,0)$
(D) $P = (-1,2)$
(E) $Q = (3,0)$
(F) $R = (0,2)$

Resolva

2. Anote as coordenadas xy para cada ponto de S a X.

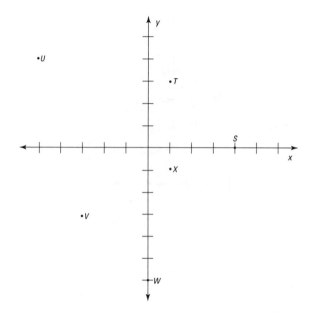

Resolva

Desenhando a Linha sobre o Gráfico XY

Após ter entendido como colocar pontos no gráfico xy (veja a seção precedente), você pode usar esta habilidade para desenhar linhas que representam equações sobre o gráfico. Para ver como isso funciona, é útil entender o conceito de uma função.

Uma *função* é uma máquina matemática — frequentemente sob a forma y = alguma expressão que envolve x — que transforma um número em outro número. O número com que você começa é chamado a *entrada*, e o número que surge é a *saída*. Sobre um gráfico, a entrada é normalmente x e a saída é y.

Uma ferramenta útil para entender funções é uma *tabela entrada-saída*. Em tal tabela, você insere vários valores x na fórmula e faz os cálculos necessários para encontrar os valores y correspondentes.

Você pode usar as coordenadas xy de uma tabela entrada-saída para colocar pontos no gráfico (como mostrei na seção precedente). Quando estes pontos estiverem todos alinhados, desenhe uma linha reta passando por eles para representar a função sobre o gráfico. **Nota**: Tecnicamente, você precisa de apenas dois pontos para descobrir por onde a linha deve passar. Ainda, encontrar mais pontos é boa prática, e é importante quando você está traçando o gráfico de uma função que não é uma linha reta.

EXEMPLO

P. Faça uma tabela entrada-saída para a função $y = x + 2$ para os valores de entrada 0, 1, 2, 3 e 4. Então anote as coordenadas xy para os cinco pontos dessa função.

R. **(0,2), (1,3), (2,4), (3,5) e (4,6)**. Aqui está a tabela entrada-saída para a função $y = x + 2$

Entrada Valor x	x + 2	Saída Valor y
0	0 + 2	2
1	1 + 2	3
2	2 + 2	4
3	3 + 2	5
4	4 + 2	6

Como você pode ver, a primeira coluna tem os cinco valores de entrada 0, 1, 2, 3 e 4. Na segunda coluna, substituí cada um desses cinco valores por x na expressão $x + 2$. Na terceira coluna, calculei essa expressão para obter os cinco valores de saída. Para ter as coordenadas xy para a função, emparelhe os números da primeira e terceira coluna: (0,2), (1,3), (2,4), (3,5) e (4,6).

P. Desenhe a função $y = x + 2$ como uma linha sobre o gráfico xy representando os pontos utilizando as coordenadas (0,2), (1,3), (2,4), (3,5) e (4,6).

R.

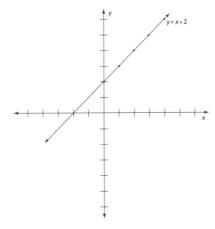

CAPÍTULO 13 **Obtendo Gráfico: Gráficos XY** 259

3. Trace o gráfico de $y = x - 1$.

(A) Monte uma tabela entrada-saída para a função $y = x - 1$ para os valores de entrada 0, 1, 2, 3 e 4.

(B) Use essa tabela para anotar as coordenadas xy para os cinco pontos da função.

(C) Identifique esses cinco pontos para desenhar a função $y = x - 1$ como uma linha sobre o gráfico.

Resolva

4. Trace o gráfico de $y = 2x$.

(A) Monte uma tabela entrada-saída para a função $y = 2x$ para os valores de entrada 0, 1, 2, 3 e 4. (A notação $2x$ significa $2 \times x$.)

(B) Use essa tabela para anotar as coordenadas xy para os cinco pontos da função.

(C) Identifique esses cinco pontos para desenhar a função $y = 2x$ como uma linha sobre o gráfico.

Resolva

5. Trace o gráfico de $y = 3x - 5$.

(A) Monte uma tabela entrada-saída para a função $y = 3x - 5$ para os valores de entrada 0, 1, 2, 3 e 4. (A notação $3x$ significa $3 \times x$.)

(B) Use essa tabela para anotar as coordenadas xy para os cinco pontos da função.

(C) Identifique esses cinco pontos para desenhar a função $y = 3x - 5$ como uma linha sobre o gráfico.

Resolva

6. Trace o gráfico de $y = \frac{x}{2} + 3$.

(A) Monte uma tabela entrada-saída para a função $y = \frac{x}{2} + 3$ para os valores de entrada -2, 0, 2 e 4.

(B) Use essa tabela para anotar as coordenadas xy para os quatro pontos da função.

(C) Identifique esses cinco pontos para desenhar a função $y = \frac{x}{2} + 3$ como uma linha sobre o gráfico.

Resolva

Respostas de Problemas de Obtendo Gráfico: Gráficos XY

O que segue são as respostas às questões práticas apresentadas neste capítulo.

1. Veja o seguinte gráfico:

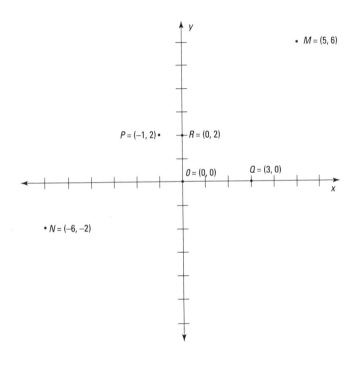

2. $S = (4,0)$, $T = (1,3)$, $U = (-5,4)$, $V = (-3,-3)$, $W = (0,-6)$ e $X = (1,-1)$.

3. Gráfico $y = x - 1$.

   (A) Aqui está a tabela entrada-saída para a função $y = x - 1$.

Entrada Valor x	x − 1	Saída Valor y
0	0 − 1	−1
1	1 − 1	0
2	2 − 1	1
3	3 − 1	2
4	4 − 1	3

   CAPÍTULO 13 Obtendo Gráfico: Gráficos XY   261

(B) (0,−1), (1,0), (2,1), (3,2) e (4,3).

(C) Veja o gráfico seguinte:

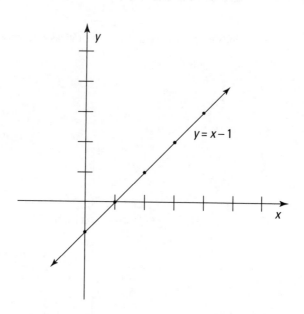

4. Gráfico $y = 2x$.

   (A) Monte a tabela entrada-saída para $y = 2x$.

Entrada Valor x	2x	Saída Valor y
0	2 × 0	0
1	2 × 1	2
2	2 × 2	4
3	2 × 3	6
4	2 × 4	8

   (B) (0,0), (1,2), (2,4), (3,6) e (4,8).

(C) Veja o gráfico seguinte:

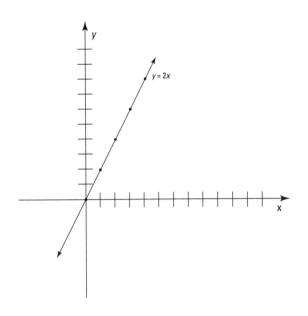

5. Gráfico $y = 3x - 5$.

   (A) Aqui está a tabela entrada-saída para a função $y = 3x - 5$.

Entrada Valor *x*	3*x* – 5	Saída Valor *y*
0	(3 × 0) – 5	–5
1	(3 × 1) – 5	–2
2	(3 × 2) – 5	1
3	(3 × 3) – 5	4
4	(3 × 4) – 5	7

(B) (0,−5), (1,−2), (2,1), (3,4) e (4,7).

(C) Veja o gráfico seguinte:

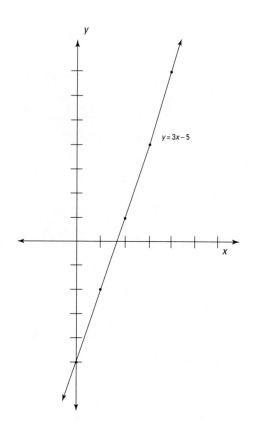

6. $y = \frac{x}{2} + 3$.

(A) Preencha a tabela entrada-saída para a função $y = \frac{x}{2} + 3$.

Entrada Valor x	$\frac{x}{2} + 3$	Saída Valor y
–2	$-\frac{2}{2} + 3$	2
0	$\frac{0}{2} + 3$	3
2	$\frac{2}{2} + 3$	4
4	$\frac{4}{2} + 3$	5

(B) (–2,2), (0,3), (2,4) e (4,5).

(C) Veja o gráfico seguinte:

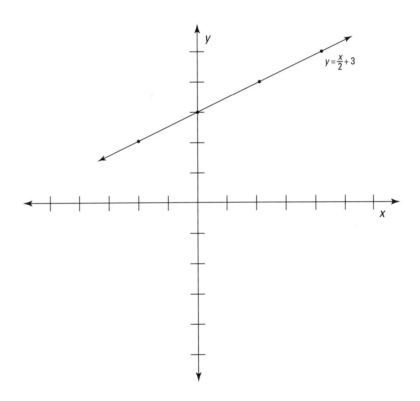

CAPÍTULO 13 Obtendo Gráfico: Gráficos XY   265

O Fator X: Apresentando Álgebra

NESTA PARTE . . .

Calcule expressões algébricas colocando números para variáveis.

Simplifique expressões removendo parênteses e combinando termos semelhantes.

Fatore expressões usando o máximo divisor comum para todos os termos.

Solucione equações algébricas isolando a variável.

Use multiplicação cruzada para solucionar equações com frações.

NESTE CAPÍTULO

Calculando expressões algébricas

Decompondo uma expressão em termos e identificando os semelhantes

Aplicando as Quatro Grandes operações aos termos algébricos

Simplificando e alterando expressões

Capítulo 14

Expressando-se com Expressões Algébricas

Em aritmética, algumas vezes uma caixa, uma lacuna vazia, ou um sinal de interrogação representa um número desconhecido, como em $2 + 3 = \square$, $9 - \underline{\quad} = 5$, ou $? \times 6 = 18$. Mas, em álgebra, uma letra tal como x representa um número desconhecido. Uma letra em álgebra é chamada *variável* porque seu valor pode variar de um problema para outro. Por exemplo, na equação $10 - x = 8$, x tem o valor de 2 porque $10 - 2 = 8$. Mas na equação $2(x) = 12$, x tem o valor de 6 porque $2 \times 6 = 12$.

Aqui estão algumas convenções algébricas que você deve conhecer:

» **Multiplicação:** Ao multiplicar por uma variável, você raramente utiliza o operador $\times$ ou $\cdot$. Como em aritmética, você pode usar parênteses sem um operador para expressar multiplicação. Por exemplo, $3(x)$ significa $3 \times x$. Com frequência o operador de multiplicação é deixado completamente. Por exemplo, $3x$ significa $3 \times x$.

CAPÍTULO 14 **Expressando-se com Expressões Algébricas** 269

» **Divisão:** A barra de fração substitui o sinal de divisão, assim para expressar $x \div 5$, você escreve $\frac{x}{5}$.

» **Potências:** Álgebra comumente utiliza expoentes para mostrar uma variável multiplicada por ela mesma. Então para expressar $x \times x$, você escreve x^2 em vez de xx. Para expressar xxx, você escreve x^3.

LEMBRE-SE

Um expoente aplica-se *somente* à variável que ele segue, assim na expressão $2xy^2$, somente o y é elevado ao quadrado. Para fazer um expoente ser aplicado a todas as variáveis, você deveria agrupá-las entre parênteses, como em $2(xy)^2$.

Neste capítulo, você vai descobrir como ler, calcular, desmembrar e simplificar expressões algébricas básicas. Também vou mostrar como adicionar, subtrair e multiplicar expressões algébricas.

Ligue-o: Calculando Expressões Algébricas

Uma expressão aritmética é qualquer sequência de números e operadores que fazem sentido quando localizados sobre um lado de um sinal de igual. Uma *expressão algébrica* é similar, exceto que ela inclui ao menos uma variável (tal como x). Assim como as expressões aritméticas, uma expressão algébrica pode ser *calculada* — isto é, reduzida a um único número. Em álgebra, contudo, este cálculo depende do valor da variável.

Aqui está como calcular uma expressão algébrica quando lhe é dado o valor de cada variável:

1. **Substitua o valor em cada variável da expressão.**

2. **Calcule a expressão usando a ordem das operações, como eu mostrei no Capítulo 4.**

P. Calcule a expressão algébrica $x^2 - 2x + 5$ quando $x = 3$.

EXEMPLO

R. 8. Primeiro substitua 3 por x na expressão:

$$x^2 - 2x + 5 = 3^2 - 2(3) + 5$$

Calcule a expressão utilizando a ordem das operações. Inicie calculando a potência:

$$= 9 - 2(3) + 5$$

Em seguida, a multiplicação:

$= 9 - 6 + 5$

Finalmente, calcule a adição e a subtração da esquerda para a direita:

$= 3 + 5 = 8$

P. Calcule a expressão algébrica $3x^2 + 2xy^4 - y^3$ quando $x = 5$ e $y = 2$.

R. **227**. Coloque 5 em x e 2 em y na expressão:

$3x^2 + 2xy^4 - y^3 = 3(5^2) + 2(5)(2^4) - 2^3$

Calcule a expressão usando a ordem das operações. Comece calculando as três potências:

$= 3(25) + 2(5)(16) - 8$

Em seguida, calcule a multiplicação:

$= 75 + 160 - 8$

Finalmente, calcule a adição e a subtração da esquerda para a direita:

$235 - 8 = 227$

1. Calcule a expressão $x^2 + 5x + 4$ quando $x = 3$.

Resolva

2. Encontre o valor de $5x^4 + x^3 - x^2 + 10x + 8$ quando $x = -2$.

Resolva

3. Calcule a expressão $x(x^2 - 6)(x - 7)$ quando $x = 4$.

Resolva

4. Calcule $\dfrac{(x-9)^4}{(x+4)^3}$ quando $x = 6$.

Resolva

5. Encontre o valor de $3x^2 + 5xy + 4y^2$ quando $x = 5$ e $y = 7$.

Resolva

6. Calcule a expressão $x^6y - 5xy^2$ quando $x = -1$ e $y = 9$.

Resolva

Conhecendo os Termos de Separação

Expressões algébricas começam a fazer mais sentido quando você entende como elas são postas juntas, e o melhor modo para entender isto é separá-las e saber como cada parte é chamada. Toda expressão algébrica pode ser desdobrada em um ou mais termos. Um *termo* é qualquer pedaço de símbolos destacado do resto da expressão por ou um sinal de adição ou de subtração. Por exemplo,

> » A expressão $-7x + 2xy$ possui dois termos: $-7x$ e $2xy$.
> » A expressão $x^4 - \dfrac{x^2}{5} - 2x + 2$ tem quatro termos: x^4, $\dfrac{-x^2}{5}$, $-2x$ e 2.
> » A expressão $8x^2y^3z^4$ tem apenas um termo: $8x^2y^3z^4$.

LEMBRE-SE

Quando você separa uma expressão algébrica em termos, agrupe os termos com sinais de mais ou menos que imediatamente a seguem. Então você pode reorganizar os termos em qualquer ordem que te convier. Após os termos estarem separados, você pode desprezar os sinais de mais.

Quando um termo não possui uma variável, ele é chamado *constante*. (*Constante* é apenas uma palavra diferente para *número*.) Quando um termo tem uma variável, é chamado um *termo algébrico*. Todo termo algébrico possui duas partes:

> » O *coeficiente* é a parte numérica do termo com sinal — isto é, o número e o sinal (+ ou -) que vai com o termo. Tipicamente, o coeficiente 1 e -1 são desprezados de um termo, então quando um termo parece não ter coeficiente, seu coeficiente ou é 1 ou -1, dependendo do sinal daquele termo. O coeficiente de uma constante é ela mesma.
> » A *parte variável* é tudo a mais diferente do coeficiente.

LEMBRE-SE

Quando dois termos têm a mesma parte variável, eles são chamados *termos semelhantes* ou *termos similares*. Para dois termos serem semelhantes, ambas as letras e seus expoentes têm de ser exatamente os mesmos. Por exemplo, os termos $2x$, $-12x$ e $834x$ são todos termos semelhantes, porque suas partes variáveis são todas x. Similarmente, os termos $17xy$, $1.000xy$ e $0,625xy$ são todos termos semelhantes, porque suas partes variáveis são todas xy.

EXEMPLO

P. Na expressão $3x^2 - 2x - 9$, identifique quais termos são algébricos e quais são constantes.

R. **$13x^2$ e $-2x$ são ambos termos algébricos e -9 é uma constante**.

CAPÍTULO 14 **Expressando-se com Expressões Algébricas** 273

P. Identifique o coeficiente de cada termo na expressão $2x^4 - 5x^3 + x^2 - x - 9$.

R. **2, −5, 1, −1 e −9**. A expressão tem cinco termos: $2x^4$, $-5x^3$, x^2, $-x$, -9. O coeficiente de $2x^4$ é 2, e o coeficiente de $-5x^3$ é −5. O termo x^2 parece não ter coeficiente, assim seu coeficiente é 1. O termo $-x$ também parece não ter coeficiente, assim seu coeficiente é −1. O termo −9 é uma constante, então seu coeficiente é −9.

7. Anote todos os termos na expressão $7x^2yz - 10xy^2z + 4xyz^2 + y - z + 2$. Quais são algébricos e quais são constantes?

Resolva

8. Identifique o coeficiente de cada termo em $-2x^5 + 6x^4 + x^3 - x^2 - 8x + 17$.

Resolva

9. Escreva todos os coeficientes da expressão $-x^3y^3z^3 - x^2y^2z^2 + xyz - x$.

Resolva

10. Na expressão $12x^3 + 7x^2 - 2x - x^2 - 8x^4 + 99x + 99$, identifique qualquer conjunto de termos semelhantes.

Resolva

274 PARTE 4 **O Fator X: Apresentando Álgebra**

Adicionando e Subtraindo Termos Semelhantes

Você pode adicionar ou subtrair somente termos algébricos semelhantes (veja a seção precedente). Em outras palavras, a parte variável precisa coincidir. Para adicionar dois termos semelhantes, simplesmente adicione os coeficientes e mantenha a mesma parte variável dos termos. A subtração funciona quase do mesmo jeito: Encontre a diferença entre seus coeficientes e mantenha a mesma parte variável.

EXEMPLO

P. Quanto é $3x + 5x$?

R. **8x**. A parte variável de ambos os termos é x, então você pode adicionar:

$$3x + 5x = (3 + 5)x = 8x$$

P. Quanto é $24x^3 - 7x^3$?

R. **17x³**. Subtraia os coeficientes:

$$24x^3 - 7x^3 = (24 - 7)x^3 = 17x^3$$

11. Adicione $4x^2y + (-9x^2y)$.

Resolva

12. Adicione $x^3y^2 + 20x^3y^2$.

Resolva

13. Subtraia $-2xy^4 - 20xy^4$.

Resolva

14. Subtraia $-xyz - (-xyz)$.

Resolva

Multiplicando e Dividindo Termos

Ao contrário da adição e da subtração, você pode multiplicar *quaisquer* dois termos algébricos, sendo eles semelhantes ou não. Multiplique dois termos multiplicando seus coeficientes e coletando todas as variáveis em cada termo para um termo único. Ao coletar as variáveis, você está apenas usando os expoentes para contar a quantidade de xs e ys que apareceram nos termos originais.

DICA

Um modo rápido para multiplicar variáveis com expoentes é adicionar os expoentes das variáveis idênticas.

Você também pode dividir quaisquer termos algébricos. Divisão em álgebra é usualmente representada como uma fração. Dividir é similar a reduzir uma fração a seus menores termos:

1. Reduza os coeficientes aos menores termos como você faria com qualquer outra fração (veja Capítulo 6).

2. Cancele variáveis que aparecem no numerador e no denominador.

DICA

Um modo rápido para dividir é subtrair os expoentes de variáveis idênticas. Para cada variável, subtraia o expoente no numerador menos o expoente no denominador. Quando o expoente resultante é um número negativo, mova a variável para o denominador e remova o sinal de menos.

EXEMPLO

P. Quanto é $2x(6y)$?

R. **12xy**. Para ter o coeficiente final, multiplique os coeficientes $2 \times 6 = 12$. Para ter a parte variável, combine as variáveis x e y:

$$2x(6y) = 2(6)xy = 12xy$$

P. Quanto é $2x(4xy)(5y^2)$?

R. **$40x^2y^3$**. Multiplique todos os coeficientes e reúna as variáveis:

$$2x(4xy)(5y^2) = 2(4)(5)xxyy^2 = 40x^2y^3$$

Nesta resposta, o expoente 2 que está associado com x é apenas a contagem de quantos x aparecem no problema; o mesmo é verdade sobre o expoente 3 que está associado com y.

P. Quanto é $4x(-9x)$?

R. **$-36x^2$**. Para ter o coeficiente final, multiplique os coeficientes $4x - 9 = -36$. Para ter a parte variável da resposta, colete todas as variáveis num único termo:

$$4x(-9x) = 4(-9)xx$$

Lembre que x^2 é a escrita rápida para xx, então reescreva a resposta como segue:

$$-36x^2$$

P. Quanto é $(x^2y^3)(xy^5)(x^4)$?

R. x^7y^8. Adicione expoentes dos três x $(2 + 1 + 4 = 7)$ para ter o expoente de x na resposta (lembre que x significa x^1). Adicione os dois expoentes de y $(3 + 5 = 8)$ para ter o expoente de y na resposta.

P. Quanto é $\dfrac{6x^3y^2}{3xy^2}$?

R. $2x^2$. Expoentes representam repetidas multiplicações, então

$$\frac{6x^3y^2}{3xy^2} = \frac{6xxxyy}{3xyy}$$

Ambos numerador e denominador são divisíveis por 3, então reduza os coeficientes, tal como você reduziria uma fração.

$$= \frac{2xxxyy}{xyy}$$

Agora cancele quaisquer variáveis repetidas no numerador e denominador — isto é, um x e dois y, ambos acima e abaixo da barra de fração:

$$= \frac{2xx\,\cancel{x}\,\cancel{y}\,\cancel{y}}{\cancel{x}\,\cancel{y}\,\cancel{y}} = 2xx$$

Reescreva este resultado utilizando um expoente.

$$2x^2$$

---

15. Multiplique $4x(7x^2)$.

Resolva

16. Multiplique $-xy^3z^4(10x^2y^2z)(-2xz)$.

Resolva

CAPÍTULO 14 **Expressando-se com Expressões Algébricas** 277

17. Divida $\dfrac{6x^4y^5}{8x^4y^4}$.
Resolva

18. Divida $\dfrac{7x^2y}{21xy^3}$.
Resolva

Simplificando Expressões pela Combinação de Termos Semelhantes

Embora uma expressão algébrica possa ter qualquer número de termos, você pode algumas vezes torná-la menor e mais fácil para trabalhar. Este processo é chamado *simplificação* de expressão.

Para simplificar, você *combina termos semelhantes*, o que significa que você adiciona ou subtrai quaisquer termos que possuem partes variáveis idênticas. (Para entender como identificar termos algébricos semelhantes, veja "Conhecendo os Termos de Separação", anteriormente neste capítulo. "Adicionando e Subtraindo Termos Semelhantes" mostra como fazer o cálculo.)

Em algumas expressões, termos semelhantes podem não estar próximos uns dos outros. Neste caso, você pode querer reorganizar os termos para posicionar todos os termos semelhantes juntos antes de combiná-los.

CUIDADO

Ao reorganizar termos, você *deve* manter o sinal (+ ou −) com o termo que o segue.

Para finalizar, você usualmente reorganiza a resposta alfabeticamente, do maior expoente ao menor, e posiciona qualquer constante por último. Em outras palavras, se sua resposta for $-5 + 4y^3 + x^2 + 2x - 3xy$, você a reorganizaria para ler $x^2 + 2x - 3xy + 4y^3 - 5$. (Este passo não muda a resposta, mas é um tipo de organização então professores o adoram.)

EXEMPLO

P. Simplifique a expressão $x^2 + 2x - 7x + 1$.

R. $x^2 - 5x + 1$. Os termos $2x$ e $-7x$ são semelhantes, então você pode combiná-los:

$$x^2 + \underline{2x} - \underline{7x} + 1 = x^2 + (2-7)x + 1 = x^2 - 5x + 1$$

P. Simplifique a expressão $4x^2 - 3x + 2 + x - 7x^2$.

R. $-3x^2 - 2x + 2$. Iniciei sublinhando os cinco termos da expressão:

$$\underline{4x^2} - \underline{3x} + \underline{2} + \underline{x} - \underline{7x^2}$$

Organize estes termos como precisar, de modo que todos os termos semelhantes fiquem juntos:

$$\underline{4x^2} - \underline{7x^2} - \underline{3x} + \underline{x} + 2$$

Neste ponto, combine os dois pares de termos semelhantes sublinhados:

$$(4 - 7)x^2 + (-3 + 1)x + 2 = -3x^2 - 2x + 2$$

19. Simplifique a expressão
$3x^2 + 5x^2 + 2x - 8x - 1$.

Resolva

20. Simplifique a expressão
$6x^3 - x^2 + 2 - 5x^2 - 1 + x$.

Resolva

CAPÍTULO 14 **Expressando-se com Expressões Algébricas** 279

21. Simplifique a expressão
$2x^4 - 2x^3 + 2x^2 - x + 9 + x + 7x^2$.

`Resolva`

22. Simplifique a expressão
$x^5 - x^3 + xy - 5x^3 - 1 + x^3 - xy + x$.

`Resolva`

Simplificando Expressões com Parênteses

Quando uma expressão contém parênteses, você precisa se livrar deles antes que você possa simplificar as expressões. Aqui estão quatro casos possíveis:

» **Parênteses precedidos de um sinal de mais (+):** Apenas remova os parênteses. Depois de tudo, você deve ser capaz de simplificar mais a expressão pela combinação de termos semelhantes, como mostrei na seção precedente.

» **Parênteses precedidos de um sinal de menos (–):** Mude todos os termos no interior dos parênteses para o sinal oposto; então remova os parênteses. Após os parênteses terem ido, combine os termos semelhantes.

» **Parênteses precedidos de nenhum sinal (um termo diretamente próximo a um conjunto de parênteses):** Multiplique o termo próximo aos parênteses por todos os termos no seu interior (certifique-se de que você incluiu os sinais de mais e menos nos termos); então despreze os parênteses. Simplifique combinando os termos semelhantes.

280 PARTE 4 **O Fator X: Apresentando Álgebra**

LEMBRE-SE

Para multiplicar variáveis idênticas, simplesmente adicione os expoentes. Por exemplo, $x(x^2) = x^{1+2} = x^3$. Do mesmo modo, $-x^3(x^4) = -(x^{3+4}) = -x^7$.

» **Dois conjuntos de parênteses adjacentes:** Discutirei este caso na próxima seção.

EXEMPLO

P. Simplifique a expressão $7x + (x^2 - 6x + 4) - 5$.

R. $x^2 + x - 1$. Como um sinal de mais precede este conjunto de parênteses, você pode desprezá-lo.

$$7x + (x^2 - 6x + 4) - 5$$
$$= 7x + x^2 - 6x + 4 - 5$$

Agora combine os termos semelhantes. Faço isso em dois passos:

$$\underline{7x - 6x} + x^2 + \underline{4 - 5}$$

Finalmente reorganize a resposta do mais alto expoente pra o menor:

$$= x^2 + x - 1$$

P. Simplifique a expressão $x - 3x(x^3 \, 4x^2 + 2) + 8x^4$.

R. $5x^4 + 12x^3 - 5x$. O termo $-3x$ precede este conjunto de parênteses sem um sinal no meio, então multiplique todos os termos no interior dos parênteses por $-3x$ e depois despreze os parênteses:

$$x - 3x(x^3 - 4x^2 + 2) + 8x^4$$
$$= x + -3x(x^3) + -3x(-4x^2) + -3x(2) + 8x^4$$
$$= x - 3x^4 + 12x^3 - 6x + 8x^4$$

Agora combine os termos semelhantes. Faço isso em dois passos:

$$= \underline{x - 6x} - \underline{3x^4 + 8x^4} + 12x^3$$
$$= -5x + 5x^4 + 12x^3$$

Como passo final, reorganize os termos em ordem do maior para o menor expoente:

$$= 5x^4 + 12x^3 - 5x$$

23. Simplifique a expressão
$3x^3 + (12x^3 - 6x) + (5 - x)$.

Resolva

24. Simplifique a expressão
$2x^4 - (-9x^2 + x) + (x + 10)$.

Resolva

25. Simplifique a expressão
$x - (x^3 - x - 5) + 3(x^2 - x)$.

Resolva

26. Simplifique a expressão
$-x^3(x^2 + x) - (x^5 - x^4)$.

Resolva

PEIU: Lidando com Dois Conjuntos de Parênteses

Quando uma expressão contém dois conjuntos de parênteses próximos entre si, você precisa multiplicar cada termo no interior do primeiro conjunto de parênteses por todos os termos do segundo conjunto. Este processo é chamado "PEIU". A palavra *PEIU* é um recurso de memória para as palavras *Primeiro, Externo, Interno, Último*, que ajuda a trilhar a multiplicação quando ambos os conjuntos de parênteses têm dois termos cada.

Quando dois conjuntos de parênteses adjacentes são parte de uma longa expressão, aplique PEIU ao conteúdo dos parênteses e coloque os resultados dentro de um conjunto de parênteses. Então remova-os usando uma das regras que mostrei na seção precedente.

EXEMPLO

P. Simplifique a expressão $(x + 4)(x - 3)$.

R. $x^2 + x - 12$. Inicie multiplicando os dois primeiros termos:

$(x + 4)(x - 3)$ $x \times x = x^2$

Multiplique os dois termos externos:

$(x + 4)(x \underline{- 3})$ $x \times -3 = -3x$

Multiplique os dois termos internos:

$(x + \underline{4})(x - 3)$ $4 \times x = 4x$

Finalmente, multiplique os dois últimos termos:

$(x + \underline{4})(x \underline{- 3})$ $4 \times -3 = -12$

Adicione todos os quatro resultados e simplifique combinando os termos semelhantes:

$(x + 4)(x - 3) = x^2 \underline{-3x} + \underline{4x} - 12 = x^2 + x - 12$

P. Simplifique a expressão $x^2 - (-2x + 5)(3x - 1) + 9$.

R. $7x^2 - 17x + 14$. Inicie pelos parênteses com PEIU. Comece multiplicando os dois primeiros termos:

$(\underline{-2x} + 5)(\underline{3x} - 1)$ $-2x \times 3x = -6x^2$

Multiplique os dois termos externos:

$(\underline{-2x} + 5)(3x \underline{-1})$ $-2x \times -1 = 2x$

CAPÍTULO 14 **Expressando-se com Expressões Algébricas**

Multiplique os dois termos internos:

$(-2x + \underline{5})(\underline{3x} - 1)$ $5 \times 3x = 15x$

Finalmente, multiplique os dois últimos termos:

$(-2x + \underline{5})(3x - \underline{1})$ $5 \times -1 = -5$

Adicione estes quatro produtos e coloque o resultado entre parênteses, substituindo os dois conjuntos que lá estavam originalmente:

$x^2 - (-2x + 5)(3x - 1) + 9$

$= x^2 - (-6x^2 + 2x + 15x - 5) + 9$

Os parênteses remanescentes são precedidos por um sinal de menos, então troque o sinal de cada termo lá dentro pelo seu oposto e despreze os parênteses:

$= x^2 + 6x^2 - 2x - 15x + 5 + 9$

Neste ponto, você pode simplificar a expressão combinando os termos semelhantes:

$= x^2 + 6x^2 - 2x - 15x + 5 + 9$

$= 7x^2 - 17x + 14$

27. Simplifique a expressão $(x + 7)(x - 2)$.

Resolva

28. Simplifique a expressão $(x - 1)(-x - 9)$.

Resolva

29. Simplifique a expressão $6x - (x - 2)(x - 4) + 7x^2$.

Resolva

30. Simplifique a expressão $3 - 4x(x^2 + 1)(x - 5) + 2x^3$.

Resolva

Respostas de Expressando-se com Expressões Algébricas

O que segue são as respostas às questões práticas apresentadas neste capítulo.

1. $x^2 + 5x + 4 = \mathbf{28}$. Substitua 3 para x na expressão:

    $$x^2 + 5x + 4 = 3^2 + 5(3) + 4$$

    Calcule a expressão usando a ordem das operações. Inicie com a potência:

    $$= 9 + 5(3) + 4$$

    Continue calculando a multiplicação:

    $$= 9 + 15 + 4$$

    Termine calculando a adição da esquerda para a direita:

    $$= 24 + 4 = 28$$

2. $5x^4 + x^3 - x^2 + 10x + 8 = \mathbf{56}$. Coloque -2 em todo x na expressão:

    $$5x^4 + x^3 - x^2 + 10x + 8 = 5(-2)^4 + (-2)^3 - (-2)^2 + 10(-2) + 8$$

    Calcule a expressão usando a ordem das operações. Inicie com as potências:

    $$= 5(16) + -8 - 4 + 10(-2) + 8$$

    Faça a multiplicação:

    $$= 80 + -8 - 4 + -20 + 8$$

    Termine calculando a adição da esquerda para a direita:

    $$= 72 - 4 + -20 + 8 = 68 + -20 + 8 = 48 + 8 = 56$$

3. $x(x^2 - 6)(x - 7) = \mathbf{-120}$. Substitua 4 para x na expressão:

    $$x(x^2 - 6)(x - 7) = 4(4^2 - 6)(4 - 7)$$

    Siga a ordem das operações para calcular a expressão. Inicie dentro do primeiro conjunto de parênteses, calcule a potência e então a subtração:

    $$= 4(16 - 6)(4 - 7) = 4(10)(4 - 7)$$

    Encontre o conteúdo remanescente dos parênteses:

    $$= 4(10)(-3)$$

    Calcule a multiplicação da esquerda para a direita:

$$= 40(-3) = -120$$

4. $\dfrac{(x-9)^4}{(x+4)^3} = \dfrac{81}{1.000}$ **(ou 0,081)**. Substitua todo x na expressão por 6:

$$\frac{(x-9)^4}{(x+4)^3} = \frac{(6-9)^4}{(6+4)^3}$$

Siga a ordem das operações. Calcule o conteúdo do conjunto de parênteses no numerador e então no denominador:

$$= \frac{(-3)^4}{(6+4)^3} = \frac{(-3)^4}{10^3}$$

Continue calculando as potências de cima para baixo:

$$= \frac{81}{10^3} = \frac{81}{1.000}$$

Você também pode expressar esta fração como o decimal 0,081.

5. $3x^2 + 5xy + 4y^2 = \mathbf{446}$. Substitua 5 para x e 7 para y na expressão:

$$3x^2 + 5xy + 4y^2 = 3(5)^2 + 5(5)(7) + 4(7)^2$$

Calcule usando a ordem das operações. Inicie com as potências:

$$= 3(25) + 5(5)(7) + 4(49)$$

Calcule a multiplicação da esquerda para a direita:

$$= 75 + 175 + 196$$

Finalmente, faça a adição da esquerda para a direita:

$$= 250 + 196 = 446$$

6. $x^6y - 5xy^2 = \mathbf{414}$. Coloque -1 para cada x e 9 para cada y na expressão:

$$x^6y - 5xy^2 = (-1)^6(9) - 5(-1)(9)^2$$

Siga a ordem das operações. Inicie com as potências:

$$= 1(9) - 5(-1)(81)$$

Continue calculando a multiplicação da esquerda para a direita:

$$= 9 - (-5)(81) = 9 - (405)$$

Finalmente, faça a subtração:

$$= 414$$

7. Em $7x^2yz - 10xy^2z + 4xyz^2 + y - z + 2$, **os termos algébricos são** $7x^2yz$, $-10xy^2z$, $4xyz^2$, y e $-z$; **a constante é 2**.

8. Em $-2x^5 + 6x^4 + x^3 - x^2 - 8x + 17$, **os seis coeficientes, em ordem, são** **-2, 6, 1, -1, -8 e 17**.

9. Em $-x^3y^3z^3 - x^2y^3z^2 + xyz - x$, **os quatro coeficientes, em ordem, são** **-1, -1, 1 e -1**.

10. Em $12x^3 + 7x^2 - 2x - x^2 - 8x^4 + 99x + 99$, **$7x^2$ e $-x^2$** são termos semelhantes (a parte variável é x^2) **$-2x$ e $99x$** são também termos semelhantes (a parte variável é x).

11. $4x^2y + -9x^3y = (4 + -9)x^2y = \mathbf{-5x^2y}$.

12. $x^3y^2 + 20x^3y^2 = (1 + 20)x^3y^2 = \mathbf{21x^3y^2}$.

13. $-2xy^4 - 20xy^4 = (-2 - 20)xy^4 = \mathbf{-22xy^4}$.

14. $-xyz - (-xyz) = [-1 - (-1)]xyz = (-1 + 1)xyz = \mathbf{0}$.

15. $4x(7x^2) = \mathbf{28x^3}$. Multiplique os dois coeficientes para ter o coeficiente da resposta; então una as variáveis em um termo:

$$4x(7x^2) = 4(7)xx^2 = 28x^3$$

16. $-xy^3z^4(10x^2y^2z)(-2xz) = \mathbf{20x^4y^5z^6}$. Multiplique os coeficientes ($-1 \times 10 \times -2 = 20$) para ter o coeficiente da resposta. Adicione os expoentes de x ($1 + 2 + 1 = 4$) para ter o expoente de x na resposta. Adicione os expoentes de y ($3 + 2 = 5$) para ter o expoente de y na resposta. E adicione os expoentes de z ($4 + 1 + 1 = 6$) para ter o expoente de z na resposta.

17. $\dfrac{6x^4y^5}{8x^4y^4} = \dfrac{3y}{4}$. Reduza os coeficientes do numerador e denominador justamente como você reduziria uma fração:

$$\frac{6x^4y^5}{8x^4y^4} = \frac{3x^4y^5}{4x^4y^4}$$

Para ter o expoente de x da resposta, tome o expoente de x no numerador menos o expoente de x no denominador: $4 - 4 = 0$, assim o x é cancelado:

$$= \frac{3y^5}{4y^4}$$

Para ter o expoente de y da resposta, tome o expoente de y no numerador menos o expoente de y no denominador: $5 - 4 = 1$, assim você tem somente y^1, ou y, no numerador:

$$= \frac{3y}{4}$$

18. $\dfrac{7x^2y}{21xy^3} = \dfrac{x}{3y^2}$. Reduza os coeficientes do numerador e denominador justamente como você reduziria uma fração:

$$\frac{7x^2y}{21xy^3} = \frac{x^2y}{3xy^3}$$

Tome o expoente de x no numerador menos o expoente de x no denominador ($2 - 1 = 1$) para ter o expoente de x da resposta:

$$= \frac{xy}{3y^3}$$

Para ter o expoente de y, tome o expoente de y no numerador menos o expoente de y no denominador ($1 - 3 = -2$):

$$= \frac{xy^{-2}}{3}$$

Para concluir, remova o sinal de menos do expoente de y e mova esta variável para o denominador:

$$= \frac{x}{3y^2}$$

19. $3x^2 + 5x^2 + 2x - 8x - 1 = \mathbf{8x^2 - 6x - 1}$. Combine os seguintes termos semelhantes sublinhados:

$$\underline{3x^2 + 5x^2} + \underline{2x - 8x} - 1$$
$$= 8x^2 - 6x - 1$$

20. $6x^3 - x^2 + 2 - 5x^2 - 1 + x = \mathbf{6x^3 - 6x^2 + x + 1}$. Reorganize os termos, assim os termos semelhantes estarão próximos entre si:

$$6x^3 - x^2 + 2 - 5x^2 - 1 + x$$
$$= 6x^3 - x^2 - 5x^2 + x + 2 - 1$$

Agora combine os termos semelhantes sublinhados:

$$= 6x^3 - 6x^2 + x + 1$$

21. $2x^4 - 2x^3 + 2x^2 - x + 9 + x + 7x^2 = \mathbf{2x^4 - 2x^3 + 9x^2 + 9}$. Coloque os termos semelhantes próximos um do outro:

$$2x^4 - 2x^3 + 2x^2 - x + 9 + x + 7x^2$$

$$= 2x^4 - 2x^3 + \underline{2x^2} + \underline{7x^2} - \underline{x} + \underline{x} + 9$$

Agora combine os termos semelhantes sublinhados:

$$= 2x^4 - 2x^3 + 9x^2 + 9$$

Note que os dois termos x se cancelam.

22. $x^5 - x^3 + xy - 5x^3 - 1 + x^3 - xy + x = \mathbf{x^5 - 5x^3 + x - 1}$. Reorganize os termos, assim os termos semelhantes estarão próximos entre si:

$$x^5 - x^3 + xy - 5x^3 - 1 + x^3 - xy + x$$

$$= x^5 - \underline{x^3} - \underline{5x^3} + \underline{x^3} + \underline{xy} - \underline{xy} + x - 1$$

Agora combine os termos semelhantes sublinhados:

$$x^5 - 5x^3 + x - 1$$

Note que os dois termos xy se cancelam.

23. $3x^3 + (12x^3 - 6x) + (5 - x) = \mathbf{15x^3 - 7x + 5}$. Um sinal de mais precede os dois conjuntos de parênteses, então você pode dispensá-los:

$$3x^3 + (12x^3 - 6x) + (5 - x)$$

$$= 3x^3 + 12x^3 - 6x + 5 - x$$

Agora combine os termos semelhantes:

$$= \underline{3x^3} + \underline{12x^3} - \underline{6x} - \underline{x} + 5$$

$$= 15x^3 - 7x + 5$$

24. $2x^4 - (-9x^2 + x) + (x + 10) = \mathbf{2x^4 + 9x^2 + 10}$. Um sinal de menos precede o primeiro conjunto de parênteses, então mude o sinal de todos os termos dentro deste conjunto e dispense os parênteses:

$$2x^4 - (-9x^2 + x) + (x + 10)$$

$$= 2x^4 + 9x^2 - x + (x + 10)$$

Um sinal de mais precede o segundo conjunto de parênteses, então você pode dispensá-lo:

$$= 2x^4 + 9x^2 - x + x + 10$$

Agora combine os termos semelhantes:

$$2x^4 + 9x^2 + 10$$

25. $x - (x^3 - x - 5) + 3(x^2 - x) = \mathbf{-x^3 + 3x^2 - x + 5}$. Um sinal de menos precede o primeiro conjunto de parênteses, então mude o sinal de todos os termos dentro deste conjunto e dispense os parênteses:

$$x - (x^3 - x - 5) + 3(x^2 - x)$$

$$= x - x^3 + x + 5 + 3(x^2 - x)$$

Você não tem nenhum sinal entre o termo 3 e o segundo conjunto de parênteses, então multiplique todos os termos dentro dele por 3 e dispense os parênteses:

$$= x - x^3 + x + 5 + 3x^2 - 3x$$

Agora combine os termos semelhantes:

$$= \underline{x + x - 3x} - x^3 + 5 + 3x^2$$

$$= -x - x^3 + 5 + 3x^2$$

Reorganize a resposta de modo que os expoentes estejam em ordem decrescente:

$$= -x^3 + 3x^2 - x + 5$$

26. $-x^3(x^2 + x) - (x^5 - x^4) = \mathbf{-2x^5}$. Você não tem nenhum sinal entre o termo $-x^3$ e o primeiro conjunto de parênteses, então multiplique todos os termos dentro dele por $-x^3$ e dispense os parênteses:

$$-x^3(x^2 + x) - (x^5 - x^4)$$

$$= -x^5 - x^4 - (x^5 - x^4)$$

Um sinal de menos precede o segundo conjunto de parênteses, então mude o sinal de todos os termos dentro deste conjunto de parênteses e dispense-os:

$$= -x^5 - x^4 - x^5 + x^4$$

Combine os termos semelhantes notando que os termos x^4 se anulam:

$$= \underline{-x^5 - x^5} \; \underline{- x^4 + x^4}$$

$$= -2x^5$$

27. $(x + 7)(x - 2) = \mathbf{x^2 + 5x - 14}$. Comece com o PEIU sobre os parênteses. Inicie multiplicando os dois primeiros termos:

$$(x + 7)(x - 2) \quad x \times x = x^2$$

290   PARTE 4   **O Fator X: Apresentando Álgebra**

Multiplique os dois termos externos:

$(x + 7)(x - \underline{2})$ $x \times -2 = -2x$

Multiplique os dois termos internos:

$(x + \underline{7})(x - 2)$ $7 \times x = 7x$

Finalmente multiplique os dois últimos termos:

$(x + \underline{7})(x - \underline{2})$ $7 \times -2 = -14$

Adicione esses quatro produtos e simplifique combinando termos semelhantes:

$x^2 - \underline{2x + 7x} - 14 = x^2 + 5x - 14$

28. $(x - 1)(-x - 9) = \mathbf{-x^2 - 8x + 9}$. PEIU sobre os parênteses. Multiplique os dois primeiros termos, os dois termos externos, os dois termos internos e os dois últimos termos:

$(x - 1)(\underline{-x} - 9)$ $x \times -x = -x^2$

$(x - 1)(-x - \underline{9})$ $x \times -9x = -9x$

$(x - \underline{1})(\underline{-x} - 9)$ $-1 \times -x = x$

$(x - \underline{1})(-x - \underline{9})$ $-1 \times -9 = 9$

Adicione esses quatro produtos e simplifique combinando termos semelhantes:

$-x^2 - \underline{9x + x} + 9 = -x^{2-} - 8x + 9$

29. $6x - (x - 2)(x - 4) + 7x^2 = \mathbf{6x^2 + 12x - 8}$. Comece com o PEIU sobre os parênteses: Multiplique os primeiros, os externos, os internos e os últimos termos:

$(x - 2)(x - 4)$ $x \times x = x^2$

$(x - 2)(x - \underline{4})$ $x \times -4 = -4x$

$(x - \underline{2})(x - 4)$ $-2 \times x = -2x$

$(x - \underline{2})(x - \underline{4})$ $-2 \times -4 = 8$

Adicione esses quatro produtos e coloque o resultado dentro de um conjunto de parênteses, substituindo os dois conjuntos originais:

$6x - (x - 2)(x - 4) + 7x^2 = 6x - (x^2 - 4x - 2x + 8) + 7x^2$

O conjunto remanescente de parênteses é precedido de um sinal de menos, então mude o sinal de todos os termos dentro deste conjunto de parênteses e dispense-os:

$$= 6x - x^2 + 4x + 2x - 8 + 7x^2$$

Agora simplifique a expressão combinando os termos semelhantes e reorganizando sua solução:

$$= \underline{6x} + \underline{4x} + \underline{2x} - x^2 + 7x^2 - 8$$

$$= 6x^2 + 12x - 8$$

30. $3 - 4x(x^2 + 1)(x - 5) + 2x^3 = \mathbf{-4x^4 + 22x^3 - 4x^2 + 20x + 3}$. Comece com o PEIU sobre os parênteses. Multiplique os primeiros, os externos, os internos e os últimos termos:

$$(x^2 + 1)(x - 5) \quad x^2 \times x = x^3$$

$$(x^2 + 1)(x - \underline{5}) \quad x^2 \times -5 = -5x^2$$

$$(x^2 + \underline{1})(x - 5) \quad 1 \times x = x$$

$$(x^2 + \underline{1})(x - \underline{5}) \quad 1 \times -5 = -5$$

Adicione estes quatro produtos e coloque o resultado dentro de um conjunto de parênteses, substituindo os dois conjuntos que aí estavam originalmente.

$$3 - 4x(x^2 + 1)(x - 5) + 2x^3 = 3 - 4x(x^3 - 5x^2 + x - 5) + 2x^3$$

O conjunto remanescente de parênteses é precedido pelo termo $-4x$ com nenhum sinal entre eles, então multiplique $-4x$ por todos os termos em seu interior e dispense os parênteses:

$$3 - 4x + 20x^3 - 4x^2 + 20x + 2x^3$$

Agora simplifique a expressão combinando os termos semelhantes:

$$= -4x^4 + \underline{20x^3} + \underline{2x^3} - 4x^2 + 20x + 3$$

$$= -4x^4 + 22x^3 - 4x^2 + 20x + 3$$

NESTE CAPÍTULO
Resolvendo equações algébricas simples sem álgebra
Entendendo o método de escala de balança
Movendo termos através do sinal de igual
Usando multiplicação cruzada para simplificar equações

Capítulo 15

Encontrando o Equilíbrio Certo: Resolvendo Equações Algébricas

Neste capítulo, você usará suas habilidades fazendo as Quatro Grandes operações e simplificando expressões algébricas (veja Capítulo 14) para solucionar equações algébricas — isto é, equações com uma ou mais variáveis (tal como x). Resolver uma equação significa você descobrir o valor da variável. Primeiro, vou mostrar como solucionar equações muito simples para x sem utilizar álgebra. Então, conforme o problema se torna mais complicado, vou mostrar uma variedade de métodos para descobrir o valor de x.

Resolvendo Equações Algébricas Simples

Você não precisa sempre de álgebra para solucionar uma equação algébrica. Aqui estão três modos para solucionar problemas mais simples:

» **Inspeção:** Para os mais simples problemas de álgebra, *inspeção* — apenas olhando o problema — é suficiente. A resposta apenas salta à vista.

» **Reescrevendo o problema:** Em problemas levemente mais difíceis, você pode ser capaz de reescrever o problema, assim você pode encontrar a resposta. Em alguns casos, isto envolve utilizar operações inversas; em outros casos, você pode usar a mesma operação com os números trocados. (Apresentei operações inversas no Capítulo 2.)

» **Tentativa e erro:** Quando problemas são apenas um pouquinho mais difíceis, você pode tentar supor a resposta e então confirmar para ver se você está certo. Confirme substituindo x por sua suposição.

DICA

Quando sua suposição está errada, você pode usualmente dizer se ela é muito alta ou muito baixa. Utilize esta informação para te guiar nas próximas suposições.

Em alguns casos, você pode simplificar o problema antes de começar a solucioná-lo. Nos dois lados do sinal de igual, você pode reorganizar os termos e combinar termos semelhantes como mostrei no Capítulo 14. Após a equação estar simplificada, use qualquer método que você gostar para encontrar x.

EXEMPLO

P. Na equação $x + 3 = 10$, qual é o valor de x?

R. $x = 7$. Você pode solucionar este problema através de simples inspeção. Porque $7 + 3 = 10$, $x = 7$.

P. Encontre o valor de x na equação $8x - 20 = 108$.

R. $x = 16$. Suponha a resposta que você acha que possa ser. Por exemplo, talvez $x = 10$:

$$8(10) - 20 = 80 - 20 = 60$$

Como 60 é menor que 108, essa suposição foi muito baixa. Tente um número alto — digamos, $x = 20$:

$$8(20) - 20 = 160 - 20 = 140$$

Como 140 é maior que 108, essa suposição foi muito alta. Mas agora você sabe que a resposta está entre 10 e 20. Então tente $x = 15$:

$8(15) - 20 = 120 - 20 = 100$

O número 100 é só um pouco menor que 108, então essa suposição foi somente um pouco baixa. Tente $x = 16$:

$8(16) - 20 = 128 - 20 = 108$

O resultado 108 está certo, então $x = 16$.

P. Resolva a equação $7x = 224$ para x.

R. $x = 32$. Transforme o problema usando a inversão da multiplicação, que é a divisão:

$7 \times x = 224$ significa que $224 \div 7 = x$

Agora você consegue resolver o problema facilmente usando a divisão longa (eu não mostro este passo, mas para praticar longa divisão, veja o Capítulo 1):

$224 \div 7 = 32$

P. Solucione para x: $8x^2 - x + x^2 + 4x - 9x^2 = 18$.

R. $x = 6$. Reorganize a expressão do lado esquerdo da equação para que todos os termos semelhantes fiquem próximos uns dos outros:

$8x^2 + x^2 - 9x^2 - x + 4x = 18$

Combine os termos semelhantes:

$3x = 18$

Observe que os termos x^2 se cancelam. Como $3(6) = 18$ você sabe que $x = 6$

1. Solucione para x cada caso apenas olhando para a equação.

(A) $x + 5 = 13$

(B) $18 - x = 12$

(C) $4x = 44$

(D) $\dfrac{30}{x} = 3$

Resolva

2. Use a operação inversa correta para reescrever e solucionar cada problema.

(A) $x + 41 = 97$

(B) $100 - x = 58$

(C) $13x = 273$

(D) $\dfrac{238}{x} = 17$

Resolva

3. Encontre o valor de x em cada equação por tentativa e erro.

(A) $19x + 22 = 136$

(B) $12x - 17 = 151$

(C) $19x - 8 = 600$

(D) $x^2 + 3 = 292$

Resolva

4. Simplifique a equação e então solucione x usando qualquer método que você queira:

(A) $x^5 - 16 + x + 20 - x^5 = 24$

(B) $5xy + x - 2xy + 27 - 3xy = 73$

(C) $6x - 3 + x^2 - x + 8 - 5x = 30$

(D) $-3 + x^3 + 4 + x - x^3 - 1 = 2xy + 7 - x - 2xy + x$

Resolva

296   PARTE 4 **O Fator X: Apresentando Álgebra**

Igualdade para Todos: Utilizando a Escala de Equilíbrio para Isolar x

DICA

Pense em uma equação como uma escala de balança, uma das clássicas tem uma barra horizontal com pequenos pratos de pesagem pendurados em cada extremo. O sinal de igual significa que ambos os lados contêm o mesmo valor e, portanto, um equilibra o outro. Para manter o sinal de igual, você deve manter o equilíbrio. Dessa maneira, o que quer que você faça sobre um lado da equação, você deve fazer do outro.

Por exemplo, a equação 4 + 2 = 6 está equilibrada porque ambos os lados são iguais. Se você quer adicionar 1 a um lado da equação, você precisa adicionar 1 ao outro lado para manter o equilíbrio. Note que a equação permanece equilibrada, porque cada lado é igual a 7:

$$4 + 2 + 1 = 6 + 1$$

Você pode aplicar qualquer das Quatro Grandes operações à equação, desde que você mantenha a equação equilibrada todo o tempo. Por exemplo, aqui está como você multiplica ambos os lados da equação original por 10. Note que a equação se mantém equilibrada, porque cada lado é igual a 60:

$$10(4 + 2) = 10(6)$$

LEMBRE-SE

O simples conceito de escala de balança é o coração e alma da álgebra. Ao entender como manter a escala em equilíbrio, você pode resolver equações algébricas *isolando x* — isto é, tendo x sozinho em um lado da equação e tudo mais do outro. Para a maioria das equações básicas, isolar x é um processo de três passos:

1. **Adicione ou subtraia o mesmo número em cada lado para manter todas as constantes (termos sem *x*) em um lado da equação.**

   No outro lado da equação, as constantes devem se anular e ser igual a 0.

2. **Adicione ou subtraia para manter todos os termos *x* no outro lado da equação.**

   O termo *x* que ainda está no mesmo lado que a constante deve ser cancelado.

3. **Divida para isolar *x*.**

EXEMPLO

P. Use o método de escala de balança para encontrar o valor de x na equação $5x - 6 = 3x + 8$.

R. **x = 7**. Para manter todas as constantes no lado direito da equação, adicione 6 em ambos os lados, o que faz com que -6 seja cancelado no lado esquerdo da equação:

$$\begin{array}{r} 5x - 6 = 3x + 8 \\ +6 \quad\quad + 6 \\ \hline 5x \quad = 3x + 14 \end{array}$$

O lado direito da equação ainda contém $3x$. Para deixar todos os termos x no lado esquerdo da equação, subtraia $3x$ em ambos os lados:

$$\begin{array}{r} 5x = \quad 3x + 14 \\ -3x \quad -3x \\ \hline 2x = \quad\quad 14 \end{array}$$

Divida por 2 para isolar x:

$$\frac{2x}{2} = \frac{14}{2}$$
$$x = 7$$

5. Use o método da escala de balança para encontrar o valor de x na equação $9x - 2 = 6x + 7$.

Resolva

6. Solucione a equação $10x - 10 = 8x + 12$ usando o método da escala de balança.

Resolva

7. Encontre o valor de x em $4x - 17 = x + 22$.

Resolva

8. Solucione para x: $15x - 40 = 11x + 4$.

Resolva

Trocando Lados: Reorganizando Equações para Isolar x

Quando você entender como manter equações em equilíbrio (como mostrei na seção precedente), você poderá utilizar um método mais rápido para solucionar problemas de álgebra. O atalho é *reorganizar a equação* colocando todos os termos x de um lado do sinal de igual e todas as constantes (termos sem x) de outro lado. Essencialmente, você está fazendo a adição e subtração sem mostrá-las. Você pode então isolar x.

Como no método da escala de balança, encontrar x reorganizando a equação é um processo de três passos; contudo, os passos usualmente utilizados tomam menos tempo para escrever:

1. **Reorganize os termos da equação de modo que todos os termos *x* fiquem de um lado da equação e todas as constantes (termos sem *x*) fiquem do outro lado.**

LEMBRE-SE

Quando você move um termo de um lado para outro do sinal de igual, sempre negative aquele termo. Isto é, se o termo é positivo, mude-o para negativo; se o termo é negativo mude-o positivo.

2. **Combine termos semelhantes em ambos os lados da equação.**

3. **Divida para isolar *x*.**

Quando um ou ambos os lados da equação contém parênteses, remova-os (como mostrei no Capítulo 14). Então utilize esses três passos para encontrar x.

EXEMPLO

P. Encontre o valor de x na equação $7x - 6 = 4x + 9$.

R. $x = 5$. Reorganize os termos da equação de modo que os termos x fiquem de um lado e as constantes de outro. Eu faço isso em dois passos:

$7x - 6 = 4x + 9$

$7x = 4x + 9 + 6$

$7x - 4x = 9 + 6$

Combine os termos semelhantes em ambos os lados da equação:

$3x = 15$

Divida por 3 para isolar x:

$$\frac{3x}{3} = \frac{15}{3}$$
$$x = 5$$

P. Encontre o valor de x na equação $3 - (7x - 13) = 5(3 - x) - x$.

R. $x = 1$. Antes que você comece a reorganizar os termos, remova os parênteses de ambos os lados da equação. Do lado esquerdo, os parênteses estão precedidos por um sinal de menos, então troque os sinais de todos os termos e remova os parênteses:

$$3 - 7x + 13 = 5(3 - x) - x$$

Do lado direito, nenhum sinal aparece entre 5 e os parênteses, então multiplique cada termo dentro dos parênteses por 5 e remova-os:

$$3 - 7x + 13 = 15 - 5x - x$$

Agora você pode solucionar a equação em três passos. Coloque os termos x de um lado e as constantes do outro, lembrando de trocar os sinais como necessário:

$$-7x = 15 - 5x - x - 3 - 13$$

$$-7x + 5x + x = 15 - 3 - 13$$

Combine os termos semelhantes em ambos os lados da equação:

$$-x = -1$$

Divida por -1 para isolar x:

$$\frac{-x}{-1} = \frac{-1}{-1}$$
$$x = 1$$

9. Reorganize a equação $10x + 5 = 3x + 19$ para encontrar x.

Resolva

10. Encontre o valor de x reorganizando a equação $4 + (2x + 6) = 7(x - 5)$.

Resolva

11. Solucione o valor de x:
$-[2(x+7) + 1] = x - 12$.

Resolva

12. Encontre o valor de x: $-x^3 + 2(x^2 + 2x + 1) = 4x^2 - (x^3 + 2x^2 - 18)$.

Resolva

Restringindo Frações: Multiplicação Cruzada para Simplificar Equações

Barras de frações, como parênteses, são símbolos de grupo: O numerador é um grupo e o denominador outro. Mas, como parênteses, barras de fração podem te bloquear ao reorganizar uma equação e combinar termos semelhantes. Felizmente, multiplicação cruzada é um grande truque para remover barras de fração de uma equação algébrica.

Você pode usar multiplicação cruzada para comparar frações, como mostrei no Capítulo 6. Para mostrar que frações são iguais, você faz a multiplicação cruzada delas — isto é, multiplique o numerador de uma fração pelo denominador da outra. Por exemplo, aqui estão duas frações iguais. Como você pode ver, quando você multiplica cruzado, o resultado é uma outra equação equilibrada.

$$\frac{2}{5} = \frac{4}{10}$$
$$2(10) = 4(5)$$
$$20 = 20$$

Use este truque para simplificar equações algébricas que contenham frações.

EXEMPLO

P. Use multiplicação cruzada para solucionar a equação é $\frac{2x}{3} = x - 3$.

R. $x = 9$. Multiplique cruzado para eliminar a fração nesta equação. Para fazer isto, mude o lado direito para uma fração inserindo um denominador igual a 1:

$$\frac{2x}{3} = \frac{x-3}{1}$$

Agora multiplique cruzado:

$$2x(1) = 3(x - 3)$$

Remova os parênteses de ambos os lados (como mostrei no Capítulo 14):

$$2x = 3x - 9$$

Neste ponto, você pode reorganizar a equação e encontrar x, como mostrei antes neste capítulo:

$$2x - 3x = -9$$
$$-x = -9$$
$$\frac{-x}{-1} = \frac{-9}{-1}$$
$$x = 9$$

P. Use multiplicação cruzada para solucionar a equação é $\frac{2x+1}{x+1} = \frac{6x}{3x+1}$.

R. $x = 1$. Em alguns casos, após fazer a multiplicação cruzada, você precise utilizar o PEIU em um ou ambos os lados da equação resultante. Primeiro multiplique cruzado para eliminar a barra de fração da equação:

$$(2x + 1)(3x + 1) = 6x(x + 1)$$

Agora remova os parênteses do lado esquerdo da equação com PEIU (como mostrei no Capítulo 14):

$$6x^2 + 2x + 3x + 1 = 6x(x + 1)$$

Para remover os parênteses do lado direito, multiplique $6x$ por todos os termos internos e então dispense os parênteses:

$$6x^2 + 2x + 3x + 1 = 6x^2 + 6x$$

Neste ponto, você pode reorganizar a equação e resolver x:

$$1 = 6x^2 + 6x - 6x^2 - 2x - 3x$$

Note que os dois termos x^2 se anulam:

$$1 = 6x - 2x - 3x$$
$$1 = x$$

13. Reorganize a equação $\dfrac{x+5}{2} = \dfrac{-x}{8}$ para encontrar x.

Resolva

14. Encontre o valor de x reorganizando a equação $\dfrac{3x+5}{7} = x-1.$

Resolva

15. Solucione a equação $\dfrac{x}{2x-5} = \dfrac{2x+3}{4x-7}.$

Resolva

16. Encontre o valor de x na equação: $\dfrac{2x+3}{4-8x} = \dfrac{6-x}{4x+8}.$

Resolva

Respostas de Problemas de Encontrando o Equilíbrio Certo: Resolvendo Equações Algébricas

O que segue são as respostas às questões práticas apresentadas neste capítulo.

1. Solucione x em cada caso, apenas olhando a equação.

   (A) $x + 5 = 13$; $x = 8$, porque $8 + 5 = 13$

   (B) $18 - x = 12$; $x = 6$, porque $18 - 6 = 12$

   (C) $4x = 44$; $x = 11$, porque $4(11) = 44$

   (D) $\frac{30}{x} = 3$; $x = 10$, porque $\frac{30}{10} = 3$

2. Use a operação inversa correta para reescrever e solucione cada problema.

   (A) $x + 41 = 97$; $x = 56$. Mude a adição para subtração: $x + 41 = 97$ é o mesmo que $97 - 41$, então $x = 56$.

   (B) $100 - x = 58$; $x = 42$. Mude a subtração pela adição: $100 - x = 58$ significa a mesma coisa que $x + 58 = 100$, então $x = 42$.

   (C) $3x = 273$; $x = 21$. Mude a multiplicação pela divisão: $13x = 273$ é equivalente a $\frac{273}{13} = x$, então $x = 21$.

   (D) $\frac{238}{x} = 17$; $x = 14$. Alterne a divisão: $\frac{238}{x} = 17$, significa $\frac{238}{17} = x$, então $x = 14$.

3. Encontre o valor de x em cada equação, por tentativa e erro:

   (A) $19x + 22 = 136$; $x = 6$. Primeiro tente $x = 10$:

   $$19(10) + 22 = 190 + 22 = 212$$

   212 é maior que 136, então esta tentativa é muito elevada. Tente $x = 5$:

   $$19(5) + 22 = 95 + 22 = 117$$

   117 é um pouquinho menor que 136, assim esta tentativa é um pouco pequena. Tente $x = 6$:

   $$19(6) + 22 = 114 + 22 = 136$$

   136 está correto, logo $x = 6$.

(B) $12x - 17 = 151$; **$x = 14$**. Primeiro tente $x = 10$:

$$12(10) - 17 = 120 - 17 = 103$$

103 é menor que 151, assim esta tentativa está muito baixa.
Tente $x = 20$:

$$12(20) - 17 = 240 - 17 = 223$$

223 é maior que 151, esta tentativa está muito alta. Portanto, x está entre 10 e 20. Tente $x = 15$:

$$12(15) - 17 = 180 - 17 = 163$$

163 é um pouco maior que 151, a tentativa ainda está alta.
Tente $x = 14$:

$$12(14) - 17 = 168 - 17 = 151$$

151 está correto, então $x = 14$.

(C) $19x - 8 = 600$; **$x = 32$**. Primeiro tente $x = 10$:

$$19(10) - 8 = 190 - 8 = 182$$

182 é muito menor que 600, então esta tentativa está muito baixa.
Tente $x = 30$:

$$19(30) - 8 = 570 - 8 = 562$$

562 ainda é menor que 600, assim esta tentativa ainda está baixa.
Tente $x = 35$:

$$19(35) - 8 = 665 - 8 = 657$$

657 é maior que 600, então esta tentativa está muito alta. Portanto, x está entre 30 e 35. Tente $x = 32$:

$$19(32) - 8 = 608 - 8 = 600$$

600 está correto, então $x = 32$.

(D) $x^2 + 3 = 292$; **$x = 17$**. Primeiro tente $x = 10$:

$$(10)^2 + 3 = 100 + 3 = 103$$

103 é menor que 292, assim esta tentativa está muito baixa.
Tente $x = 20$:

$$(20)^2 + 3 = 400 + 3 = 403$$

403 é maior que 292, então a tentativa é muito alta. Portanto, x está entre 10 e 20. Tente $x = 15$:

$$(15)^2 + 3 = 225 + 3 = 228$$

228 é menor que 292, está muito baixa esta tentativa. Portanto, x está entre 15 e 20. Tente $x = 17$:

$$(17)^2 + 3 = 289 + 3 = 292$$

292 está correto, então $x = 17$.

4. Simplifique a equação e encontre x utilizando qualquer método que você preferir:

(A) $x^5 - 16 + x + 20 - x^5 = 24$; **$x = 20$**. Reorganize a expressão no lado esquerdo da equação tal que todos os termos semelhantes fiquem próximos entre si:

$$x^5 - x^5 + x + \underline{20 - 16} = 24$$

Combine termos semelhantes:

$$x + 4 = 24$$

Note que os dois x^5 se anularam. Como $20 + 4 = 24$, você sabe que $x = 20$.

(B) $5xy + x - 2xy + 27 - 3xy = 73$; **$x = 46$**. Reorganize a expressão no lado esquerdo da equação, tal que todos os termos semelhantes fiquem próximos entre si:

$$\underline{5xy - 2xy - 3xy} + x + 27 = 73$$

Combine termos semelhantes:

$$x + 27 = 73$$

Note que os três termos xy se cancelam. Como $x + 27 = 73$, quer dizer que $73 - 27 = x$, você sabe que $x = 46$.

(C) $6x - 3 + x^2 - x + 8 - 5x = 30$; **$x = 5$**. Reorganize a expressão no lado esquerdo da equação, tal que todos os termos semelhantes fiquem adjacentes:

$$\underline{6x - x - 5x} + x^2 + \underline{8 - 3} = 30$$

Combine os termos semelhantes:

$$x^2 + 5 = 30$$

Note que os três termos x se cancelam. Tente $x = 10$:

$10^2 + 5 = 100 + 5 = 105$

105 é maior que 30, assim esta tentativa está muito alta. Tente $x = 5$:

$(5)^2 + 5 = 25 + 5 = 30$

Este resultado está correto, então $x = 5$.

(D) $-3 + x^3 + 4 + x - x^3 - 1 = 2xy + 7 - x - 2xy + x$; **$x = 7$**. Reorganize a expressão no lado esquerdo da equação:

$$\underline{-3 + 4 - 1} + x^3 \underline{- x^3} + x = 2xy + 7 - x - 2xy + x$$

Combine os termos semelhantes:

$x = 2xy + 7 - x - 2xy + x$

Note que os três termos constantes se cancelam, e assim como os dois termos x^3. Agora reorganize a expressão do lado direito da equação:

$x = \underline{2xy - 2xy} + 7 \underline{- x + x}$

Combine os termos semelhantes:

$x = 7$

Note que os dois termos xy se anulam, assim como os dois termos x. Portanto, $x = 7$.

5. **$x = 3$**. Para ter todas as constantes no lado direito, adicione 2 a ambos os lados:

$$\begin{aligned} 9x - 2 &= 6x + 7 \\ \underline{+2 \qquad +2}& \\ 9x \quad &= 6x + 9 \end{aligned}$$

Para ter todos os três termos x no lado esquerdo, subtraia $6x$ de ambos os lados:

$$\begin{aligned} 9x \quad &= \ 6x + 9 \\ \underline{-6x \qquad -6x}& \\ 3x \quad &= \qquad 9 \end{aligned}$$

Divida por 3 para isolar x:

$$\frac{3x}{3} = \frac{9}{3}$$
$$x = 3$$

6. $x = \mathbf{11}$. Mova todas as constantes para o lado direito da equação, adicionando 10 a ambos os lados:

$$
\begin{array}{l}
10x - 10 = 8x + 12 \\
\underline{+10+10} \\
10x = 8x + 22
\end{array}
$$

Para ter todos os termos x no lado esquerdo, subtraia $8x$ de ambos os lados:

$$
\begin{array}{l}
10x \;\; = \;\; 8x + 22 \\
\underline{-8x -8x} \\
2x \;\; = 22
\end{array}
$$

Divida por 2 para isolar x:

$$
\frac{2x}{2} = \frac{22}{2}
$$
$$
x = 11
$$

7. $x = \mathbf{13}$. Adicione 17 a ambos os lados para ter todas as constantes no lado direito da equação:

$$
\begin{array}{l}
4x - 17 \;= x + 22 \\
\underline{+17 +17} \\
4x = x + 39
\end{array}
$$

Subtraia x de ambos os lados, para ter todos os termos x no lado esquerdo:

$$
\begin{array}{l}
4x \;\; = \;\; x + 39 \\
\underline{-x -x} \\
3x \;\; = 39
\end{array}
$$

Divida por 3 para isolar x:

$$
\frac{3x}{3} \;=\; \frac{39}{3}
$$
$$
x \;=\; 13
$$

8. $x = \mathbf{11}$. Para ter todas as constantes no lado direito, adicione 40 a ambos os lados:

$$
\begin{array}{l}
15x - 40 \;=\; 11x + 4 \\
\underline{+40 +40} \\
15x =\; 11x + 44
\end{array}
$$

Para ter todos os termos x no lado esquerdo, subtraia $11x$ de ambos os lados:

$$15x = 11x + 44$$
$$-11x \quad -11x$$
$$4x = 44$$

Divida por 4 para isolar x:

$$\frac{4x}{4} = \frac{44}{4}$$
$$x = 11$$

9. $x = 2$. Reorganize os termos da equação tal que os termos x fiquem de um lado e as constantes de outro. Eu faço isso em dois passos:

$$10x + 5 = 3x + 19$$
$$10x = 3x + 19 - 5$$
$$10x - 3x = 19 - 5$$

Combine os termos semelhantes nos dois lados:

$$7x = 14$$

Divida por 7 para isolar x:

$$\frac{7x}{7} = \frac{14}{7}$$
$$x = 2$$

10. $x = 9$. Antes que você inicie reorganizando os termos, remova os parênteses em ambos os lados da equação. No lado esquerdo, os parênteses estão precedidos por um sinal de mais, assim, apenas dispense-os:

$$4 + (2x + 6) = 7(x - 5)$$
$$4 + 2x + 6 = 7(x - 5)$$

Do lado direito, não há nenhum sinal entre o 7 e os parênteses, então multiplique 7 pelos termos internos e assim abandone os parênteses:

$$4 + 2x + 6 = 7x - 35$$

Agora você pode solucionar x, reorganizando os termos da equação. Agrupe os termos x de um lado e as constantes do outro. Eu faço isso em dois passos:

$$4 + 6 = 7x - 35 - 2x$$
$$4 + 6 + 35 = 7x - 2x$$

Combine os termos semelhantes dos dois lados:

$$45 = 5x$$

Divida por 5 para isolar x:

$$\frac{45}{5} = \frac{5x}{5}$$
$$9 = x$$

11. **x = −1.** Antes que você inicie reorganizando os termos, remova os parênteses em ambos os lados da equação. Comece os parênteses internos, multiplicando por 2 todos os termos no seu interior:

$$-[2(x + 7) + 1] = x - 12$$

$$-[2x + 14 + 1] = x - 12$$

Agora remova os parênteses (colchetes) remanescentes, trocando o sinal de todos os termos em seu interior:

$$-2x - 14 - 1 = x - 12$$

Agora você pode solucionar x reorganizando os termos da equação:

$$-2x - 14 - 1 + 12 = x$$

$$-14 - 1 + 12 = x + 2x$$

Combine os termos semelhantes dos dois lados:

$$-3 = 3x$$

Divida por 3 para isolar x:

$$\frac{-3}{3} = \frac{3x}{3}$$
$$-1 = x$$

12. **x = 4.** Antes que você inicie reorganizando os termos, multiplique por 2 os termos do lado esquerdo entre os parênteses e remova os parênteses de ambos lados da equação:

$$-x^3 + 2(x^2 + 2x + 1) = 4x^2 - (-x^3 + 2x^2 - 18)$$

$$-x^3 + 2x^2 + 4x + 2 = 4x^2 - (x^3 + 2x^2 - 18)$$

$$-x^3 + 2x^2 + 4x + 2 = 4x^2 - x^3 - 2x^2 + 18$$

Reorganize os termos da equação:

$$-x^3 + 2x^2 + 4x + 2 - 4x^2 + x^3 + 2x^2 = 18$$

$$-x^3 + 2x^2 + 4x - 4x^2 + x^3 + 2x^2 = 18 - 2$$

Combine os termos semelhantes dos dois lados (note que os termos x^3 e x^2 se anulam):

$$4x = 16$$

Divida por 4 para isolar x:

$$\frac{4x}{4} = \frac{16}{4}$$
$$x = 4$$

13. $x = -4$. Remova a fração da equação com multiplicação cruzada:

$$\frac{x+5}{2} = \frac{-x}{8}$$
$$8(x+5) = -2x$$

Multiplique para remover os parênteses do lado esquerdo da equação:

$$8x + 40 = -2x$$

Neste ponto, você pode solucionar x:

$$40 = -2x - 8x$$
$$40 = -10x$$
$$\frac{40}{-10} = \frac{-10x}{-10}$$
$$-4 = x$$

14. $x = 3$. Mude o lado direito da equação para uma fração, colocando um denominador de 1. Remova a barra de fração da equação por multiplicação cruzada:

$$\frac{3x+5}{7} = \frac{x-1}{1}$$
$$3x + 5 = 7(x-1)$$

Multiplique por 7 cada termo no interior dos parênteses para removê-los do lado direito da equação:

$$3x + 5 = 7x - 7$$

Agora para resolver x:

$$5 = 7x - 7 - 3x$$

$$5 + 7 = 7x - 3x$$

$$2 = 4x$$

$$3 = x$$

CAPÍTULO 15 **Encontrando o Equilíbrio Certo: Resolvendo Equações Algébricas** 311

15. $x = 3$. Remova as frações da equação por multiplicação cruzada:

$$\frac{x}{2x-5} = \frac{2x+3}{4x-7}$$
$$x(4x-7) = (2x+3)(2x-5)$$

Remova os parênteses do lado esquerdo da equação multiplicando por x; remova os parênteses do lado direito da equação por PEIU:

$$4x^2 - 7x = 4x^2 - 10x + 6x - 15$$

Reorganize a equação:

$$4x^2 - 7x - 4x^2 + 10x - 6x = -15$$

Note que os dois termos x^2 se anulam entre si:

$$-7x + 10x - 6x = -15$$
$$-3x = -15$$
$$\frac{-3x}{-3} = \frac{-15}{-3}$$
$$x = 5$$

16. $x = 0$. Remova as frações da equação por multiplicação cruzada:

$$\frac{2x+3}{4-8x} = \frac{6-x}{4x+8}$$

$$(2x+3)(4x+8) = (6-x)(4-8x)$$

PEIU sobre ambos os lados da equação para remover os parênteses:

$$8x^2 + 16x + 12x + 24 = 24 - 48x - 4x + 8x^2$$

Neste ponto, reorganize os termos para resolver x:

$$8x^2 + 16x + 12x + 24 + 48x + 4x - 8x^2 = 24$$

$$8x^2 + 16x + 12x + 48x + 4x - 8x^2 = 24 - 24$$

Note que os termos x^2 e os termos constantes se anulam entre si na equação:

$$16x + 12x + 48x + 4x = 0$$
$$80x = 0$$
$$\frac{80x}{80} = \frac{0}{80}$$
$$x = 0$$

A Parte
dos Dez

NESTA PARTE . . .

Identifique alguns sistemas numéricos anteriores, incluindo numerais Egípcios, Romanos e Maias.

Entenda números primos, incluindo primos de Mersenne e Fermat.

NESTE CAPÍTULO

Olhando os sistemas numéricos dos Egípcios, Babilônios, Romanos e Maias

Comparando o sistema de número decimal com os sistemas binário e hexadecimal

Dando um salto para o mundo dos números baseados em primos

Capítulo 16

Dez Numerais e Sistemas Numéricos Alternativos

A distinção entre números e numerais é sutil, mas importante. Um número é uma ideia que expressa quanto ou quantos. Um numeral é um símbolo escrito que expressa um número.

Neste capítulo, mostro dez modos de representar números que diferem do sistema Hindu Arábico (decimal). Alguns desses sistemas utilizam inteiramente símbolos diferentes daqueles que você está acostumado; outros usam os símbolos que você conhece de diferentes formas. Alguns desses sistemas têm aplicações úteis e os outros são apenas curiosidades. (Se você quiser, pode sempre utilizá-los para enviar mensagens secretas!). Em qualquer caso, você pode achar divertido e interessante ver quantos modos diferentes as pessoas encontraram para representar números a que você está acostumado.

Marcas de Registro

Números são abstrações que representam coisas reais. Os primeiros números conhecidos surgiram com a ascensão dos negócios e do comércio — pessoas precisavam acompanhar mercadorias tais como animais, colheitas ou ferramentas. Primeiramente, comerciantes utilizaram fichas de argila ou pedras para ajudar a simplificar o trabalho de contagem. Os primeiros números foram provavelmente uma tentativa para simplificar esse sistema de registro. Ao longo do tempo, marcas de registro riscadas no osso ou na argila tomaram o lugar das fichas.

Quando você pensa sobre isso, o uso de marcas de registro no lugar de fichas indica um crescimento de sofisticação. Previamente, um objeto real (uma ficha) representou outro objeto real (por exemplo, um carneiro ou uma espiga de milho). Depois disso, uma *abstração* (um rabisco) representou um objeto real.

Marcas de Registro Agrupadas

Conforme os primeiros seres humanos ficaram mais confortáveis para deixar marcas de registro para representar objetos do mundo real, o desenvolvimento seguinte em números foi provavelmente as marcas de registro riscadas em *grupos* de 5 (dedos de uma mão), 10 (dedos em ambas as mãos), ou 20 (dedos das mãos e dos pés). O agrupamento fornecia um modo mais simples para contar números maiores mais facilmente.

Certamente, este sistema é muito mais fácil de ler que os riscos não agrupados — você pode facilmente multiplicar ou contar de cinco em cinco para ter o total. Mesmo hoje, pessoas continuam acompanhar pontos de jogos usando agrupamentos como esses.

Numerais Egípcios

Numerais Egípcios Antigos estão entre os mais antigos sistemas numéricos ainda em uso hoje. Numerais Egípcios usam sete símbolos, explicados na Tabela 16-1.

316   PARTE 5 **A Parte dos Dez**

TABELA 16-1 ## Numerais Egípcios

Número	Símbolo
1	Traço
10	Laço
100	Rolo de Corda
1.000	Flor de Lótus
10.000	Dedo
100.000	Sapo
1.000.000	Homem com as mãos levantadas

Números são formados pelo acúmulo suficiente dos símbolos de que você precisa. Por exemplo,

7 = 7 traços

24 = 2 laços, 4 traços

1.536 = 1 flor de lótus, 5 rolos de corda, 3 laços, 6 traços

Em números Egípcios, o símbolo para 1.000.000 também representa infinito (∞).

Numerais Babilônicos

Numerais Babilônicos, os quais surgiram em torno de 4.000 anos atrás, utilizam dois símbolos:

1 = Y   10 = <

Para números menores que 60, os números eram formados pelo acúmulo suficiente dos símbolos de que você precisava. Por exemplo,

6 = YYYYYY

34 = <<<YYYY

59 = <<<<<YYYYYYYYY

Para números 60 e além, numerais Babilônicos utilizavam a atribuição de valor para posições baseando-se no número 60. Por exemplo,

61 = Y Y   (um 60 e um 1)

124 = YY YYYY   (dois 60 e quatro 1)

611 = < <Y   (dez 60 e onze 1)

Diferente do sistema decimal ao qual você está habituado, números Babilônicos não tinham símbolo para zero para servir como reserva de lugar, o que causava alguma ambiguidade. Por exemplo, o símbolo para 60 é o mesmo que o símbolo para 1.

Numerais Gregos Antigos

Numerais Gregos Antigos eram baseados nas letras Gregas. Os números de 1 a 999 eram formados usando os símbolos da Tabela 16-2.

TABELA 16-2 **Numerais Baseados no Alfabeto Grego**

Unidades	Dezenas	Centenas
1 = α (alfa)	10 = ι (iota)	100 = ρ (ro)
2 = β (beta)	20 = κ (Kappa)	200 = σ (sigma)
3 = γ (gama)	30 = λ (lambda)	300 = τ (tau)
4 = δ (delta)	40 = μ (mu)	400 = υ (upsilon)
5 = ε (epsilon)	50 = ν (nu)	500 = φ (phi)
6 = ς (digamma)	60 = ξ (xi)	600 = χ (chi)
7 = ζ (zeta)	70 = ο (omicron)	700 = ψ (psi)
8 = η (eta)	80 = π (pi)	800 = ω (omega)
9 = θ (theta)	90 = ϟ (koppa)	900 = ϡ (sampi)

Numerais Romanos

Embora os Numerais Romanos tenham mais de 2.000 anos de idade, as pessoas ainda os utilizam hoje, também decorativamente (por exemplo, em relógios, pedras angulares) ou quando numerais distintos dos números decimais são necessários (por exemplo, em esboços).

Numerais Romanos utilizam sete símbolos, todos os quais são letras maiúsculas do alfabeto Latino (o que praticamente passa a ser o alfabeto Inglês também):

I = 1   V = 5   X = 10   L = 50

C = 100   D = 500   M = 1.000

Muitos números são formados com acúmulo suficiente dos símbolos de que você precisa. Geralmente você lista os símbolos em ordem, do maior para o menor. Aqui estão alguns exemplos:

3 = III   8 = VIII   20 = XX   70 = LXX

300 = CCC   600 = DC 2.000 = MM

Números que conteriam 4 ou 9 no sistema decimal são formados pela transposição de dois algarismos para indicar subtração. Quando você vê um símbolo menor vir antes de um maior, você tem de subtrair o menor valor do número que vem após ele:

4 = IV   9 = IX   40 = XL

90 = XC   400 = CD 900 = CM

Esses dois métodos de formar números são suficientes para representar todos os números decimais até 3.999:

37 = XXXVII   664 = DCLXIV

1.776 = MDCCLXXVI   1.999 = MCMXCIX

Números maiores são menos frequentes, mas você os forma colocando uma barra sobre um símbolo, iniciando com uma barra sobre V para 5.000 e terminando com uma barra sobre M para 1.000.000. A barra significa que você precisa multiplicar por mil.

Numerais Maias

Numerais Maias foram desenvolvidos na América do Sul durante praticamente o mesmo período que algarismos Romanos foram desenvolvidos na Europa. Numerais Maia usam dois símbolos: pontos e barras horizontais. Uma barra é igual a 5 e um ponto é igual a 1. Números de 1 a 19 são formados pelo acúmulo de pontos e barras. Por exemplo,

3 = 3 pontos

7 = 2 pontos sobre 1 barra

19 = 4 pontos sobre 3 barras

Números de 20 a 399 são formados utilizando essas mesmas combinações, mas elevadas para indicar atribuição de valor. Por exemplo,

21 = 1 ponto elevado, 1 ponto (um 20 + um 1)

86 = 4 pontos elevados, 1 ponto sobre 1 barra (quatro 20 + um 5 + um 1)

399 = 4 pontos elevados sobre 3 barras, 4 pontos sobre 3 barras (dezenove 20 + três 5 + quatro 1)

Como você pode ver, a atribuição de valor Maia é baseada no número 20 em vez do número 10 que utilizamos. Números de 400 a 7.999 são formados similarmente, com uma posição adicional — as posições 400.

Como numerais Maias usam atribuição de valor para posições, não há limite para a magnitude dos números que você pode expressar. Este fato torna os numerais Maias mais avançados matematicamente que os numerais Egípcios ou Romanos. Por exemplo, você poderia potencialmente usar numerais Maias para representar números astronomicamente grandes — tais como o número de estrelas no conhecido universo ou o número de átomos de seu corpo — sem mudar as regras básicas do sistema. Este tipo de representação seria impossível com numerais Egípcios ou Romanos.

Números na Base-2 (Binária)

Números Binários utilizam somente dois símbolos: 0 e 1. Esta simplicidade torna os números binários úteis como o sistema numérico que os computadores usam para armazenamento de dados e computação.

Semelhante ao sistema decimal a que você está mais familiarizado, os números binários usam valores (veja o Capítulo 1 para mais sobre posições). Diferentemente do sistema decimal, a atribuição de valor binária é baseada não em potências de dez (1, 10, 100, 1.000 e assim por diante), mas em potências de dois (2^0, 2^1, 2^2, 2^3, 2^4, 2^5, 2^6, 2^7, 2^8, 2^9, assim por diante), como visto na Tabela 16-3 (veja o Capítulo 2 para mais sobre potências).

TABELA 16-3 **Valores de Posições Binárias**

512s	256s	128s	64s	32s	16s	8s	4s	2s	1s

Note que cada número na tabela é exatamente duas vezes o valor do número imediatamente à sua direita. Note também que o sistema numérico de base-2 é fundamentado em um monte de expoentes (veja o Capítulo 2, que cobre potências). Você pode usar esta tabela para encontrar o valor decimal de um número binário. Por exemplo, suponha que você queira representar o número binário 1101101 como um número decimal. Primeiro posicione o número na tabela binária, como na Tabela 16-4.

TABELA 16-4   ## Quebra de um Número Binário

512s	256s	128s	64s	32s	16s	8s	4s	2s	1s
			1	1	0	1	1	0	1

A tabela diz que este número consiste de um 64, um 32, nenhum 16, um 8, um 4, nenhum 2 e um 1. Adicione estes números e você descobrirá que o número binário 1101101 é igual ao número decimal 109:

$$64 + 32 + 8 + 4 + 1 = 109$$

Para traduzir um número decimal para seu binário equivalente, use a divisão de um número inteiro para ter um quociente e um resto (como expliquei no Capítulo 1). Inicie dividindo o número que você está traduzindo para a mais próxima alta potência de 2. Continue dividindo potências de 2 no resto do resultado.

Por exemplo, aqui está como representar o número decimal 83 como um número binário:

$$83 \div 64 = \mathbf{1}\, r\, 19$$
$$19 \div 32 = \mathbf{0}\, r\, 19$$
$$19 \div 16 = \mathbf{1}\, r\, 3$$
$$3 \div 8 = \mathbf{0}\, r\, 3$$
$$3 \div 4 = \mathbf{0}\, r\, 3$$
$$3 \div 2 = \mathbf{1}\, r\, 1$$
$$1 \div 1 = \mathbf{1}\, r\, 0$$

Assim o número decimal 83 é igual ao número binário 1010011 porque $64 + 16 + 2 + 1 = 83$.

Números na Base-16 (Hexadecimal)

A primeira linguagem dos computadores é de números binários. Mas, na prática, humanos acharam números binários de qualquer comprimento significante virtualmente indecifráveis. Números Hexadecimais, contudo, são legíveis para humanos e ainda facilmente traduzíveis para números binários, assim programadores de computador utilizam números hexadecimais como um tipo comum de linguagem quando interagem com computadores no mais baixo nível, o nível de projeto de hardware e software.

O sistema de número hexadecimal usa todos os dez dígitos, 0 a 9, do sistema decimal. Adicionalmente, ele utiliza mais seis símbolos:

A = 10   B = 11   C = 12

D = 13   E = 14   F = 15

Hexadecimal é um sistema de valores de posição baseado em potências de 16, como mostrado na Tabela 16-5.

TABELA 16-5   Valores de Posições Hexadecimais

1.048.576s	65.536s	4.096s	256s	16s	1s

Como você pode ver, cada número na tabela é exatamente 16 vezes o número imediatamente à sua direita.

Aqui estão alguns exemplos de números hexadecimais e suas representações equivalentes em notação decimal:

3B = (3 × 16) + 11 = 59

289 = (2 × 256) + (8 × 16) + 9 = 649

ABBA = (10 × 4.096) + (11 × 256) + (11 × 16) + 10 = 43.962

B00B00 = (11 × 1.048.576) + (11 × 256) = 11.537.152

Números na Base Prima

Um modo excêntrico para representar números diferentemente de qualquer dos outros neste capítulo são números na Base Prima. Números na Base Prima são similares a números decimal, binário e hexadecimal (que descrevi antes) no que eles usam valores de posições para determinar o valor dos dígitos. Porém, diferentemente desses outros sistemas numéricos, números na base prima são baseados não em adição, mas em multiplicação. A Tabela 16-6 mostra um esquema para o valor das posições para números na base prima.

TABELA 16-6   Valores das Posições na Base Prima

31s	29s	23s	19s	17s	13s	11s	7s	5s	3s	2s

Você pode usar a tabela para achar o valor decimal de um número na base prima. Por exemplo, suponha que você queira representar o número na base prima 1.204 como um número decimal. Primeiro, posicione o número na tabela, como mostrado na Tabela 16-7.

TABELA 16-7 ## Quebra de um Número na Base Prima

31s	29s	23s	19s	17s	13s	11s	7s	5s	3s	2s
							1	2	0	4

Como você pode ter adivinhado, a tabela diz que este número consiste de um 7, dois 5, nenhum 3, e quatro 2. Mas, em vez de adicionar estes números, você os *multiplica*:

$$7 \times 5 \times 5 \times 2 \times 2 \times 2 \times 2 = 2.800$$

Para traduzir um número decimal para seu equivalente na base prima, fatore o número e posicione seus fatores na tabela. Por exemplo, suponha que você queira representar o número decimal 60 como número na base prima. Primeiro decomponha 60 em seus fatores primos (como mostrei no Capítulo 5):

$$60 = 2 \times 2 \times 3 \times 5$$

Agora conte a quantidade de dois, três e cinco e posicione-os na Tabela 16-6. O resultado deve parecer como a Tabela 16-8.

TABELA 16-8 ## Encontrando a Base Prima Equivalente de 60

31s	29s	23s	19s	17s	13s	11s	7s	5s	3s	2s
								1	1	2

Assim, 60 em base prima é 112.

Curiosamente, multiplicações com números na base prima parecem com adições com números decimais. Por exemplo, em números decimais, $9 \times 10 = 90$. Os equivalentes em base prima dos fatores e do produto — 9, 10 e 90 — é 20, 101 e 121. Assim, aqui está como fazer a mesma multiplicação com números em base prima:

$$20 \times 101 = 121$$

Como você pode ver, esta multiplicação parece mais adição. Ainda mais estranho é que 1 em notação decimal é representado como 0 em base prima. Isto faz sentido quando você pensa sobre, porque multiplicar por 1 é muito similar a adicionar 0.

> **NESTE CAPÍTULO**
>
> **Moldando-se com números quadrados, triangulares e cúbicos**
>
> **Aprimorando seu entendimento sobre números perfeitos**
>
> **Chegando em termos amigáveis com números amigos**
>
> **Tornando-se um com números primos**

Capítulo 17

Dez Curiosos Tipos de Números

N úmeros parecem ter todos eles personalidade própria. Por exemplo, números pares são números que se quebram ao meio de modo que você possa carregá-los mais convenientemente. Números ímpares são mais teimosos e não se separam tão facilmente. Potências de dez são grandes amigáveis números que são fáceis para adicionar e multiplicar, ao passo que muitos outros números são espinhosos requerem atenção especial. Neste capítulo, apresento alguns tipos interessantes de números, com propriedades que outros números não compartilham.

Números ao Quadrado

Quando você multiplica qualquer número por ele mesmo, o resultado é um *número ao quadrado*. Por exemplo:

$1^2 = 1 \times 1 = 1$

$2^2 = 2 \times 2 = 4$

$3^2 = 3 \times 3 = 9$

$4^2 = 4 \times 4 = 16$

$5^2 = 5 \times 5 = 25$

Portanto, a sequência de números ao quadrado inicia como segue:

1, 4, 9, 16, 25, ...

Para ver porque eles são chamados números ao quadrado, olhe a organização das moedas em quadrados na Figura 17-1.

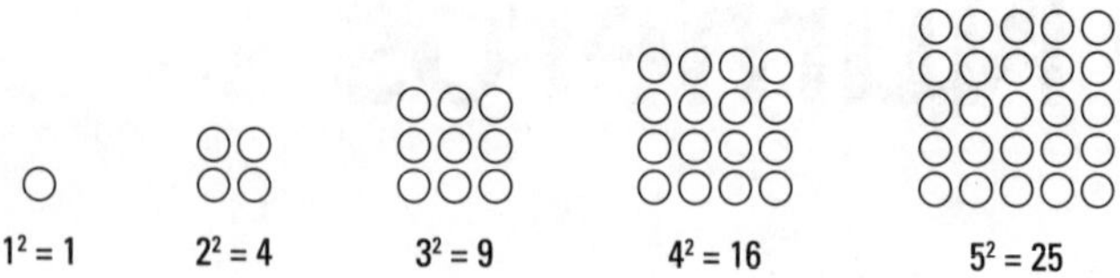

FIGURA 17-1:
Os cinco primeiros números quadrados.

$1^2 = 1$ $2^2 = 4$ $3^2 = 9$ $4^2 = 16$ $5^2 = 25$

O que é realmente legal sobre a lista de números quadrados é que você pode tê-la adicionando números ímpares (3, 5, 7, 9, 11, 13, ...), começando com 3, para cada número precedente da lista:

Número ao Quadrado	Número Precedente + Número Ímpar	Soma
$2^2 = 4$	$1^2 + 3$	$1 + 3 = 4$
$3^2 = 9$	$2^2 + 5$	$4 + 5 = 9$
$4^2 = 16$	$3^2 + 7$	$9 + 7 = 16$
$5^2 = 25$	$4^2 + 9$	$16 + 9 = 25$
$6^2 = 36$	$5^2 + 11$	$25 + 11 = 36$
$7^2 = 49$	$6^2 + 13$	$39 + 13 = 4913$

Números Triangulares

Quando você adiciona qualquer sequência de números positivos consecutivos, iniciando com 1, o resultado é um *número triangular*. Por exemplo,

$1 = 1$
$1 + 2 = 3$
$1 + 2 + 3 = 6$
$1 + 2 + 3 + 4 = 10$
$1 + 2 + 3 + 4 + 5 = 15$

Assim, a sequência de números triangulares inicia como segue:

$1, 3, 6, 10, 15, \ldots$

O nome dos números triangulares faz sentido quando você começar a organizar as moedas em triângulos. Confira a Figura 17-2.

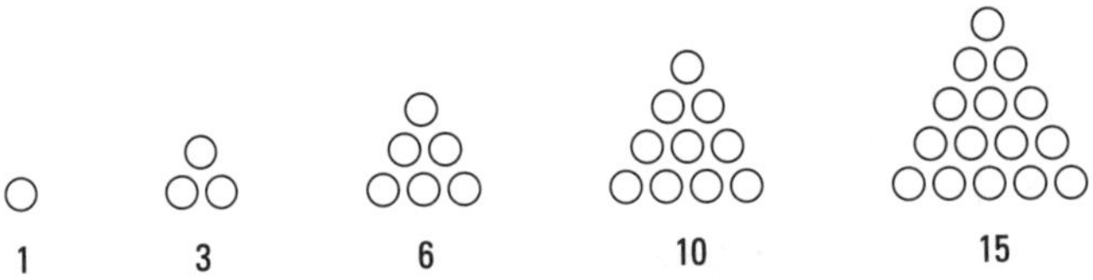

FIGURA 17-2: Os cinco primeiros números triangulares.

Números Cúbicos

Se você está achando que números quadrados e números triangulares são planos demais, adicione uma dimensão e comece a jogar com *números cúbicos*. Você pode gerar um número cúbico multiplicando qualquer número por ele mesmo três vezes:

$1^3 = 1 \times 1 \times 1 = 1$
$2^3 = 2 \times 2 \times 2 = 8$
$3^3 = 3 \times 3 \times 3 = 27$
$4^3 = 4 \times 4 \times 4 = 64$
$5^3 = 5 \times 5 \times 5 = 125$

A sequência de números cúbicos começa como segue:

$1, 8, 27, 64, 125, \ldots$

Números cúbicos vivem de acordo com seus nomes. Veja a Figura 17-3.

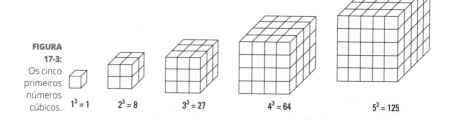

FIGURA 17-3: Os cinco primeiros números cúbicos. $1^3 = 1$ $2^3 = 8$ $3^3 = 27$ $4^3 = 64$ $5^3 = 125$

Números Fatoriais

Em matemática, o ponto de exclamação (!) significa *fatorial*, assim, você lê 1! como *um fatorial* (ou fatorial de um). Você tem um número fatorial quando multiplica qualquer sequência de números positivos consecutivos, começando com o próprio número e regredindo até 1. Por exemplo,

$1! = 1$
$2! = 2 \times 1 = 2$
$3! = 3 \times 2 \times 1 = 6$
$4! = 4 \times 3 \times 2 \times 1 = 24$
$5! = 5 \times 4 \times 3 \times 2 \times 1 = 120$

Deste modo, a sequência de números fatoriais inicia como segue:

1, 2, 6, 24, 120, ...

Números fatoriais são muito úteis em *probabilidade*, que é a matemática de como provavelmente um evento está para ocorrer. Com problemas de probabilidade, você pode descobrir qual a chance de você ganhar a loteria ou estimar suas chances de adivinhar qual a combinação do armário de seu amigo em algumas das primeiras tentativas.

Potências de Dois

Multiplicar o número 2 por ele mesmo repetidamente te dá as *potências de dois*. Por exemplo,

$2^1 = 2$
$2^2 = 2 \times 2 = 4$
$2^3 = 2 \times 2 \times 2 = 8$
$2^4 = 2 \times 2 \times 2 \times 2 = 16$
$2^5 = 2 \times 2 \times 2 \times 2 \times 2 = 32$

Potências de dois são a base de números binários (veja o Capítulo 16), os quais são importantes em aplicações computacionais. Elas também são úteis para entender os números de Fermat, que discutirei mais tarde neste capítulo.

Números Perfeitos

Qualquer número que é igual à soma de seus próprios fatores (excluindo ele mesmo) é um *número perfeito*. Para ver como isto funciona, encontre todos os fatores de 6 (como mostrei no Capítulo 5):

6: 1, 2, 3, 6

Agora adicione todos esses fatores exceto o 6:

1 + 2 + 3 = 6

Estes fatores adicionados vão até o número com o qual você iniciou, assim 6 é um número perfeito. O próximo número perfeito é 28. Primeiro ache todos os fatores de 28:

28: 1, 2, 4, 7, 14, 28

Agora adicione todos esses fatores, exceto o 28:

1 + 2 + 4 + 7 + 14 = 28

Outra vez, esses fatores adicionados dão o número com o qual você iniciou, assim 28 é um número perfeito. Números perfeitos são poucos e distantes entre si. A sequência de números perfeitos começa com os seguintes cinco números:

6, 28, 496, 8.128, 33.550.336, ...

Você pode, por conta própria, utilizar o mesmo método que delineei para conferir 496 e além.

Números Amigos

Números amigos são similares aos números perfeitos, à exceção que eles vêm em pares. A soma dos fatores de um número (excluindo o próprio número) é igual ao segundo número, e vice-versa. Por exemplo, um par amigo é 220 e 284. Para ver porque, primeiro encontre todos os fatores de cada número:

220: 1, 2, 4, 5, 10, 11, 20, 22, 44, 55, 110, 220

284: 1, 2, 4, 71, 142, 284

Para cada número, adicione seus fatores exceto ele mesmo:

1+ 2 + 4 + 5 + 10 + 11 + 20 + 22 + 44 + 55 + 110 = 284

1 + 2 + 4 + 71 + 142 = 220

Note que os fatores de 220 adicionam até 284, e os fatores de 284 adicionam até 220. É o que faz deles um par de números amigos.

O próximo menor par de números amigos é 1.184 e 1.210. Você pode também acreditar em mim sobre isso ou fazer o cálculo você mesmo.

Números Primos

Qualquer número que possui exatamente dois divisores — 1 e ele mesmo — é chamado de *número primo*. Por exemplo, aqui estão alguns primeiros números primos:

2, 3, 5, 7, 11, 13, 17, 19, ...

Existem infinitamente muitos números primos — isto é, eles continuam sempre. Veja o Capítulo 5 para mais sobre números primos.

Primos de Mersenne

Qualquer número que é 1 a menos do que a potência de 2 (que discuti antes neste capítulo) é chamado *número de Mersenne* (nomeado pelo matemático Francês Marin Mersenne). Portanto, todo número de Mersenne é da seguinte forma:

$2^n - 1$ (onde n é um inteiro positivo)

Quando um número de Mersenne é também um número primo (veja a seção precedente), é chamado um primo de Mersenne. Por exemplo,

$2^2 - 1 = 4 - 1 = 3$
$2^3 - 1 = 8 - 1 = 7$
$2^5 - 1 = 32 - 1 = 31$
$2^7 - 1 = 128 - 1 = 127$
$2^{13} - 1 = 8.192 - 1 = 8.191$

Primos de Mersenne são de interesse para matemáticos porque eles possuem propriedades que números primos ordinários não têm. Uma dessas propriedades é que eles tendem a ser mais fáceis de encontrar que outros números primos. Por esta razão, a busca pelo maior número primo conhecido é usualmente uma pesquisa por um primo de Mersenne.

Primos de Fermat

Um *número de Fermat* (nomeado pelo matemático Pierre de Fermat) é da seguinte forma:

$2^{2^{\wedge}n} + 1$ (onde n é um número positivo inteiro)

O símbolo $\wedge$ significa que você está encontrando uma potência, assim, com esta fórmula, você primeiro acha 2^n; então você usa a resposta como um expoente de 2. Por exemplo, aqui estão os cinco primeiros números de Fermat:

$$2^{2^{\wedge}0} + 1 = 2^1 + 1 = 3$$
$$2^{2^{\wedge}1} + 1 = 2^2 + 1 = 5$$
$$2^{2^{\wedge}2} + 1 = 2^4 + 1 = 16 + 1 = 17$$
$$2^{2^{\wedge}3} + 1 = 2^8 + 1 = 256 + 1 = 257$$
$$2^{2^{\wedge}4} + 1 = 2^{16} + 1 = 65.536 + 1 = 65.537$$

Como você pode ver, números de Fermat crescem muito rapidamente. Quando um número de Fermat é também um número primo (veja antes neste capítulo), ele é chamado de *primo de Fermat*. Como acontece, os cinco primeiros números de Fermat também são primos de Fermat (testar isto é bastante simples para os quatro primeiros números acima e *muito* mais difícil para o quinto).

332   PARTE 5 **A Parte dos Dez**

Índice

SÍMBOLOS

>, 34

A

Abstrações, 316

Adicionando e Subtraindo Decimais, 169

Agrupando, 32

Alfabeto grego, 318

ÁLGEBRA, 267

Alinhamento de Coluna, 14

Aritmética Exponencial, 209

Arredondamentos, 165

Números, 10

Avaliando Expressões

com Adição e Subtração , 58

com Multiplicação e Divisão , 59

Base

e expoente, 37

prima, 322, 323

Calculando Expressões Algébricas, 270

Calculando Múltiplos Parênteses, 67

Comparando Frações com Multiplicação Cruzada, 115

Comutativa, Propriedade, 28

Contando Posições Decimais, 171

Conversão unidades de medida, 223

Conversões Simples Decimal-Fração, 167

Convertendo

Números Mistos e Frações Impróprias, 109

Porcentagens em Decimais, 190

Decimais

Adicionando e Subtraindo, 169

Decimais, 163

para Frações, 175

para Porcentagens, 191

Adicionando e Subtraindo, 169

Dividindo, 173

Decimal periódico, 163

Decompondo um Número, 89

Denominador Comum, 129

Somando Frações, 129

Subtraindo Frações, 132

frações, 105

Dividindo Decimais, 173

Divisão

de linha numérica, 12

Fracionária, 127

Divisibilidade, 81

Divisores e Múltiplos, 97

Divisões Longas, 18

Divisores e Múltiplos, 81, 84

Equações Algébricas, 293

Resolvendo, 294

Equações Literais, 195

Equivalência entre decimais e frações, 167

Escala de Equilíbrio, para Isolar x, 297

Expoente e base, 37

Expressão, 57

Expressões Algébricas, calculando, 270

Expressões

    Algébricas, 269

    de Operadores Mistos , 61

Fatores

    de um Número, 87

    Primos, 89

    Decompondo um Número, 89

Forma, 233

Fração, 105, 125

    própria e imprópria, 119

    para Decimais, 177

    para Porcentagens, Convertendo, 193

    Multiplicando Frações, 126

    DECIMAIS E PORCENTAGENS, 103

Geometria, 233

Gráficos XY, 253

    Desenhando a Linha, 258

Hindu Arábico, 7

Identificando Números Primos, 85

Inequações, 27, 34

Isolar x , 299

Linha Numérica, 12

Marcas de Registro, 316

MATEMÁTICA BÁSICA E PRÉ-ÁLGEBRA, 5

Material Decimal Básico, 164

Matryoshka, 67

Máximo Divisor Comum, 82, 91

Medidas

    Circulares, 241

    Sólidas, 243

Mínimo Múltiplo Comum, 94

Modo informal, frações, 112

Mudança de Sinal, 45

Multioperadores, 61

Multiplicação

    Cruzada, 301

    Especiais, 36

    e Dividindo com Notação Científica, 212

    e Dividindo Números Mistos, 135

    e Dividindo Potências de Dez, 209

    Vários Dígitos , 16

Multiplicando Decimais , 171

Múltiplos de um Número, 93

Notação Científica, 205

    em Notação Científica, 210

    Multiplicando e Dividindo, 212

Notação padrão, 206

Numerador, frações, 105

Numerais, 315

    Babilônicos, 317

    Egípcios, 316

    Gregos Antigos, 318

    Maias, 319

    Romanos , 318

Número positivo, valor absoluto, 45

Número(s), 7

    Indivisível, 85

    Amigos, 329

    ao Quadrado , 326

    Cúbicos, 327

    Fatoriais, 328

    Mistos, 135

    na Base Prima , 322

    na Base-16 (Hexadecimal), 321

    na Base-2 (Binária), 320

    Negativos, 43

    Perfeitos , 329

    Primos, 330, 82

    Triangulares, 327

Número, decompondo um, 89

Números negativos, parênteses, 49

Operações Inversas, 28

Operadores Fáceis, 39

Operadores, 27

Oposto, 45

Ordem das Operações, 57, 69

Par de fatores, 88

Paralelograma, 235

Parêntese(s), 64, 280

    aninhados, 67

    e a Propriedade Associativa, 32

    Separando Parênteses e Potências, 65

    Calculando Múltiplos Parênteses, 67

    números negativos, 49

PEIU, 283

Percentual, 189

    número inicial, 195

Perímetro, 233

Pesos e Medidas, 217

Pirâmide, 245

Polígono, 234

Pontos em Movimento, 173

Porcentagens, 189

    Convertendo Frações, 193

    Mudando Decimais, 191

    Usando Equações Literais , 195

    para Frações , 192

Posição

    com Números e Dígitos , 8

    binárias, 320

Potência, 27

    de dez, 37, 206

    Maior, 205

    de Dois, 328

e recíproco , 36

    Responsavelmente, 62

Prefixos métricos, 221

Primos de Fermat, 331

Primos de Mersenne , 330

Propriedade

    associativa da multiplicação, 32

    Comutativa da multiplicação, 28

Quadradura com Quadriláteros, 234

Quatro Grandes Operações, 27

Razões e Proporções, 117

Representando Números, 210

Restos, 82

Restringindo Frações, 301

Símbolo

    de aproximadamente, 35

    de diferente, 35

Simplificar Equações, 301

Sinais

    da Multiplicação, para Números Negativos, 49

    Sinais negativos adjacentes, 45

Sistema

    de coordenadas Cartesianas, 254

    Inglês, 218

    internacional de unidades, 221

    Métrico, 221

    numérico, 7

    Numéricos Alternativos, 315

Somando

    com Números Negativos, 47

    Números Mistos, 137

Subtraindo

    com Números Negativos, 48

    Números Mistos , 140

Teorema de Pitágoras, 239

Termos

algébricos, 275

Aumentando e Reduzindo, 112

de Separação, álgebra, 273

Semelhantes, 275

Multiplicando e Dividindo, 276

Simplificando Expressões pela Combinação, 278

Testes de Divisibilidade, 82

Tipos de Números, 325

Trapézio, 236

Triângulos, 238

Unidades de medida, 217

Unidades Inglesas e Métricas, conversão, 223

Unidades inglesas, 223

Valor absoluto de numero positivo, 45

Valor Absoluto, 45

Verificação de Restos, 82

Volume de pirâmide, 245